机械类工程教育专业认证培训丛书之二

《高等院校机械类专业实验实训教学基地环境建设要求》工作指南

中国机械工程学会　　组织编写
天津理工大学
杨申仲　郑清春　　主编

机 械 工 业 出 版 社

本书是工程教育专业认证培训丛书之二，由中国机械工程学会、天津理工大学组织编写。

本书共分七章，包括标准编制说明，标准目次及内容，标准主要内容解读——安全，节能、职业健康与环境保护，设备及计量器具管理，工程化实验实训场地环境和实验实训装备体现现代工程技术等内容，并进行了全面和具体的实操性介绍。这是一本颇具实用价值的专业书籍。

本书可供高校工程类实验实训工作者参考使用，对其他类高校实验室也有参考价值。同时可供科研单位实验机构及职业院校实验实训等参考。

图书在版编目（CIP）数据

《高等院校机械类专业实验实训教学基地环境建设要求》工作指南/中国机械工程学会，天津理工大学组织编写；杨申仲，郑清春主编. —北京：机械工业出版社，2019.10

（机械类工程教育专业认证培训丛书；二）

ISBN 978-7-111-64659-4

Ⅰ.①高… Ⅱ.①中…②天…③杨…④郑… Ⅲ.①高等学校 - 机械工程 - 教育环境 - 建设 - 指南 Ⅳ.①TH - 62②G40 - 052.4

中国版本图书馆 CIP 数据核字（2020）第 022540 号

机械工业出版社（北京市百万庄大街 22 号　邮政编码 100037）
策划编辑：沈　红　责任编辑：沈　红
责任校对：肖　琳　封面设计：马精明
责任印制：邸　敏
河北鑫兆源印刷有限公司印刷
2020 年 5 月第 1 版第 1 次印刷
169mm×239mm·20.25 印张·393 千字
标准书号：ISBN 978-7-111-64659-4
定价：79.00 元

电话服务　　　　　　　　　网络服务
客服电话：010 - 88361066　　机　工　官　网：www.cmpbook.com
　　　　　010 - 88379833　　机　工　官　博：weibo.com/cmp1952
　　　　　010 - 68326294　　金　书　网：www.golden - book.com
封底无防伪标均为盗版　　　机工教育服务网：www.cmpedu.com

指导委员会

主　任：宋天虎
副主任：陈关龙　吴昌林

编写委员会

主　任：杨申仲
副主任：郑清春　王　玲
成　员：缪　云　毕大森　岳云飞　陈　江　秦　戌
　　　　马　驰　杨小兰　王子强　李月华　栾大凯
　　　　刘永华　高　强　牛兴华

前　　言

改革开放以来，特别是近几年来我国高校教育体系发生了不少积极变化，并取得了很大成绩。通过对近年来开展的工程教育专业认证工作情况的剖析，发现主要是在培养大学生的实践能力和素质方向还存有一定差距。为使我国高等院校机械类专业实验实训教学基地环境建设符合装备制造业工程科技人才培养要求，强化实验实训教学基地培养学生工程实践能力、树立工程意识的责任与效果，中国机械工程学会组织制定了团体标准 T/CMES 00101—2017《高等院校机械类专业实验实训教学基地环境建设要求》。通过贯彻本标准，可促进实验实训教学基地环境建设管理工作的进一步规范化、标准化。根据广大高校实验实训工作者的要求，中国机械工程学会专门组织专家及时编写了本书，以供借鉴和参考。

本书是一本颇具实用价值的专业书籍，共分七章，包括标准编制说明，标准目次及内容，标准主要内容解读——安全，节能、职业健康与环境保护，设备及计量、器具管理，工程化实验实训场地环境，实验实训装备体现现代工程技术等内容，并进行全面和具体的实操性介绍。

本书可供高校工程类实验实训工作者参考使用，对其他类高校实验室亦有参考价值。同时可供科研单位实验机构及职业院校实验实训等参考。

目　录

第一章

标准编制说明

近年来，随着我国高校学生数量持续增长，各类实验室数量快速增加。我国机械类高校已有 1000 余所，平均每一所机械类高校拥有基础实验室、专业基础实验室、专业实验室达 20 个以上。高校实验室承担着培养学生实践能力的重要任务，近十年一些高校相继建立了规模更大的工程训练中心等，且实验室设备逐渐向自动化、数字化、精细化发展。通过近十年来按国际化的工程教育专业认证标准对照检查，高校实验实训教学基地环境建设管理与规范化与国际同类高校存在着较大差距，并已成为倍受关注的焦点和难点问题。

第一节　标准编制背景及定位

一、标准编制背景

经过多年坚持不懈的努力，我国高等工程教育已取得了显著成绩。高校实验实训教学基地是学生进行实践的场所，承担着培养学生工程实践能力的重要任务。为了进一步做好教学和实践活动，各工科院校加强了基础实验室、专业基础实验室和专业实验室的建设，且相继建立了综合性工程训练中心。对管理体制、教学模式进行的探索与改革，使实验实训教学基地整体水平得到了较快提高。

随着经济全球化深入发展，工程教育面临着越来越严峻的国际竞争压力，世界各国对高等工程教育质量特别是对学生工程实践能力提出了越来越高的要求。在近十年的工程教育专业认证过程中，通过与具有国际实质等效性的认证标准比照发现，我国高校实验实训管理尚存一些需要解决的问题，如安全问题未引起足够的重视，而保障实验安全应是高校开展实验的底线要求。目前，我国高校实验室管理与规范普遍未得到足够重视，这明显不利于对学生工程能力、职业素质和安全意识的培养。

标准化作为经济社会发展的"助推器"，已成为助推国家治理能力提升的有效工具。目前国家尚未制定高校实验实训教学基地建设标准。由中国机械工程学会在 2017 年 10 月发布团体标准 T/CMES 00101—2017《高等院校机械类专业实验实训教学基地环境建设要求》，将有效推动高校机械类专业提高管理工作规范化和标准化水平，以及推进认证专业的教学改革和专业建设。

为进一步培养高校学生的工程实践能力，加强高校工程实验实训的管理，2016 年 12 月，本标准项目正式立项。由中国机械工程学会、中国工程教育专业认证协会机械类专业认证委员会组织部分企业专家、高校教师、专委会秘书处成员成立了标准编写组，成员包括杨申仲、陈清利、王玲、缪云、顾梦元、毕大森。

二、标准定位

高校实验实训教学基地是机械类专业学生进行实践教学的重要场所，对提高学生工程意识、工程实践能力和创新能力具有重要作用。编制和发布高等院校机械类专业实验实训教学基地环境建设标准，旨在推动高校机械类专业充分利用校内实习实训教学基地培养学生工程能力，推进教学改革和专业建设。

第二节 标准编制过程及创新点

一、编制过程

1. 深入学习领会中央精神

通过认真领会国家当前实施的"一带一路"倡议，以及"中国制造 2025""互联网＋"等重大战略，并深入学习了教育部发布的《教育部办公厅关于加强高校教学实验室安全工作的通知》等相关文件。

2. 收集分析国内外相关资料

收集、分析国内外有关教育教学、实验室建设、实验室安全、职业健康、环境保护、产业发展等相关的法律、法规和标准，如《普通高等学校本科教学质量保证标准》《中华人民共和国危险化学品安全管理条例》和《产业结构调整指导目录》等。

3. 对高校实验实训教学基地情况进行调研

（1）2017 年 1 月 20 日，标准编写组到天津理工大学实验实训教学基地现场考察，并与天津理工大学实验室管理相关领导和部处进行深入交流。

（2）2017 年 3 月 6 日，标准编写组到上海理工大学实验实训教学基地现场考察，并与上海理工大学实验室管理相关领导和部处进行深入交流。

（3）2017 年 4 月 9 日，标准编写组到大连理工大学实验实训教学基地现场考察，并与大连理工大学实验室管理相关领导和部处进行深入交流。

（4）2017 年 5 月 15 日，标准编写组再次到天津理工大学实验实训教学基地现场考察，并征求了天津理工大学对本标准的意见和建议。

4. 组织专家编写情况

（1）2017年1月18日，标准编写组经过前期调研，初步构建《高等院校机械类专业实验实训教学基地环境建设要求》草案的框架，并召开首次专家研讨会审议本标准草案框架。1月20日形成了本标准初稿。

（2）2017年3月28日，标准编写组组织召开第二次专家研讨会，审议并形成《高等院校机械类专业实验实训教学基地环境建设要求》第二稿。

（3）2017年4月9日和5月15日，标准编写组分别又与实际考察单位大连理工大学、天津理工大学交换意见，对本标准进行了进一步的修改补充。

（4）2017年6月7日，标准编写组经过反复讨论修改，形成《高等院校机械类专业实验实训教学基地环境建设要求（征求意见稿）》。

5. 广泛征求意见

2017年6月7日~22日期间向社会征求意见。征求意见的对象是我国高校中已通过工程教育专业认证的机械类专业，包括71所高校的99个专业，其中有机械工程、机械设计制造及其自动化、车辆工程、材料成型及控制工程、过程装备与控制工程专业。

（1）被征求意见的99个专业中，共有83个专业反馈了意见，占征求意见专业的83%

1）提供反馈意见的83个专业全部提出了总体意见，有96%的专业总体认为很好，其标准规范、概念清晰及易于实施，对高等院校实验实训教学基地环境建设有很好的指导意义；有4%的专业总体认为良好，标准较规范，概念较清晰，但还需要进一步完善。反馈的总体意见见表1-1。

表1-1　反馈的总体意见

总体意见	选择专业数	选择比例
很好，标准规范，概念清晰，易于实施，对高等院校实验实训教学基地环境建设有很好的指导意义	80	96%
良好，标准较规范，概念较清晰，需要进一步完善	3	4%
较好，有较大改进空间	0	0%
合计	83	100%

2）提供反馈意见的83个专业全部给出了执行意愿。这些专业一致认为：标准通过后，校/院有意愿加强实验室建设，并遵照及执行本标准（表1-2）。

表1-2　反馈的执行意愿

执行意愿	选择专业数	选择比例
标准通过后，校/院有意愿加强实验室建设，遵照执行本标准	83	100%
标准通过后，校/院无意愿加强实验室建设，遵照执行本标准	0	0%
合计	83	100%

（2）2017 年 7 月 6 日和 7 日，标准编写组召开工作会议   会上对收集上来的反馈意见进行了逐条讨论。经讨论，对意见采取"采纳""部分采纳"和"不采纳"三种处理方式。根据"采纳"和"部分采纳"意见对标准的部分章节内容进行了修改，对少数不采纳的意见给出了不采纳理由。会后正式形成了《高等院校机械类专业实验实训教学基地环境建设要求（送审稿）》。

6. 专家委员会审定

2017 年 8 月 13 日，专家委员会召开工作会议，对《高等院校机械类专业实验实训教学基地环境建设要求（送审稿）》进行审定。经过讨论、修改和表决程序，通过了《高等院校机械类专业实验实训教学基地环境建设要求》终稿（报批稿）。

二、主要创新点

1. 建立统一建设标准，提出具体建设要求

本标准规定机械类专业实验实训教学基地环境建设应达到的要求，改变了实验实训教学基地建设没有统一标准和具体要求的现状；使高等院校机械类专业建设实验实训教学基地时有据可依，以进一步强化对学生工程实践能力的培养。

2. 参考国际先进的教育理念

本标准的编制参考国际先进的教育理念，即 Outcomes – based Education，简称 OBE 理念。参考以预期学习产出为中心来组织、实施和评价教育的结构模式，以建设有利于培养学生工程实践能力为导向，提出了实验实训教学基地的建设要求。

3. 强调实验实训中安全、环境、健康等重要因素

本标准强调实验实训教学基地在安全方面的要求，以保障师生在实验实训教学中的人身安全，促进高等院校在实验实训环节的教学中综合考虑社会、健康、安全、法律及环境等因素，着重培养学生提升职业能力、提高职业素质和树立安全意识。

第三节　框架内容及工作建议

一、框架内容

1. 主要内容

本标准的主要内容包括范围，规范性引用文件，术语和意义，安全，节能、职业健康与环境保护，设备及计量器具管理，工程化实验实训场地环境，实验实训装备体现现代工程技术八个方面。

2. 参考和引用的国家标准和专业标准

本标准在制定过程中严格按 GB/T 1.1《标准化工作导则 第 1 部分：标准的结构和编写规则》、GB/T 1.2《标准化工作导则第 2 部分：标准中规范性技术要素内容的确定方法》要求进行。

本标准在制定过程中参考并引用国家标准和法规文件，主要有：GB 2894《安全标志及其使用导则》，《中华人民共和国危险化学品安全管理条例》，《放射性同位素与射线装置安全和防护条例》，AQ 8001《安全评价通则》，《产业结构调整指导目录》，GB/T 28001《职业健康安全管理体系要求》，GB/T 24001《环境管理体系要求及使用指南》等。这些标准和文件与实验室建设和产业发展关系紧密的法律法规和标准。

3. 资料性附录

本标准附有四个资料性附录，包括典型设备安全操作规程、常见危险源与危险源登记表、安全性评价检查表和典型设备完好标准。

二、下一步工作建议

本标准内容与现行法律法规保持充分一致性，在执行中提出强制性要求，同时提供资料性附录。使其具有针对性、实用性、可借鉴性强的特点，并通过贯彻实施进一步提升高等院校机械类专业实验实训教学基地环境建设水平。为了推进本标准的贯彻和实施工作，下一步应做好以下工作：

1）积极开展对相关机械类专业的标准解读和宣贯工作，对有建设咨询需求的专业开展咨询服务。

2）建立标准执行的指导和咨询平台，以利于扩大本标准执行范围，使更多的机械类专业通过规范执行本标准而受益。

3）将本标准纳入"工程教育认证标准机械类专业补充标准"有关条款，使得各高校在认证工作中贯彻实施标准，以提升实验实训教学基地建设水平和学生工程实践能力培养水平。同时通过实验实训管理标准化、规范化，大大提高实验实训资源共享程度，以及充分利用实验实训的资源，为提高学生的工程实践能力打下良好的基础。

第二章

标准目次及内容

第一节　目　　次

第二节　标　准　内　容

团体标准 T/CMES 00101—2017《高等院校机械类专业实验实训教学基地环境建设要求》（以下简称本标准）主要内容有范围，规范性引用文件，术语和定义，安全，节能、职业健康与环境保护，设备及计量器具管理，工程化实验实训场地环境，实验实训装备体现现代工程技术及资料性附录。本标准内容摘录如下：

1　范围

1.1　本标准规定了机械类专业实验实训教学基地在安全，节能、职业健康与环境保护，设备及计量器具管理，工程化实验实训场地环境，实验实训装备体现现代工程技术等环境建设方面应达到的要求。

1.2 本标准适用于机械类专业相关的实验室、工程训练中心等实验实训教学基地，其他工科类专业的实验实训教学基地可参照执行。

2 规范性引用文件

下列文件对于本文件的应用是必不可少的。凡是注日期的引用文件，仅注日期的版本适用于本文件。凡是不注日期的引用文件，其最新版本（包括所有的修改单）适用于本文件。

GB 2894 安全标志及其使用导则

中华人民共和国危险化学品安全管理条例

放射性同位素与射线装置安全和防护条例

AQ 8001 安全评价通则

产业结构调整指导目录

GB/T 28001 职业健康安全管理体系 要求

GB/T 24001 环境管理体系 要求及使用指南

3 术语和定义

下列术语和定义适用于本标准。

3.1

安全防护 safe guarding

保证安全运行的重要手段与防护措施。

3.2

安全事故 safety accidents

造成死亡、疾病、伤害、损坏或其他损失的意外情况。

3.3

安全性评价 safety assessment

综合运用安全系统工程方法，对系统存在的危险性进行定性和定量分析，确认发生危险的可能性及其严重程度，提出必要的控制措施，以寻求最小的事故损失和最优的安全效益。

3.4

设备完好标准 standard for intact equipment

对设备运行状态进行检查的技术依据，包括设备性能及精度、效率、运行参数、安全环保、能源消耗等所处状态及其变化情况。

3.5

计量器具定检   periodical inspection of measuring instruments

在规定周期内对计量器具性能进行检测（指计量的准确性、稳定性、灵敏性等），并确定其是否合格的过程。

3.6

定置管理 fixation management

科学、合理、充分地利用空间和场地，对设备、物料、工具等进行定位置、定数量、定区域，使现场的人、物、场所三者之间达到最佳结合状态。

3.7

5S 管理 5S management

5S 是指整理、整顿、清扫、清洁和素养，是自主管理的一种具体体现。

4 安全

4.1 安全管理制度

应建立和健全安全管理制度（包含实验实训教学基地安全管理制度、危险化学品管理制度、射线装置与放射性同位素安全管理制度、安全用电管理制度、防火制度、特种设备管理制度等），并贯彻实施。

4.2 项目安全审核

应建立项目安全审核制度。对机械类专业实验实训教学项目开展安全审核，对涉及化学类、热加工类、辐射类和特种设备等具有安全隐患的项目应加强审核和监管。

4.3 安全教育与考核

应建立实验实训教学基地的安全准入制度，对学生进行综合性安全教育，经考核合格后方可进行实验实训。

4.4 安全操作规程

应制定完善的实验实训安全操作规程，并贯彻执行。在实验实训操作前，应对学生进行安全操作示范和指导，并告知学生出现安全事故的正确处理方法。在实验实训过程中，对学生安全操作进行检查和监督。

4.5 安全标志

在实验实训场地内易发生危险的区域和设备易发生危险的部位等，应设置安全标志，并符合 GB 2894 的要求。

4.6 危险化学品管理

4.6.1   应建立和健全实验实训危险化学品管理规范，达到《中华人民共和国危险化学品安全管理条例》要求。完善包括申购、入库验收、保存、领用、使用、回收及处置的管理要求和全过程记录，定期做好检查监督工作，同时建立相应的责任制并落实到责任人。

4.6.2 应建立危险化学品登记、使用和库存台账，账账相符、账物相符。每学期期末应将库存危险化学品清单汇总，报至学校实验实训主管部门备案。

4.6.3 对剧毒、放射性同位素应单独存放，并设置明显的标识，不能与易燃、易爆、腐蚀性物品放在一起，并配备专业的防护装备，实行双人保管、双人收发、双人使用、双台账、双把锁管理。达到《放射性同位素与射线装置安全和防护条例》的要求。

4.6.4 各实验实训废弃的危险化学品应严格按照要求做好明细分类保管，由学校统一交有相关资质的机构按照规定进行处置。

4.7 安全防护

4.7.1 安全防护要求

4.7.1.1 实验实训场所应配置消防器材、烟雾报警器、通风系统、医疗急救箱等安全设施，工程训练中心和涉及使用危险化学品的实验室应安装应急喷淋、洗眼装置等。还可根据需要配置相应的防护罩、危险气体报警、监控系统、警戒隔离等。应保证消防器材在有效期内。实验实训教学基地应明确专人负责管理。

4.7.1.2 实验实训教学基地设备安全防护装置应完好可靠。为保障实验实训过程中的人身安全和设备安全，应对有特殊要求的设备加装安全防护栏。

4.7.1.3 实验实训教学基地应根据实验实训项目配备齐全的安全防护用品，如护目镜、工作帽、工作服等。学生参加实验实训项目时，应使用及穿戴相应的安全防护用品。

4.7.2 安全性评价

4.7.2.1 应识别并登记实验实训教学基地存在的各类危险源。

4.7.2.2 应针对各类危险源制定主要防范措施，定期开展安全性评价工作，对检查中发现的安全隐患应立即组织整改，隐患消除后方可开展实验实训教学工作。详见 AQ 8001。

4.7.3 安全事故应急处置

4.7.3.1 应制定设备安全事故应急预案、环境污染事故应急预案、突发性放射性事故应急预案等，并在实验实训教学基地重要部位进行张贴公示，同时上报学校主管部门备案。

4.7.3.2 应建立应急演练制度并开展演练，对实验实训教学基地的管理及教学人员进行相关安全知识培训，提高实验实训事故处置能力。

4.7.3.3 实验实训教学基地发生事故时，应按照规定启动事故应急预案，采取应急措施，积极组织急救工作，并及时如实上报学校，确保师生生命和财产安全，防止事态扩大和蔓延。

5 节能、职业健康与环境保护

5.1 节能

5.1.1 应及时更新替换国家明令淘汰的高耗能设备，选用国家鼓励类新工艺、新设备、新技术。详见《产业结构调整指导目录》。

5.1.2 应开展节能、节水、节材管理。

5.2 职业健康

应做好有害气体、粉尘、噪声、辐射的治理，满足 GB/T 28001 的要求，避免对师生造成身体伤害。

5.3 环境保护

5.3.1 应做好实验实训废弃物的收集和处理工作，实行专人管理，对实验废弃物应实行分类收集和存放，做好无害化处理、包装和标识，按要求送往符合规定的暂存地点，并委托有资质的专业机构进行清理、运输和处置。

5.3.2 实验实训运行中不能随意排放废气、废液、废渣等。应根据废气、废液、废渣的特点，配置吸收处理和排放设备设施等。满足 GB/T 24001 的要求。

6 设备及计量器具管理

6.1 设备管理制度

应建立和完善实验实训教学基地的设备管理制度。包括：设备台账及档案、设备运行、设备维护检修及更新、设备安全事故处理措施等内容。

6.2 设备完好

应建立和完善设备完好标准及设备完好定期检查制度。在用设备完好率应保持90%以上，其中应保证每台在用特种设备完好。

6.3 设备布局

为确保操作安全，实验室设备（包括设备与墙柱）安全间距一般不小于0.5m；工程训练中心机械加工设备（包括设备与墙柱）安全间距一般不小于0.7m，其中大型设备（包括设备与墙柱）安全间距一般不小于1m。台式增材制造设备、激光加工设备等可根据需要安排设备布局。

对分组形式的教学，为保证实验实训效果，各台（套）设备布局应确保组内每位学生的合理操作空间。

6.4 设备现场设置

设备应设置管理标牌，显示设备资产编号、名称、功能、主要技术参数、管理责任人等内容。设备安全操作规程、操作指导书应放置在设备上或设备周围等便于学习、执行和检查的位置；对待修、停用设备应设置明显标识。

6.5 设备维护

做好设备日常维护保养、润滑和定期检修工作，并保存设备运行和维护记录。

6.6 计量器具定检

应向学生讲授量具、压力仪表等计量器具检测检验基本知识，并开展量具、压力仪表等常用计量器具的定期检测检验。

7 工程化实验实训场地环境

7.1 场地布局展示

应在实验实训场地内醒目位置设置平面布置图或布局模型。布置图或布局模型上应注明各类实验实训项目名称、医疗救治区（点）、安全通道、应急出口等位置，标明逃生路线。

7.2 实验实训项目展示

实验实训教学基地应张贴或摆放典型实验实训项目介绍、原理图或构造简图、实验实训设备使用说明等内容的图片或展板，同时悬挂安全操作制度展板，以便于学生了解和学习。

7.3 5S 管理

实验实训应贯彻 5S（整理、整顿、清扫、清洁、素养）管理，满足 GB/T 28001 的要求。

7.3.1 整理

实验实训工作场所可设置成品展示区、废品回收区、清洁用品区等，实验实训设备及工具、物件物料分类放置于所属区域。明确相关区域责任人，没有使用价值的物品应及时清除。

7.3.2 整顿

实验实训设备、物料、工具实施定置管理，摆放整齐并加以标识，实现合理布局，方便使用，通道畅通无阻。

7.3.3 清扫

每次工作结束后应将工作场所、设备、器具等清扫干净并保持无灰尘、无废弃物、无油污等。

7.3.4 清洁

建立工作场所清洁制度，明确实验实训指导教师、学生各自职责，并有专人负责监督执行，创建安全、环保、健康的工作环境。

7.3.5 素养

应将遵章守纪、实验实训质量、安全和操作技能等方面的素养作为学生实验实训的考核内容，养成学生在实验实训中自觉提高，自我约束，自觉遵守的良好习惯。

7.4 户外场地实验管理

进行户外场地实验时,应在实验场地周围设立醒目的安全标识,并确认无其他人员进入实验场地。

8 实验实训装备体现现代工程技术

8.1 体现工程化

设备设施、仪器器材应选用体现现代工程技术和现代科学技术的工业产品、设施、器材等。

8.2 体现先进性

应采用体现现代先进技术的数控设备、光电控制设备、高端加工中心、增材制造设备等,使学生通过实验实训了解、熟悉、初步掌握先进的数字化工艺装备和制造技术。

8.3 体现成果转化

应吸收科研的最新成果、大学生创新设计与训练优秀成果,转化为教学资源。将这些成果的实验装置和产品转化为实验教学项目和设备,并通过教学实践不断更新和完善。

第三章

标准主要内容解读——安全

随着近年来我国高等院校扩大招生，在校学生数量不断增加，高校实验室数量及实验实训设备也相应有了较大的增加。为了保证高校正常开展实验实训教学活动，加强安全管理十分重要。

标准的第四部分为安全，主要包括安全管理制度、项目安全审核、安全操作规程、安全标志、危险化学品管理、安全防护等内容。

通过对标准的贯彻执行，在安全方面应达到如下要求。

1. 增强实验实训教学安全"红线"意识

高校实验实训是高校开展实验实训教学的主要阵地，其覆盖学科范围广、参与学生人数多、实验实训教学任务量大、仪器设备和材料种类多，以及潜在安全隐患与风险情况复杂。高校教学实验室的安全工作，直接关系广大师生的生命及财产安全，关系高校和社会的安全稳定。

加强高校实验实训教学安全工作，必须坚持以人为本、安全第一、预防为主、综合治理的方针，切实增强"红线"意识和底线思维。高校要根据实际情况和实验实训教学安全工作的复杂性，始终坚持把国家法律、法规、规章和国家强制性标准作为高校实验实训教学安全工作的底线，并不折不扣予以执行。

根据"谁使用、谁负责，谁主管、谁负责"的原则，逐级分层落实责任制。高校党政主要负责人是本校安全工作第一责任人。分管高校教学实验室工作的校领导应协助第一责任人负责实验实训教学安全工作，也是教学实验室安全工作的重要领导责任人。高校实验实训教学安全管理机构和专职管理人员负责校实验实训教学的日常安全管理，高校教学实验室负责人是本校实验室安全工作的直接责任人。

2. 完善实验实训教学安全运行机制

根据高校基础条件和实验实训教学的专业门类特性，不断完善实验实训教学安全运行机制。对新建实验实训教学基地，应把安全风险评估与审核作为建设立项的必要条件。对改建、扩建实验实训教学基地，应根据相应法律法规对建设方案进行评估。

高校要建立实验实训教学安全定期评估制度，及时发现问题，切实消除隐患。要树立"隐患就是事故"的观念，依法依规建立实验实训教学安全事故隐患排查、登记、报告、整改等制度。要建立完善实验实训用危险废弃物处置备案制度，协调有资质的单位及时进行处置。

3. 推进实验实训教学安全教育

高校开展系统的安全教育是做好实验实训教学安全工作的重要基础。按照"全员、全程、全面"的要求，系统学习相关法律法规和标准中涉及实验实训教学安全的具体内容；通过案例式教学、规范性培训和定期的检查考核等方式，不断提高广大师生的安全意识和对安全风险的科学认知水平。

高校要建立实验实训教学的安全准入制度，对即将进行实验实训的师生必须进行安全技能和操作规范培训，未经相关安全教育并取得合格成绩者不得进行实验实训教学。鼓励高校开设有学分的安全教育课程，要把安全宣传教育作为日常安全检查的必查内容，对安全责任事故一律要倒查安全教育培训责任。

4. 开展实验实训教学安全专项检查

高校要加强对实验实训教学所有危险化学品、辐射源、机械、特种设备等实验实训设施、设备与用品等重大危险源的规范管理。对重大危险源涉及各环节安全风险进行重点摸排和全过程管控，并建立重大危险源安全风险分布档案和相应数据库。

高校要对实验实训教学重大危险源开展专项定期检查，并核查安全制度及责任制落实情况；安全教育情况；检测及应急处置装置情况；安全隐患及其整改成效等，鼓励高校试点建立施行重大危险源分类管理制度。

5. 提高实验实训教学安全应急处置能力

加强高校实验实训教学安全应急处置能力建设是重要的基础性工作。高校实验实训教学安全应急工作涉及预案管理、应急演练、指挥协调、遇险处理、事故救援、整改督查等工作。

高校要统筹制定实验实训教学安全应急预案，并根据实验实训项目变化及时修订。同时要建立落实实验实训教学安全应急预案逐级报备制度。

第一节　安全管理制度

一、标准内容

安全管理制度标准内容如下：应建立和健全安全管理制度（包含实验实训教学基地安全管理制度、危险化学品管理制度、射线装置与放射性同位素安全管理制度、安全用电管理制度、防火制度、特种设备管理制度等），并贯彻实施。

二、解读

近年来，虽然安全事故总体上处于较为平稳的下降态势，但安全形势依然十分严峻。事故主要原因是单位安全主体责任不落实；对安全工作重视不够、投入不足、管理不力，以及时有违法、违规使用设备。为了进一步落实国家安全工作的部署，应全面落实安全生产主体责任，以不断提高设备使用管理水平及有效防止和减少设备事故。

1. 安全现状

（1）当前安全的主要问题　如图 3-1 所示。

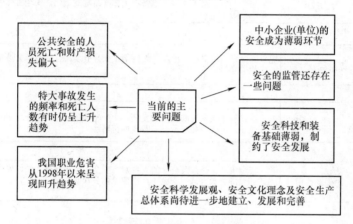

图 3-1　当前安全的主要问题

（2）安全的重要性　安全是关系到我国社会稳定大局及可持续发展战略实施的重要问题，因此安全与我国的基本国策人口、资源、环境同等重要。安全的重要性如图 3-2 所示，安全生产的特性如图 3-3 所示。我国（某年）安全事故死亡人数及控制指标见表 3-1；某年我国特种设备共发生伤亡事故 256 起，其中死亡 325 人、受伤 285 人，见表 3-2；特种设备事故发生环节见表 3-3。

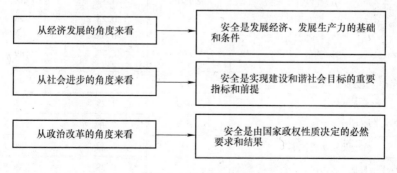

图 3-2　安全的重要性

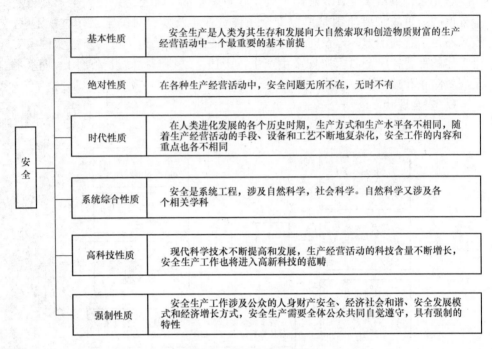

图 3-3 安全生产的特性

表 3-1 我国（某年）安全事故死亡人数及控制指标

序号	项目	全年实际死亡人数/人	占总数比例（%）	占全年下达控制指标比例（%）
1	工业、矿山、商贸等事故	11 532	13.86	91.5
	其中：1）煤矿事故	2 631	3.16	83.5
	2）建筑施工事故	2 760	3.32	104.2
	3）烟花爆炸事故	188	0.23	98.9
	4）特种设备事故	315	0.38	100.0
	5）其他	589	6.77	89.4
2	道路交通事故	67 759	81.45	93.3
3	火灾事故	1 076	1.29	76.9
4	铁路交通事故	1 825	2.19	81.5
5	农业及农业机械事故	262	0.32	81.9
6	水上交通、民航飞行等	742	0.89	76.1
合计	各类事故	83 196	100	92.5

表 3-2　某年我国特种设备发生死亡事故情况

项目	事故起数	同比		死亡人数	同比	
		±	±（%）		±	±（%）
合计	256	−43	−14.0	325	−9	−2.7
锅炉	25	−3	14.0	19	−1	−5.0
生活锅炉	13	−3	−19.0	10	−1	−9.0
压力容器	29	−7	−19.0	37	−2	−5.0
气瓶	33	7	27.0	42	14	50.0
压力管道	9	0	0.0	17	−2	−11.0
电梯	33	−6	−15.0	29	−2	−6.0
起重机械	58	−10	−15.0	94	80	18.0
小型起重机械	26	−39	−60.0	49	−42	−46.0
场（厂）内机动车辆	26	13	100	26	13	100.0
客运索道	0	0	0.0	0	0	0.0
大型游乐设施	4	−1	−20.0	2	0	0.0

表 3-3　特种设备事故发生环节

项目	事故起数	同比		死亡人数	同比	
		±	±（%）		±	±（%）
合计	256	−43	−14.4	325	−9	−2.7
使用	177	12	5.3	212	13	6.5
制造	24	−31	−56.4	32	−42	−56.8
安装、维修	26	11	73.3	49	34	226.7
气瓶充装、运输、贮存	17	1	6.3	20	−1	−4.8
管理	12	9	300	12	9	33.3
其他环节	0	−3	0	0	−11	0

2. 安全工作目标

新时期安全工作目标：

1）建立六大体系：a. 建立、完善企业安全保障；b. 政府监管和社会监督；c. 安全科技支撑；d. 法律法规和政策标准；e. 应急救援；f. 宣传培训。

2）提高六种能力：a. 单位本质安全水平和事故防范；b. 监测执法和群防群治；c. 技术装备安全保障；d. 依法依规安全运行；e. 事故救援和应急处置；f. 人员安全素质和社会公众自救、互救。

3）推动安全状况持续稳定好转。

4）加快安全生产长效机制建设。

3. 安全与特种设备事故

（1）事故等级 根据安全与设备事故造成的人员伤亡或者直接经济损失，事故一般分为以下等级，见表3-4 和表3-5。

表 3-4 生产安全事故分类及其相应法律责任划分

项目		特别重大事故	重大事故	较大事故	一般事故
事故分类	死亡人数	30 人及以上	10~29 人	3~9 人	1~2 人
	受伤人数（包括急性工业中毒）	100 人以上	50~99 人	10~49 人	9 人及以下
	直接经济损失	1 亿元及以上	5000 万元~1 亿元以下	1000 万元~5000 万元以下	1000 万元以下
法律责任	事故发生单位对事故负有责任	200 万元~500 万元罚款	50 万元~200 万元以下罚款	20 万元~50 万元以下罚款	10 万元~20 万元以下罚款
	事故发生单位主要负责人未依法履行安全生产管理职责，导致事故发生的。构成犯罪的，追究刑事责任	一年年收入 80% 罚款	一年年收入 60% 罚款	一年年收入 40% 罚款	一年年收入 30% 罚款

表 3-5 特种设备事故分类

项目	特别重大事故	重大事故	较大事故	一般事故
600MW 以上锅炉	发生爆炸	因故障中断运行 240h 以上	—	—
压力管道、压力容器有毒介质泄漏	造成15 万人以上转移	造成 5 万人以上，15 万人及以下转移	造成 1 万人以上，5 万人及以下转移	造成 500 人以上，1 万人及以下转移
客运索道、大型游乐设施高空滞留	100 人以上，并且时间在 48h 以上	100 人以上，并且时间在24h 以上，48h 以下	有人员在 12h 以上	1）客运索道高空滞留人员 3.5h 以上 12h 以下 2）大型游乐设施高空滞留人员 1h 以上 12h 以下
特种设备运行	—	—	锅炉、压力容器、压力管道发生爆炸	电梯轿厢滞留人员 2h 以上
起重机械运行	—	—	起重机械整体倾覆	起重机械主要结构件折断或起升机构坠落

（2）事故报告

1）事故报告应当及时、准确、完整，任何单位和个人对事故不得迟报、漏报、谎报或者瞒报。

2）事故发生后，事故现场有关人员应当立即向本单位负责人报告；单位负责人接到报告后，应当于1h内向事故发生地县级以上人民政府安全生产监督管理部门和负有安全生产监督管理职责的有关部门报告。情况紧急时，事故现场有关人员可以直接向事故发生地县级以上人民政府安全生产监督管理部门和负有安全生产监督管理职责的有关部门报告。

3）安全生产监督管理部门和负有安全生产监督管理职责的有关部门接到事故报告后，应当依照下列规定上报事故情况，并通知公安机关、劳动保障行政部门、工会和人民检察院。即：a. 特别重大事故、重大事故逐级上报至国务院安全生产监督管理部门和负有安全生产监督管理职责的有关部门；b. 较大事故逐级上报至省、自治区、直辖市人民政府安全生产监督管理部门和负有安全生产监督管理职责的有关部门；c. 一般事故上报至设区的市级人民政府安全生产监督管理部门和负有安全生产监督管理职责的有关部门。

4）报告事故应当包括下列内容：a. 事故发生单位概况；b. 事故发生的时间、地点及事故现场情况；c. 事故的简要经过；d. 事故已经造成或者可能造成的伤亡人数（包括下落不明的人数）和初步估计的直接经济损失；e. 已经采取的措施；f. 其他应当报告的情况。

5）事故报告后出现新情况的，应当及时补报。

（3）事故调查

1）特别重大事故由国务院或者国务院授权有关部门组织事故调查组进行调查。重大事故、较大事故、一般事故分别由事故发生地省级人民政府、设区的市级人民政府、县级人民政府负责调查。省级人民政府、设区的市级人民政府、县级人民政府可以直接组织事故调查组进行调查，也可以授权或者委托有关部门组织事故调查组进行调查。未造成人员伤亡的一般事故，县级人民政府也可以委托事故发生单位组织事故调查组进行调查。

2）事故调查组组长由负责事故调查的人民政府指定。事故调查组组长主持事故调查组的工作。

3）事故调查组履行下列职责：a. 查明事故发生的经过、原因、人员伤亡情况及直接经济损失；b. 认定事故的性质和事故责任；c. 提出对事故责任者的处理建议；d. 总结事故教训，提出防范和整改措施；e. 提交事故调查报告。

4）事故调查组有权向有关单位和个人了解与事故有关的情况，并要求其提供相关文件、资料，有关单位和个人不得拒绝。事故发生单位的负责人和有关人员的事故调查期间不得擅离职守，并应当随时接受事故调查组的询问及如实提供有关情况。事故调查中发现涉嫌犯罪的，事故调查组应当及时将有关材料或者其复印件移交司法机关处理。

5）事故调查中需要进行技术鉴定的，事故调查组应当委托具有国家规定资质的单位进行技术鉴定；必要时，事故调查组可以直接组织专家进行技术鉴定。

6）事故调查组成员在事故调查工作中应当诚信公正、恪尽职守，遵守事故调查组的纪律，保守事故调查的秘密。

（4）事故处理

1）重大事故、较大事故、一般事故，负责事故调查的人民政府应当自收到事故调查报告之日起 15 日内做出批复；特别重大事故，30 日内做出批复。有关机关应当按照人民政府的批复，依照法律、行政法规规定的权限和程序，对事故发生单位和有关人员进行行政处罚，对负有事故责任的国家工作人员进行处分。

2）事故发生单位应当按照负责事故调查的人民政府的批复，对本单位负有事故责任的人员进行处理。负有事故责任的人员涉嫌犯罪的，依法追究刑事责任。

3）事故发生单位应当认真吸取事故教训，落实防范和整改措施，防止事故再次发生。防范和整改措施的落实情况应当接受工会和群众的监督。安全生产监督管理部门和负有安全生产监督管理职责的有关部门应当对事故发生单位落实防范和整改措施的情况进行监督检查。

4）有关地方人民政府、安全生产监督管理部门和负有安全生产监督管理职责的有关部门有下列行为之一的，对直接负责的主管人员和其他直接责任人员依法给予处分；构成犯罪的，依法追究刑事责任。a. 不立即组织事故抢救的；b. 迟报、漏报、谎报或者瞒报事故的；c. 阻碍、干涉事故调查工作的；d. 在事故调查中做伪证或者指使他人做伪证的。

三、案例

1. ［案例 3-1］ 某高校实验实训安全管理制度（摘录）

大学实验实训安全管理制度

第一章 总 则

第一条 为保障师生员工人身安全，维护教学、科研等工作的正常秩序，创建"平安校园"，根据教育部发布的《教育部办公厅关于加强高校教学实验室安全工作的通知》《危险化学品安全管理条例》（国务院令第 591 号）等有关法规和规章，制定本办法。

第二条 本办法中的"实验室"是指全校开展教学、科研的实验实训场所（包含工程培训中心等），也是全校开展教学科研工作的重要场所。实验室安全工作是校园综合治理和平安校园建设的重要组成部分，包括实验室准入制度与项目安全审核制度建设、危险化学品的安全管理、辐射安全管理、实验实训废弃物安全管理、仪器设备安全管理、安全设施管理、实验室内务管理以及环境保护等多方面的工作。创建安全、卫生的实验室工作环境是各学院、各级领导及广大师生员工的共同责任和义务。

第三条　全校贯彻"以人为本、安全第一、预防为主、综合治理"的方针，实行分管副校长领导下的分工负责制；根据"谁使用、谁负责，谁主管、谁负责"的原则，落实分级负责制。

第四条　各单位要定期组织开展实验室安全教育和宣传工作，丰富师生的安全知识，营造浓厚的实验室安全校园文化氛围，提高教职工、学生安全意识。

第二章　实验室安全管理体系及职责

第五条　学校成立实验室技术安全工作委员会。该委员会由校长担任主任，成员由相关职能部门和有关专家组成。根据工作需要，委员会可下设若干专业工作小组。委员会的主要职责是：全面贯彻落实国家关于高校实验室安全工作的法律法规，制定实验室安全工作方针和规划；确定实验室安全工作政策和原则，组织制定实验室安全工作规章制度、责任体系和应急预案；督查和协调解决实验室安全工作中的重要事项；研究提出实验室安全设施建设的工作计划、建议和经费投入计划，协调、指导有关部门和专业工作小组落实相关工作。

第六条　实验室与设备管理处（以下简称"实验室处"）作为实验室安全工作的主要职能部门，按照政府主管部门和本校的要求，在实验室技术安全工作委员会的指导下，组织开展并检查落实全校实验室安全管理工作。其主要职责为：负责制定、完善全校性实验室安全规章制度，及时发布或传达上级部门的有关文件；指导、督查、协调各相关单位做好实验室安全教育培训和安全管理工作，重点是化学、辐射、机械等实验室的安全管理工作；定期、不定期组织或参与实验室安全检查，并将发现的问题及时通知有关单位，或通报有关职能部门，督促安全隐患的整改，必要时报实验室技术安全工作委员会研究决策；组织开展全校性的实验室安全工作先进评比。

第七条　各学院要协调做好实验室安全的监督、检查、教育和管理工作；各相关职能部门要做好与实验室安全相关的工作，包括加强对实验实训用房的安全性审批，加强实验室的安全基础设施建设和改造，加强对科研实验实训项目的安全性评估和申报工作的指导，加强对实验实训废弃物的规范化管理和处置，加强对危险化学品、剧毒品及放射性物质等购置、使用、贮存和处置的全程监管等。

第八条　各学院主要负责人是本单位的实验室安全工作第一责任人，全面负责本单位的实验室安全工作。其职责为：组织成立实验室安全工作领导小组，落实实验室安全分管领导、实验室安全员等人员，建立实验室安全责任体系；制订本单位的实验室安全工作计划并组织实施；筹集资金，加大对实验室安全设施建设与改造工作的投入。各学院分管实验室安全工作的分管领导职责为：建立、健全实验室安全责任体系（包括学院和实验室两级）和规章制度（包括各种制度、安全操作规程、应急预案等）；组织、协调、督促各下属单位做好实验室安全工作；定期、不定期组织实验室安全检查，并组织落实隐患整改工作，对于不整改的或出现严重安全问题的实验室，由所在单位实验室安全工作领导小组决定予以整改；组织本单位实验室安全环保教育培训，实行实验室准入制度；组织、落实对本单位科研和实验实训项目安全性评价、审核工作；及时发布、报送实验室安全环保工作相关通知、信息、工作进展等。学院（系）实验室安全员协助分管领导做好本单位实验室安全的具体工作。

第九条 各实验室负责人是本实验室安全责任人，其职责为：负责本实验室安全责任体系的规章制度（包括安全操作规程、应急预案、实验室准入制度、值班制度等）的建设，组织、督促相关人员做好实验室安全工作；组织、督促教师做好科研和实验实训项目安全状况的申报工作；定期、不定期开展检查，并组织落实安全隐患整改；根据上级管理部门的有关通知，做好安全信息的汇总、上报等工作。各实验室安全员协助实验室负责人做好相关安全工作。

第十条 每位实验实训用房使用管理者是本房间的直接安全责任人，其职责为：负责本实验实训用房安全日常管理工作；结合教学科研实验实训项目的安全要求，负责健全实验用房相关安全规章制度，落实值班制度；建立本实验实训用房内的物品管理台账（包括设备、试剂药品、剧毒品、气体钢瓶、病原微生物台账等）；根据实验实训危险等级情况，负责对本实验实训用房工作人员进行安全、环保教育和培训，对临时来访人员进行安全告知；定期、不定期搞好卫生与安全检查，并组织落实安全隐患整改；结合教学科研实验实训项目的安全要求，做好本实验实训用房安全设施的建设、管理和检查。

第十一条 在实验室学习、工作的所有人员均对实验室安全工作和自身安全负有责任。须遵循各项安全管理制度，做好科研和实验实训项目安全状况自我申报工作，严格按照实验实训安全操作规程或实验实训指导书开展实验实训，配合各级安全责任人和管理人做好实验室安全工作，排除安全隐患，避免安全事故的发生。所有进入实验室工作的师生员工需要接受学校相关部门或所在院系组织的实验室安全知识和环保教育培训，方可进入实验室工作；了解实验室安全应急预案，参加突发事件应急处理等演练活动；公示应急电话号码、应急设施和用品的位置，掌握正确的使用方法。学生导师要提高实验室安全责任意识，切实加强对学生的教育和管理，落实安全措施；学生须严格遵守落实实验室规章制度，配合实验室管理工作。临时来访人员须遵守实验室的安全规定。

第三章 安全管理主要内容

第十二条 实验室准入制度

建立、落实实验室准入制度。各单位需根据本学科和实验室的特点，加强师生员工和外来人员的安全教育，建立、落实实验室准入制度，通过相关部门或所在院系组织的实验室安全教育培训者方可进入实验室学习、工作。

第十三条　项目安全审核制度

建立实验室建设与改造项目安全审核制度。各单位在申报或批准同意新建、扩建、改造实验实训场所或设施时，应建立好审核把关的工作流程，必须充分考虑安全因素，加强实验室使用、设计、施工之间的交流沟通，广泛听取意见，严格按照国家有关安全、节能、消防和环保的规范要求设计、施工；项目建成后，须经安全、设备等有关方面验收，并完成相关的交接工作，明确管理、维护单位后方可投入使用。

第十四条　危险化学品的安全管理

危险化学品是指按照国家有关标准规定的具有毒害、腐蚀、爆炸、燃烧、助燃等性质，对人体、设施、环境具有危害的剧毒化学品和其他化学品。各单位要按照国家法律法规以及学校的相关规定，加强所有涉及危险化学品的教学、实验实训、科研和生产场所及其活动环节的安全监督与管理，包括购买、运输、贮存、使用、生产、销毁等过程。特别要加强压力容器及气瓶、剧毒品、易燃易爆物品、易制毒品、易制爆品的管理。

第十五条　辐射安全管理

辐射安全主要包括放射性同位素（密封放射源和非密封放射性物质）和射线装置的安全。各涉辐单位必须按照国家法规和学校的相关规定，在获取环保部门颁发的《辐射安全许可证》后方能开展相关工作；须加强涉辐场所安全及警示设施的建设，加强辐射装置和放射源的采购、保管、使用、备案等管理，规范涉辐废弃物的处置。涉辐人员须定期参加辐射安全与防护知识培训，持证上岗。

第十六条　实验实训废弃物安全管理

要加强实验室排污处理装置（系统）的建设和管理，不得将实验实训废弃物倒入下水道或混入生活垃圾当中；实验实训废弃物要实行分类存放，做好无害化处理、包装和标识，定期、定时送往本学院指定的收集点，由学校有关职能部门联系有资质的单位进行统一处置。放射性废弃物严格按照国家环保部门的法律法规进行处置。

第十七条　仪器及设备安全管理

1. 各学院要加强各类仪器设备的安全管理，定期维护、保养各种仪器及设备、安全设施，对有故障的仪器及设备要及时检修，仪器及设备的维护保养和检修等要有记录。对制冷、高温加热、高压、高辐射、高速运转等有潜在危险的仪器及设备应进行重点管理；对精密、大功率高端仪器及设备、使用强电的仪器及设备要保证接地安全，并采取严密的安全防范措施，对服役时间较长的设备及具有潜在安全隐患的设备应及时办理报废手续，消除安全隐患。

2. 各学院要加强仪器设备操作人员的业务和安全培训，按照操作规程开展实验实训教学和科研工作。国家规定的某些特殊仪器设备和岗位须实行上岗证制度。

3. 对于自制、自研设备，严格按照相关设计规范和国家相关标准进行设计和制造，要必须充分考虑安全因素，防止安全事故的发生。

第十八条　水电安全管理

1. 实验室内应使用断路器并配备必要的漏电保护器；电气设备应配备足够用电功率和电线，不得超负荷使用；电气设备必须接地良好，对电线老化等隐患要定期检查并及时排除。

2. 实验室固定电源插座未经允许不得拆装、改线，不得乱接、乱拉电线，不得使用刀开关等。

3. 除非工作需要，实验室的空调、计算机、电加热器、饮水机等不得在无人情况下开机过夜，并采取必要的安全保护措施。

4. 化学类实验室一般不得使用明火电炉，如明火电炉确因工作需要且无法用其他加热设备替代，须在做好安全防范措施的前提下向实验室处提出申请，经现场审核许可（文字记录备案）后方可使用。

5. 实验室要杜绝自来水龙头打开而无人监管的现象。要定期检查上下水管路、化学冷却冷凝系统的橡胶管等，避免发生因管路老化、堵塞等情况造成的安全事故。

第十九条　安全设施管理

具有潜在安全隐患的实验室，须根据潜在危险因素配置消防器材（如灭火器、消防栓、防火门、防火闸等），以及烟雾报警、监控系统、应急喷淋、危险气体报警、通风系统（必要时加装吸收系统）、防护罩、警戒隔离等安全设施。建立实验废水处理系统，配备必要的防护用品，并加强实验室安全设施的管理工作，切实做好更新、维护保养和检修工作及相关记录，确保其设备及设施的完好性。

第二十条　实验室内务管理

1. 每个实验实训用房必须落实安全责任人，各学院必须将实验室名称、责任人、联系电话等信息统一制牌，并放置在明显位置，便于督查和联系。

2. 实验室应建立卫生值日制度，保持清洁整齐，仪器及设备布局合理。要妥善处理和保管好实验实训材料、实验实训剩余物和废弃物，及时清除室内外垃圾，不得在实验室堆放杂物。

3. 实验室必须妥善管理好各种安全设施、消防器材和防盗装置，并定期进行检查；消防器材不得移作他用，周围禁止堆放杂物，保持消防通道畅通。

4. 各学院必须安排专人负责实验室钥匙的配发和管理，不得私自配置钥匙或借给他人使用；各学院或各实验实训大楼必须保留一套所有房间的备用钥匙，并由单位办公室或大楼值班室保管，以备紧急之需。

5. 严禁在实验室区域吸烟、烹饪、用膳，不得让与工作无关的外来人员进入实验室；不得在实验室内留宿和进行娱乐活动等。

6. 按照学科和工作性质的不同需要，给实验实训人员配备必要的劳保、防护用品，以保证实验实训人员的安全和健康。

7. 实验实训结束或离开实验室时，必须按规定采取结束或暂离实验实训的措施，并查看仪器及设备、水、电、气和门窗关闭等情况。

第四章　实验室安全检查与整改

第二十一条　加强实验室安全与卫生检查

1. 学校、学院和实验室必须建立实验室安全与卫生检查制度，经常组织定期或不定期检查和督查。

2. 各学院、实验室应建立实验室安全与卫生管理检查表格（台账），记录每次检查情况；对发现的问题和隐患进行梳理，分清责任并积极整改；每次检查结束后，各学院须将检查结果形成报告，报送实验室处，实验室处将予以网上通报。

3. 实验室处负责对全校实验室安全工作进行指导、监督和检查，被检查单位必须主动配合。对违反国家有关法律法规、学校规章制度和存在严重安全隐患的实验室，实验室处将予以网上通报或发出整改通知书，以及要求其限期整改。对于不整改或出现严重问题的实验室，将进行封门，直至整改完成。

第二十二条　安全隐患整改

发现实验室存在安全隐患，要及时采取措施进行整改。发现严重安全隐患或一时无法解决的安全隐患，须向所在学院、保卫处、实验室处报告，并采取措施积极进行整改。对安全隐患，任何单位和个人不得隐瞒不报或拖延上报。

第五章　附　则

第二十三条　实验室发生意外事故时，应立即启动应急预案，做好应急处置工作，保护好事故现场，并及时报告保卫处及实验室处。事故所在单位应写出事故报告，交保卫处及实验室处，并配合调查和处理。

第二十四条　对因各种原因造成实验室安全事故的，将按照学校相关规定予以责任追究。

第二十五条　各有关单位应根据本办法，并结合实际情况另行制定相应的实施细则或管理规定。本办法未尽事项，按国家有关法律法规执行。

第二十六条　本办法自发布之日起执行。本办法由校实验室处负责解释。

2. ［案例3-2］ 建立安全管理表格台账

结合各高校实验实训具体情况，建立必要的、可操作的安全管理表格台账，以确保项目安全可靠运行。

1）事故隐患整改通知书，见表3-6。

2）劳动保护用品发放登记表，见表3-7。

3）工业卫生措施登记表，见表3-8。

4）特种作业人员安全教育（培训）登记表，见表3-9。

5）消防器材登记表，见表3-10。

6）重要和危险部位登记表，见表3-11。

7）安全投资登记表，见表3-12。

8）院、校定期组织安全检查活动记录，见表3-13。

9）实验室安全管理检查日志，见表3-14。

表3-6　事故隐患整改通知书

安检字第　　号

整改责任部门		整改期限	
整改内容 及要求			
	签发人：　　　　　整改负责人：　　　　　年　月　日		
验收 意见			
	整改负责人：　　　　　验收人：　　　　　年　月　日		

注：1. 本通知书是安全管理人员在日常安全检查中针对存在的安全问题出具的指令，必须坚决执行。

2. 整改部门对事故隐患立即组织整改，如因拖延整改而造成后果要依法追究责任。

3. 此单一式三联，签好验收意见后，第一联存根，第二联交整改部门存查，第三联返回学校设备（实验室）主管部门。

表 3-7　劳动保护用品发放登记表

单位：　　　　　　　　　　　　　　　　　　　　　　年　　月　　日

序号	姓名	工种	劳保用品名称	发放日期	规定使用起止日期	领用人签名	备注

负责人：

表 3-8　工业卫生措施登记表

单位：　　　　　　　　　　　　　　　　　　　　　　年　　月　　日

部位	需要定期采样检测的项目（粉尘、有毒气体、噪声等）	测试结果	防护措施	治理措施	备注

负责人：

表 3-9　特种作业人员安全教育（培训）登记表

单位：　　　　　　　　　　　　　　　　　　　　　　年　　月　　日

序号	姓名	性别	年龄	文化程度	作业部门	工种职别	考试成绩	核发证号	教育形式	备注

负责人：

表 3-10 消防器材登记表

单位：   年   月   日

序号	放置位置	型号	规格	数量	购进日期	换药日期	保管人	负责人	有效起止日期	备注

负责人：

表 3-11 重要和危险部位登记表

单位：

序号	部位名称及主要特征	监管部门	责任人	主要安全防范措施	备注

负责人：

表 3-12 安全投资登记表

单位：

序号	日期	投资用途	投资额	投资效果评价	备注

负责人：

表3-13　院/校定期组织安全检查活动记录

单位：

组织单位		时间		地点	
主持人		参加人员			
记录人		签名			
主题					
具体内容					

负责人：

表3-14　实验室安全管理检查日志

学院：　　　　　　实验室房间名称：（建筑物名称及房号）

年　　月

检查日期	室内设备情况	水电状态	门窗关闭	环境卫生	房间周边相关情况	其他	检查人（签字）	督察人（签字）
月　日								
月　日								
月　日								
月　日								
月　日								
月　日								
月　日								

问题描述：

注：1. 本表由每个实验室自然房间安全责任人检查后填写，一般每日（工作日及加班日）下班前完成填写，一日一行。

2. 对于填写内容，按照表格所列各项（及自列其他各项）安全状态，可写具体情况，也可打勾表示正常，然后签字认可。

3. 各学院级实验室安全负责人每周督察一次，正常无误后签字认可。

4. 放假期间，实验室按照每三天检查一次，由本室安全负责人（或其他指定正式人员）检查确认，每15天由学院级安全负责人督察一次，正常后签字认可。如果实验室较长时间不用，安全确认无误后可贴封条暂停使用，暂停安全检查。

5. 如有非正常情况，要及时记录，并按照有关规定，及时上报。

3. [案例3-3]　某高校工程训练中心安全总则（摘录）

第一条　工程训练中心安全及安全管理工作是关系到国家财产、教职员工和学生人身、精神健康的大事，全体教职员工均应树立牢固的安全第一的观念和意识，严格遵守安全守则及安全操作规程，杜绝一切事故的发生。

第二条　学生第一次进入本中心参加工程训练，必须接受安全教育，否则不得动用中心设备。

第三条　参加工程训练的学生应穿工作服，女同志应戴帽并将头发辫子收好，不许戴围巾、穿高跟鞋或拖鞋进入车间。

第四条　参加工程训练的学生必须首先了解设备的构造、操作方法和维护规则，经指导教师讲解及允许后，方可起动设备进行操作

第五条　实训期间应坚守工作岗位，不得擅自离开或操作他人所使用的设备。操作中发现不正常现象，应立即停止工作，并报告指导教师。

第六条　工作地点应保持清洁整齐，所使用工具、零件、元器件等均应按要求摆放，尤其要保证实训场地、消防通道、人行通道的畅通。

第七条　各实训区域严禁吸烟，禁止玩笑打闹。

第八条　危险品、易燃易爆物品要有专人负责，使用危险品、易燃易爆物品时，要严格遵守有关的物品管理及操作办法。

第九条　贵重仪器设备的使用和管理责任到人，设备发生故障时，及时报告，非专职维修人员不得擅自拆卸仪器设备。

第十条　全体教职工要有防火、防盗、防事故的意识，离岗前应注意检查关闭电源、火源、水龙头及门窗。

第十一条　建立中心安全门卫制度，校外人员进入中心必须登记。禁止无关人员入内，禁止将非教学用易燃易爆物品、有毒物品、动物等带入中心大楼。

第十二条　中心每学期都要对各实训部门进行安全检查，对安全隐患限期整改。

第二节　项目安全审核

一、标准内容

项目安全审核标准内容如下：应建立项目安全审核制度。对机械类专业实验实训教学项目开展安全审核，对涉及化学类、热加工类、辐射类和特种设备等具有安全隐患的项目应加强审核和监管。

二、解读

建立项目安全审核制度，主要是为了对实验实训教学项目开展安全审核，特别是各校工程训练中心更要做好这方面工作。因为教学项目涉及学生参加，必须确保项目安全可靠运行，具体如下：

（1）建立教学项目安全审核制度　实验实训各部门要对存在安全危险因素的教学项目进行审核，尤其面对承担化学、热加工、辐射等具有安全隐患的项

目从严进行审核和监管，同时实验室应具备相应的安全设施、特殊实验室资质等条件。

（2）建立实验实训建设与改造项目安全审核制度　各单位在申报或批准同意新建、扩建、改造实验实训场所或设施时，应建立好审核把关的工作流程，必须充分考虑安全因素，加强实验实训建设项目使用、设计、施工之间的交流沟通及广泛听取意见，严格按照国家有关安全和环保的规范要求设计、施工；项目建成后，须经安全及设备部门验收，并完成相关的交接工作、明确管理维护单位后方可投入使用。

三、案例

[案例3-4]　某高校工程训练中心实训项目安全审核制度（摘录）

第一章　总　　述

第一条　本制度适用于中心内部现有实训项目及新增实训项目的安全审核，涉及管理制度、场所环境、设备条件、人员资质、教学要求等。

第二条　本制度由教学实训部负责解释。

第二章　审　核　内　容

第三条　管理制度

（一）实训项目制定有完善的场所安全管理制度，包括安全管理制度、危险源评估和环境因素评价等。

（二）实训项目制定有完善的设备安全管理制度，包括设备安全操作规程、设备完好标准、设备安全性评价等。

（三）实训项目使用的危险化学品管理应符合《工程训练中心危险化学品安全管理制度》的相关要求，并建立有双人保管、双人收发、双台账、双把锁的管理制度。

第四条　场所环境

（一）实训场所贯彻5S（整理、整顿、清扫、清洁、素养）管理，满足GB/T 28001—2011相关内容的要求。

实训场所设备（包括设备与墙柱）安全间距一般不小于0.5m，其中机械加工设备安全间距一般不小于0.7m，大型机械加工设备安全间距一般不小于1m，台式增材制造设备、激光加工设备等可根据安全要求安排设备布局。

（二）实训场所内易发生危险的区域和设备易发生危险的部位等，设置有合理的安全警示标志，并符合GB 2894—2008的相关要求。

（三）实训场所设备电路走线、电缆规格、接零接地须满足实训项目的安全用电要求。配备用水条件的实训项目，给水管道无泄漏现象。用电项目有相应的防护措施。水电设施的技术指标符合《工程训练中心安全用电管理制度》的相关规定。

（四）实训场所配备有对实训操作产生的废气、废液、废渣等进行吸收处理和排放的设备设施，且处理能力满足 GB/T 24001—2016 的相关要求。

（五）实训场所配置有必要的消防器材、烟雾报警器、警戒隔离、医疗急救箱等安全设施。

第五条 设备条件

（一）实训项目设备设置有管理标牌，显示设备资产编号、名称、功能、主要技术参数等内容。

（二）实训项目在用设备完好率在 90% 以上，其中在用特种设备完好率为 100%。

（三）实训设备配置有防护罩、安全门等安全防护装置并保证完好可靠，有特殊要求的设备加装有安全防护栏杆。

（四）实训设备根据安全要求和人员数量配备有齐全的安全防护用品，如护目镜、工作帽、安全帽、防尘口罩等。

（五）使用危险化学品的实训项目，在实习场所安装有应急喷淋、洗眼装置等，使用的危险化学品独立贮存于具备相应耐腐蚀功能、安全防护功能的专用设施（柜）中，并配备有必要的危险气体报警、监控系统等。

（六）实训设备能耗指标和技术指标符合国家工业和信息化部《高耗能落后机电设备（产品）淘汰目录》及国家发展和改革委员会《产业结构调整指导目录》相关内容的要求。

第六条 人员资质

（一）实训项目指导人员有具备与实训内容相符的资质条件。

（二）实训项目配备指导人员进行教学服务，其人员数量满足教学安全和教学效果的要求。

第七条 教学要求

（一）实训项目提供有必要的、与本项目相关的安全教育内容及安全教育考核环节。

（二）实训项目配备齐全的教学资料以保证教学效果，并符合教务处对教学资料的各项要求。教学资料包括教案、教学大纲、教学日历、实习操作评分标准、实习报告及评分标准，具备多媒体授课条件的实训项目可自制多媒体课件进行辅助教学。

（三）实训项目的教学资料实行精细化管理，实训项目负责人可按时按要求将教学资料交由教学实训部存档。存档资料包括批改后的实习报告、成绩单等。

第三章 审核方法

第八条 实训项目安全性审核流程包括提交申请、项目审核和审核批准。提交申请指实训项目负责人向教学实训部提交《实训项目安全审核表》，对项目中的场所、设备、人员、内容和制度条件进行陈述。项目审核指中心教指委对申请中所述内容进行安全性审核。对符合安全性要求的实训项目的《实训项目安全审核表》进行批准。对于不符合安全性要求但确为教学所需的实训项目，应对不符合要求的部分进行整改，并再次进行安全性审核。

第九条 实训项目场所、设备、管理安全性审核指设备物资部根据现场的水电、消防、通风、设备、制度等进行安全评估，制订现有实训设备改造和报废计划；实训项目新增的设备可在条件具备的情况下按教学设备采购流程进行采购；对管理制度缺失的，要限期制定到位。

第十条 实训项目人员资格审核指教学实训部对指导人员的配备数量和资质进行审核，具备相应资质的人员经教学实训部定期审核证明资质有效后方可执教该实训项目；不具备相应资质的人员可由教学实训部安排培训考核，并取得相应资质后执教该实训项目。

第十一条 实训项目内容安全性审核指实训项目负责人在实训场所对照教学资料操作实训设备完成操作内容的全过程演示，教学实训部在现场根据国家法律法规、学校相关规定和中心内部制度等在场所条件、设备防护、操作风险、流程安排等方面进行安全审核。

第十二条 本制度自公布之日起实施。

附：工程训练中心车工实训项目安全审核表，见表3-15；工程训练中心钳工实训项目安全审核表，见表3-16；工程训练中心数控加工中心实训项目安全审核表，见表3-17；工程训练中心热处理实训项目安全审核表，见表3-18；工程训练中心焊接实训项目安全审核表，见表3-19；工程训练中心先进制造实训项目安全审核表，见表3-20。

表3-15 工程训练中心车工实训项目安全审核表

项目大类	车工
项目名称	车工实训
项目负责人	

实训管理制度安全性审核

序号	制度名称	检查情况	审核意见（设备物资部）
1	工程训练中心实习安全管理制度		审核意见：
2	车床安全操作规程		
3	车床设备完好标准		
4	危险源辨识与风险评价一览表		审核人：

（续）

实训场所安全性审核

1	场所位置		审核意见 （设备物资部）
2	设备间距		审核意见：
3	安全标志	机械伤害、触电警示标志	
4	用电条件	380V 工业用电	
5	消防急救 设备	消防栓、灭火器	审核人：

实训设备安全性审核

序号	设备名称		设备数量	安全防护形式	设备完好率	审核意见 （设备物资部）
1	卧式车床			接地		审核意见：
序号	个人防护用品	防护用途	实训人数	配备数量	达到要求	
1	防护眼镜	防机械伤害				
2	工作服、工作帽					
序号	实训危化品	配备数量	贮存设施	监控设施	应急设施	审核人：
1	无	—	—	—	—	

实训指导人员安全性审核

序号	人员姓名	人员资质	审核意见 （教学实训部）
1			审核意见：
2			
3			
4			审核人：
5			

实训教学内容安全性审核

序号	资料名称		资料状态	是否存档	审核意见 （教学实训部）
1	教案				
2	教学大纲				审核意见：
3	教学日历				
4	实习操作评分标准				
5	实习报告（空白版）				
6	实习报告评分标准				
序号	操作名称	主要操作内容			审核人：
1	车床操作				

表 3-16 工程训练中心钳工实训项目安全审核表

项目大类	钳工
项目名称	钳工实习
项目负责人	

实训管理制度安全性审核

序号	制度名称	检查情况	审核意见 （设备物资部）
1	工程训练中心安全管理制度		审核意见：
2	台式钻床安全操作规程		
3	台式钻床设备完好标准		审核人：

实训场所安全性审核

1	场所位置		审核意见 （设备物资部）
2	设备间距		审核意见：
3	安全标志		
4	用电条件		
5	消防急救设备	有急救箱，消防栓覆盖全区域	审核人：

实训设备安全性审核

序号	设备名称	设备数量	安全防护形式	设备完好率	审核意见 （设备物资部）
1	台式钻床				审核意见：
序号	个人防护用品	防护用途	实训人数	配备数量	达到要求	
1	工作服					
2	工作帽					
序号	实训危化品	配备数量	贮存设施	监控设施	应急设施	审核人：
1	无	—	—	—	—	

实训人员安全性审核

序号	人员姓名	人员资质	审核意见 （教学实训部）
1			审核意见：
2			
3			审核人：

实训教学内容安全性审核

序号	资料名称	资料状态	是否存档	审核意见 （教学实训部）
1	钳工教案			审核意见：
2	工程训练 I 实训教材			
3	工程训练 I 钳工教学大纲			
序号	操作名称	主要操作内容		
1	画线	用高度尺在材料上画好切割线		
2	锯切	用钢锯按照切割线切割		审核人：
3	磨削及钻孔	用锉刀打磨切割后的工件，用钻床进行打孔		

表 3-17　工程训练中心数控加工中心实训项目安全审核表

项目大类	数控
项目名称	加工中心实训
项目负责人	

实训管理制度安全性审核

序号	制度名称	检查情况	审核意见 （设备物资部）
1	加工中心安全操作规程		审核意见：
2	加工中心设备完好标准		
3	加工中心安全性评价检查表		审核人：

实训场所安全性审核

序号			审核意见 （设备物资部）
1	场所位置		
2	设备间距		
3	安全标志	机械伤害、触电警示标志	审核意见：
4	用水条件		
5	用电条件		审核人：
6	消防急救设备	灭火器	

实训设备安全性审核

序号	设备名称	设备数量	安全防护形式	设备完好率	审核意见 （设备物资部）
1	加工中心		防护门		审核意见：
序号	个人防护用品	防护用途	实训人数	配备数量	达到要求
1	防护眼镜	防机械伤害			
2	工作服、工作帽				
序号	实训危化品	配备数量	贮存设施	监控设施	应急设施	审核人：
1						

实训人员安全性审核

序号	人员姓名	人员资质	审核意见 （教学实训部）
1			审核意见：
2			审核人：

实训教学内容安全性审核

序号	资料名称	资料状态	是否存档	审核意见 （教学实训部）
1	教案			
2	教学大纲			审核意见：
3	教学日历			
4	实习操作评分标准			
5	实习报告（空白版）			
6	实习报告评分标准			
序号	操作名称	主要操作内容		
1	加工中心操作	工件坐标系的建立，手工编程，机床操作		审核人：

表 3-18 工程训练中心热处理实训项目安全审核表

项目大类	热处理
项目名称	材料热处理及性能测试实训
项目负责人	

实训管理制度安全性审核

序号	制度名称	检查情况	审核意见 (设备物资部)
1	工程训练中心金相磨抛机安全操作规程		审核意见:
2	工程训练中心硬度计安全操作规程		
3	工程训练中心金相切割机安全操作规程		
4	工程训练中心箱式加热炉安全操作规程		
5	工程训练中心显微镜安全操作规程		
6	工程训练中心金相磨抛机完好标准		
7	工程训练中心硬度计完好标准		
8	工程训练中心金相切割机完好标准		
9	工程训练中心箱式加热炉完好标准		审核人:
10	工程训练中心显微镜完好标准		
11	危险源辨识与风险评价一览表		

实训场所安全性审核

			审核意见 (设备物资部)
1	场所位置		审核意见:
2	设备间距	台式设备间距离 0.5m,加热炉与其他物体距离 1m	
3	安全标志	配备高温、机械伤害、触电警示标志	
4	用水条件	室内水盆,金相磨抛机、金相切割机配备给水管道	
5	用电条件	220V	
6	环保设备	配备通风柜	
7	危险气体监测		
8	消防急救设备	烟雾报警器、急救箱	审核人

实训设备安全性审核

序号	设备名称	设备数量	安全防护形式	设备完好率	审核意见 (设备物资部)
1	金相显微镜		接地		审核意见:
2	布洛维硬度计		接地		
3	洛氏硬度计		个人防护		
4	金相磨抛机		接地		
5	金相切割机		接地、防护罩		
6	箱式加热炉		接地、隔热外壳		
序号	个人防护用品	防护用途	实训人数	配备数量	达到要求
1	工作服				
2	工作帽				
序号	实训危化品	配备数量	贮存设施	监控设施	应急设施
1	无	—	—	—	—
					审核人:

（续）

实训人员安全性审核

序号	人员姓名	人员资质	审核意见 （教学实训部）
1			审核意见：
2			
3			审核人：

实训教学内容安全性审核

序号	资料名称	资料状态	是否存档	审核意见 （教学实训部）
1	教案			审核意见：
2	教学大纲			
3	教学日历			
4	实习操作评分标准			
5	实习报告（空白版）			
6	实习报告评分标准			
7	多媒体课件			

序号	操作名称	主要操作内容
1	淬火热处理	使用箱式加热炉将试样加热到淬火温度后取出，以水冷方式淬火
2	金相磨抛	在金相磨抛机上对试样进行磨削和抛光
3	硬度测试	在洛氏硬度计和布洛维硬度计上对试样进行硬度测试
4	金相显微镜	观察并测量试样的维氏硬度压痕

表 3-19　工程训练中心焊接实训项目安全审核表

项目大类	焊接	审核人：
项目名称	焊条及气割实训	
项目负责人		

实训管理制度安全性审核

序号	制度名称	检查情况	审核意见 （设备物资部）
1	工程训练中心电焊机安全操作规程		审核意见：
2	工程训练中心虚拟焊接设备安全操作规程		
3	工程训练中心气焊安全操作规程		
4	工程训练中心冲压等设备安全操作规程		
5	工程训练中心电焊机完好标准		
6	工程训练中心虚拟焊接设备完好标准		
7	工程训练中心气焊设备完好标准		
8	工程训练中心冲压等设备完好标准		
9	工程训练中心电焊机安全性评价检查表		审核人：
10	工程训练中心气瓶安全性评价检查表		
11	危险源辨识与风险评价一览表		

（续）

实训场所安全性审核

				审核意见 （设备物资部）
1	场所位置			审核意见：
2	设备间距	间距1m，配备独立工位隔间		
3	安全标志	配备高温、触电警示标志		
4	用水条件			
5	用电条件	380V，额定电流200A	220V	
6	环保设备	配备通风除尘系统		
7	危险气体监测			
8	消防急救设备	二氧化碳灭火器、烟雾报警器、急救箱等	烟雾报警器、急救箱	审核大：

实训设备安全性审核

序号	设备名称	设备数量	安全防护形式	设备完好率	审核意见 （设备物资部）
1	虚拟焊接设备		接地		
2	气瓶		安全装置		审核意见：
3	交流电焊机		接地		
序号	个人防护用品	防护用途	实训人数	配备数量	达到要求
1	防护眼镜	眼部防异物			
2	焊接手套	绝缘、防飞溅			
3	焊接脚盖	防飞溅			
4	焊接面罩	防弧光、飞溅			
5	遮光眼镜	防弧光			
6	工作帽	防飞溅			
7	工作服	防飞溅			
序号	实训危化品	配备数量	贮存设施	监控设施	应急设施
1	氧气		气瓶		审核人：
2	乙炔		气瓶		

实训人员安全性审核

序号	人员姓名	人员资质	审核意见 （教学实训部）
1			审核意见：
2			
3			审核人：

（续）

实训教学内容安全性审核

序号	资料名称	资料状态	是否存档	审核意见 （教学实训部）
1	教案			审核意见：
2	教学大纲			
3	教学日历			
4	实习操作评分标准			
5	实习报告（空白版）			
6	实习报告评分标准			

序号	操作名称	主要操作内容	
1	虚拟焊接操作	使用虚拟焊接设备练习基本焊接动作	审核人：
2	电焊操作	使用电焊机和焊条完成对接平焊练习	
3	氧乙炔气割	使用氧乙炔气割设备进行气割操作练习	

表 3-20　工程训练中心先进制造实训项目安全审核表

项目大类	工程训练 I
项目名称	先进制造
项目负责人	

实训管理制度安全性审核

序号	制度名称	检查情况	审核意见 （设备物资部）
1	工程训练中心计算机房管理规定		审核意见： 审核人：
2	危险源辨识与风险评价一览表		

实训场所安全性审核

1	场所位置		审核意见 （设备物资部）
2	设备间距	标准工作台	审核意见：
3	安全标志	触电警示标志	
4	用水条件		
5	用电条件	220V 用电	审核人：
6	消防急救设备	消防栓、灭火器	

（续）

实训设备安全性审核

序号	设备名称	设备数量	安全防护形式	设备完好率	审核意见 （设备物资部）
1	计算机		接地		审核意见：
序号	个人防护用品	防护用途	实训人数	配备数量	完好率	
1	工作服					
序号	实训危化品	配备数量	贮存设施	监控设施	应急设施	审核人：
1						

实训人员安全性审核

序号	人员姓名	人员资质	审核意见 （教学实训部）
1			审核意见：
2			审核人：

实训教学内容安全性审核

序号	资料名称	资料状态	是否存档	审核意见 （教学实训部）
1	教案			审核意见：
2	教学大纲			
3	教学日历			
4	实习操作评分标准			
5				
6				
序号	操作名称	主要操作内容		审核人：
1	产品设计及 数据管理	产品设计及数据管理		

第三节 安全教育与考核

一、标准内容

安全教育与考核标准内容如下：应建立实验实训教学基地的安全准入制度，对学生进行综合性安全教育，经考核合格后方可进行实验实训。

二、解读

不断加强安全教育与考核工作，完善实验实训教学基地的安全准入制度。特别要加强对学生进行综合性安全教育，同时在开展具体实训项目中，首先对学生进行上岗前安全培训工作，学生经考核合格后才能上机操作。这是实验实训教学指导教师应负的安全责任，通过安全教育培训强化学生安全意识，排除安全隐患，避免安全事故发生，真正做好安全第一，预防为主。

在安全教育与考核工作中，重点要做好：

1）明确安全教育日期、地点、培训内容。

2）培训授课老师及参加学生具体名单。

3）培训时间及考核内容；考核形式可以根据具体情况而定。

4）考核结果要落实到每个学生，一般建议用书面方式，这样更清晰、有效，并对每个学生考核结果做出合格评价，并同意学生上机操作。

5）以上情况均要用书面资料存档，以备检查考核等。

三、案例

1. ［案例3-5］ 某高校安全教育考核

1）安全教育与考核情况一览表，见表3-21。

2）学生安全教育考核登记表，见表3-22。

表3-21 安全教育与考核情况一览表

序号	项目	内容	备注
1	名称		
2	日期		
3	地点		
4	授课教师		
5	培训时间		
6	培训内容（附有教学资料等）		
7	培训学生名单（签字）		

（续）

序号	项目	内容	备注
8	考核方式、内容、考核结果等		
9	评价		
10	其他		

表 3-22 学生安全教育考核登记表

培训项目：

序号	姓名	性别	班级	考核方式	考核成绩	备注
1						
2						
3						
4						
5						
6						
7						
8						
9						
10						
11						
12						
13						
14						
15						
16						
17						
18						
19						
20						

2. ［案例3-6］ **某高校工程训练中心安全准入制度（摘录）**

第一条 进入工程训练中心的人员，未经许可不准进入实训场地或实验室；外单位人员须经中心安全领导小组批准并在相关人员带领下，方可在工程训练中心实训场地或实验室指定区域活动。

第二条 所有人员在进入实训场地或实验室之前，必须仔细阅读该实训场地或实验室规章制度，穿戴必要的安全防护用品，方可进入实训场所。

第三条 工程训练中心组织一次安全技能和操作规范培训，实训指导教师必须接受安全教育并经考核合格，方可继续担任该职务。

第四条 新入职的实训指导教师上岗前必须接受相关培训和安全教育，经考核合格方可上岗。

第五条 参加实训的学生必须经过安全教育，经安全教育考核合格，并在承诺书上签字方可进行实验实训。对于安全教育考核一次不合格的学生，再给予其一次机会接受安全教育和考核，合格者方可进行实验实训。

第四节　安全操作规程

一、标准内容

安全操作规程标准内容如下：应制定完善的实验实训安全操作规程，并贯彻执行。在实验实训操作前，应对学生进行安全操作示范和指导，并告知学生出现安全事故时的正确处理方法。在实验实训过程中，对学生安全操作进行检查和监督。

二、解读

1. 严格执行安全操作规程

安全操作规程是设备操作者正确掌握设备操作技能与维护的技术性规范，它是根据设备的结构和运转特点，以及安全运行的要求，规定设备操作者在其全部操作过程中必须遵守的事项、程序及动作等基本规则。操作者必须认真执行设备安全操作规程，确保设备正常运行、减少故障，以及防止事故发生。

（1）设备安全操作规程的编制原则

1）规程应力求内容精练、重点突出及全面实用。一般应按操作顺序与维护要求分别列出，便于操作者掌握要点及贯彻执行。

2）编制安全操作规程时，一般应按设备的特点、操作注意事项与维护要求分别列出，便于操作者掌握要点及贯彻执行。

3）重点设备的安全操作规程，要用醒目的板牌显示在设备旁，并注上重点标记，要求操作者特别注意。

（2）安全操作规程的基本内容

1）首先清理好工作场地，开动设备前必须仔细检查，如设备有操作手柄，应检查手柄位置是否在空档上，手柄操作是否灵活，安全装置是否齐全可靠，各部件状态是否良好。

2）检查油池、油箱中的油量是否充足，油路是否畅通，并按润滑图表规定做好润滑工作。在上述工作完毕后，方可起动设备运行。

3）操纵变速箱、进给箱及传动机构时，必须按设备说明书规定的顺序和方法进行。

4）有离合器的设备，开动时应将离合器脱开，使电动机轻负荷起动。

5）变速时，各变速手柄必须切实转换到指定位置，使其接合正确、啮合正常，避免发生设备事故。

6）操纵"反车"时，要先停车再反向；变速时一定要停车变速，以免打伤齿轮及机件。

7）工件必须夹紧，以免松动甩出造成事故。

8）不得敲打已夹紧的工件，以免损伤设备精度。

9）发现手柄失灵或不能移至所需位置时，应先做检查，不得强力移动。

10）开动机床时，必须关上电器箱盖；不允许有油、水、铁屑、污物进入电动机或电控装置内。

11）经常保持润滑工具及润滑系统的清洁，不得敞开油箱、油盖，以免灰尘、铁屑等异物混入。

12）设备的外露基准面或滑动面上不准放置工具和杂物，以免损伤和影响设备精度。

13）严禁超性能、超负荷使用设备及采用不正确的操作方法。

14）设备运行时，操作者不得离开工作岗位，并应经常注意各部位有无异响、异味、异常发热和振动，若发现故障应立即停止操作，及时排除。对不能排除的故障，应通知维修人员进行排除。

15）操作者在离开设备或更换工装、装卸工件和调整设备及清洗、润滑时，都应停车，必要时应切断电源。

16）设备上一切安全防护装置不得随意拆除，以免发生设备和安全事故。

17）做好交接班工作，且交班时一定要向接班人交代清楚设备的运转使用情况。

2. 规范安全操作规程

实验实训的设备在操作过程中，由于受到各种力的作用和环境条件、使用方法、工作规范、工作持续时间长短等影响，其技术状态发生变化而逐渐降低设备工作能力，所以要确保实验实训教学项目安全、可靠运行，必须严格遵守安全操作规程。

近年来，在实验实训教学项目开展中，使用设备数量多、门类广，加上设备本身呈现高速化、大型化、自动化及智能化，上机操作要求越来越高，所以不仅安全操作规程这一环节显得十分重要，而且在规范安全操作规程上，更要努力做到：

1）对由学生上机操作设备，必须制定和完善实验实训安全操作规程。

2）学生上机前，必须有指导老师和工作人员对学生面对面进行安全操作示范，要求每个学生全面了解上机操作要领和节点。

3）在进行安全操作示范中，要告知学生在设备运行中如何辨识设备是否出现异常现象，特别是借助设备上仪器仪表读数来进行判断，以及设备一旦出现异常现象时如何处理，确保杜绝安全事故发生。

4）学生上机操作时，指导老师和工作人员必须按分工负责对学生上机操作进行检查和监督，确保实验实训教学项目安全可靠完成，并达到教学预期效果。

5）严格遵守安全操作规程，确保设备正常运行，极大地减少对设备本身的损伤，从而大大延长设备使用寿命。

三、案例

1. ［案例3-7］ 典型设备安全操作规程（摘录于本标准中资料性附录A）

高等院校机械类专业根据自身特点，编制各类实验实训设备的安全操作规程。

A.1 实验实训教学基地设备安全操作总则

A.1.1 按规定穿戴好劳动保护用品，工作时要把衣服的纽扣扣好。操作机械设备人员特别是在高速旋转切削时，不准戴手套，不准系围裙，不准扎围巾等；女性戴工作帽一定要把发辫塞入帽内，在工作现场不准穿背心、短裤、裙子、高跟鞋或凉鞋等。

A.1.2 上机工作前做好一切实验实训准备工作，认真检查机械和电气的接地、防护、制动、保险、信号等装置是否良好有效；开关、手柄、摇把、零部件有无异常的现象，油箱、油标、油杯的油量和润滑系统的油管是否畅通，并按设备润滑规定向油孔加油润滑，严禁开动不完好设备或超负荷使用设备，以及未经培训的学生上机操作设备。

A.1.3 认真检查夹具、量具、模具、砂轮等，看其安装找正是否正确，有无损坏，特别是砂轮有无裂纹的现象。对有缺陷的工、夹具和砂轮严禁使用。

A.1.4 开动前要清理设备上的杂物，把所有的工、量具和刃具，放到适当位置，用后要整齐地摆放在工具箱内。

A.1.5 使用压缩空气的夹具，其活塞拉杆的螺钉必须紧固，气缸不能漏气。压缩空气的工作压力超过规定压力时，严禁作业。

A.1.6 测量工件尺寸、换料、清扫设备时必须停车进行，应确保完全停止后方可进行操作。清扫铁屑、磨屑等废料废物时，要用铁钩或专用工具，严禁用手直接进行清除。遇到突然停电时，应立即切断电源。

A.1.7 设备开动后，不准擅自离开岗位。

A.1.8 采用齿轮变速机构的设备，在运转过程中，不许挂档、变速，变速时必须停车进行。

A.1.9 需要多人操作的设备，如空气锤、箱式电阻炉等，必须由专人负责统一指挥，做到动作协调，保证安全作业。只允许单人操作的设备，如车床、铣床等，禁止两人同时操作，以免发生安全事故。

A.1.10 设备开动前，必须认真检查各种手柄是否置于空档上，认真检查加工工件是否夹紧、夹牢，周围是否有人工作或参观，并告知相关人员必须站到安全位置后，然后再开动设备。

A.1.11 设备在运转时不准加油，不准越过设备传递物件，不准用棉纱、破布去擦加工中的工件，更不许将手伸向设备转动及往复运动部分；不准用擦布去擦机床的导轨和滑动面。

A.1.12 设备在使用过程中，如发现声音、温度、传动、进给等异常的现象，应立即停车检查，同时请维修人员来检查维修。

A.1.13 设备开动后，按规定先进行空运转，待各部位运转正常后，再开始作业。作业中进给（刀）、进砂轮或退刀、退砂轮时，不许停车。

A.1.14 安全防护和保险装置不齐全、不灵敏的设备，不准开动。

A.1.15 禁止非维修人员私自拆卸机、电设备。

A.1.16 加工中的成品、半成品、废品要整齐地放在安全位置，堆放不要过高，严禁乱扔乱放。实验实训时应集中注意力，认真听讲、观察或操作，不允许做与工作无关的事情，工作场地严禁玩手机、打游戏、玩耍等。清扫设备或打扫环境卫生时，严禁用汽油擦物料、擦设备，或把废汽油倒入下水道。

A.1.17 一旦发生事故要及时抢救，并保护好现场，及时上报学校主管部门。

A.1.18 工作结束后，必须关闭电源和水、气阀门，把操作手柄置于空档位置。

A.1.19 工作结束时，清扫设备和工作场地，做好润滑面加油等设备保养和5S管理工作。

A.1.20 设备应建立日常维护、定期保养与专项维修等制度。

A.1.21 特种设备和特殊工种操作人员必须持证上岗。

A.2 车床安全操作规程（其他同类设备可参照执行，下同）

A.2.1 操作者必须熟悉车床的一般性能结构、传动系统等，严禁违规使用。

A.2.2 工作前检查各部手柄是否在规定的空档位置。

A.2.3 按车床润滑图表规定加油，检查油标油量，油路是否畅通。保持润滑系统清洁，油杯、油眼不得敞开。

A.2.4 装卸卡盘或较重工件、夹具时，应在床面上垫好木板。

A.2.5 装卸工件要牢固可靠，禁止在顶尖上或床身导轨上找正工件和锤击卡盘上工件，以免损坏车床及影响加工精度。

A.2.6 普通车削进给应使用光杠，只有车削螺纹时才用丝杠。

A.2.7 加工铸件时，必须将铸件表面清理干净。

A.2.8 使用自动进给时，应先检查互锁或自停机构是否正确灵敏。

A.2.9 使用中心架、跟刀架及锥度附件时，与工件接触面及滑动部位应保持润滑良好。各部位的定位螺钉要拧紧。

A.2.10 使用顶尖工作时必须注意：①使用顶尖顶重型工件时，顶尖伸出部分不得超过全长的1/3，一般工件时不得超过1/2；②不准使用锥度不符合要求或磨损、缺裂的顶尖进行工作；③紧固好尾座及套筒螺钉；④开动前先在顶尖处加油，运转中要保持润滑良好；⑤工作中有过热或发响时要调整顶尖距离。

A.2.11 切削时必须把工件紧固牢靠。

A.2.12 工作完毕时，应将溜板箱及尾座移到床身尾端。各手柄置于空档位置。清扫车床，保持清洁，并在导轨上涂油防锈。

A.2.13 车床上各类部件及防护装置不得随意拆除，附件要妥善保管，保持完好。

A.2.14 车床若发生异常现象或故障，应立即停机排除，并通知维修人员处理。

A.3 数控机床及加工中心安全操作规程

A.3.1 操作者必须熟悉机床的一般性能、结构、传动原理及数控系统操作方法、数控程序编制方法等，严禁违规使用。

A.3.2 设备操作前，应按规定查明电气控制是否正常，各开关、手柄是否在规定位置，润滑油路是否畅通，油质是否良好，并按规定要求加足润滑油料。

A.3.3 开机时应先低速空运转3～5min，查看各部运转是否正常。

A.3.4 开机时应先检查液压、气动系统的工作状况：总系统的工作压力必须在额定压力范围内；主轴自动变速液压系统工作压力均在规定范围内。

A.3.5 进行加工前，必须按 X、Y 两个方向先进行手动操作，待液压系统达到正常，快速运行后方可加工。

A.3.6 加工零件前，必须严格检查机床原点、刀具数据是否正常，在进行数控加工程序空运转或试切蜡模无误后，再安装正式工件进行加工。

A.3.7 液压系统因温度超过规定而报警时，应停止开动机床。

A.3.8 加工过程中操作者不得擅自离开机床，防止由于计算机误控造成工件报废或机床事故。

A.3.9 加工铸铁件时，应先将工件清理干净，并将机床导轨面上的油擦净。

A.3.10　工作中发生不正常现象或故障时，应立即停机排除，或通知维修人员检修。

A.3.11　工作完毕后，应将机床回归原点，关闭电源并清扫机床。

A.3.12　经常保持机床整洁、完好。

A.3.13　加工中心运动机构按各级速度运动时应平稳可靠，机构动作正常，主轴端温度不应超过60℃，温升不应超过30℃。

A.3.14　加工中心直线坐标、回转坐标上运动部件按进给速度和快速运动时，应平稳可靠，高速时无振动、低速时无明显爬行现象。

A.3.15　加工中心整机运动中噪声不应超过规定值。

A.3.16　主轴正反转、起动、停止、锁刀、松刀和吹气等动作，以及变速操作（包括无级变速）灵活、可靠、正确。

A.3.17　加工中心刀库机械手换刀和托板交换试验动作灵活可靠，刀具配置达到设计要求（最大重量、长度和直径），机械手的承载臂和换刀时间应符合要求。

A.3.18　加工中心数字控制的各指示灯，控制按钮，数字输入、输出设备和风扇等动作灵活可靠，显示准确。

A.3.19　加工中心安全、保险、防护装置齐全，功能可靠，动作灵活准确。

A.3.20　加工中心液压、润滑、冷却系统工作正常，密封可靠，冷却充分，润滑良好，动作灵活可靠，各系统无渗漏，油质符合要求，定期清洗换油。

A.3.21　设备内外清洁，内滑动面无损伤（拉、研、碰伤），外部无油垢、无锈蚀，随机附件齐全，防护罩完整。

A.4　钻床安全操作规程

A.4.1　操作者要熟悉钻床的一般性能和结构，禁止违规使用。

A.4.2　开车前要按润滑规定加油，检查油标油量及油路是否畅通，保持润滑系统清洁。

A.4.3　工件必须牢固夹持在工作台或座钳上，钻通孔时工件下一定要放垫块，以免钻伤工作台面。

A.4.4　装钻头时要把锥柄和锥孔擦拭干净，卸钻头时要用规定工具，不得随意敲打。

A.4.5　钻孔直径不得超过钻床额定的最大钻孔直径。

A.4.6　加工零件时，各部均应锁紧，钻头未退出工件时不准停机。

A.4.7　对钻床进行变速、调整、更换工件及钻头、清扫等时，均应停机。

A.4.8　钻床发生故障或不正常现象时，应立即停机排除，并通知维修人员处理。

A.4.9　工作结束时要将各手柄置于空档位置，切断电源，将钻床清扫干净，保持清洁。

A.5 铣床安全操作规程

A.5.1 操作者要熟悉铣床的一般性能和结构、传动系统等，严禁违规使用。

A.5.2 开车前应按润滑规定加油，检查油标、油量是否正常，油路是否畅通，保持润滑系统可靠、润滑良好。

A.5.3 检查各手柄是否在规定位置，操纵是否灵活。如停车在 8h 以上，应先低速空运转 3~5min，使各系统运转正常后再作业。

A.5.4 工作台面上安放分度头、虎钳或较重夹具时，要轻取轻放，以免碰伤台面。

A.5.5 所用刀杆应清洁，夹紧垫圈端面要平行并与轴线垂直。

A.5.6 夹装工件、铣刀必须牢固，螺栓螺母不得有滑牙或松动现象。换刀杆时必须将拉杆螺母拧紧。切削前应先进行空运转试验，确认无误后再行切削加工。

A.5.7 工作台移动之前，必须先松开锁紧螺钉。工作台不移动时，应将锁紧螺钉紧好，以防切削时工作台振动。

A.5.8 自动进给时必须使用定位保险装置。快速行程时应将手柄位置对准，并注意工作台移动，防止发生碰撞事故。

A.5.9 切削中刀具未退出工件时不准停机，停机时应先停止进刀，后停主轴。

A.5.10 操作者离开机床、变换速度、更换刀具、测量尺寸、调整工件时，都应停机。

A.5.11 铣床发生故障或出现异常现象时，应立即停机排除，并通知维修人员处理。

A.5.12 铣床上的各类部件、安全防护装置不得任意拆除，所有附件均应妥善保管，保持完整、良好。

A.5.13 工作完毕时，应将工作台移至中间位置，各手柄置于空档位置，切断电源，清扫铣床，保持整洁、完好。

A.6 造型机安全操作规程

A.6.1 操作者应熟悉设备的机械部件、电器元件、动作程序、润滑系统等情况，以及设备使用说明书规定的要求。

A.6.2 开动设备前，先检查润滑装置是否完善，并按润滑规定加油。检查各部紧固件是否紧固，各操纵手柄是否处于零位，气阀动作是否灵活，管路有无漏气；然后慢慢打开总气阀。

A.6.3 开空车检查各部位的工作状态是否正常，并用喷油嘴对振实和压实活塞及导杆喷油润滑，试车检查正常后方可进行工作。

A.6.4 设备运转时要细心观察运转情况，操作中应经常吹净润滑部位的尘沙，严禁各滑动部位粘积砂粒。

A.6.5　严禁将振实阀门与压实阀门同时打开，升起工作台前必须停止振击。

A.6.6　顶起砂箱时，应把工作台升到顶点，然后升起顶杆，使砂箱落到顶杆上，严禁直接升起。

A.6.7　开动手柄时，动作要平稳，缓慢上升至顶端。

A.6.8　工作台翻转时，严禁操作者站在设备前面，以防发生人身事故。

A.6.9　要及时消除压缩空气管道和接头的漏气现象。经常注意翻转轴、侧耳、调节阀和轴瓦盖的螺钉是否松动，如发现异常，应立即停车，通知维修人员检修。

A.6.10　每次出型后，必须吹净工作台、护罩等处的砂粒，以免砂粒掉入机内和气缸等处，拉伤设备。

A.6.11　工作完毕后，要将所有气阀扳至零位，关闭总进气阀，擦拭设备，打扫现场。

A.7　空气锤安全操作规程

A.7.1　操作者应熟悉本机的性能和结构，严禁违规使用。

A.7.2　开机前应按润滑规定加油，检查油杯、注油器通向各润滑点的油路是否畅通、油质是否良好。

A.7.3　检查锤头、砧子间的楔铁及固定销是否顶紧，有否折裂，锤杆有无拉伤，各紧固螺钉是否松动，齿轮啮合情况，操纵机构、保险装置、电源线路及接地装置等是否良好，并做适当调整，以保证安全。

A.7.4　初次开动设备时，应先空运转 $2\sim3min$，再行试锤。试锤时不准冷击、空打上、下锤头，必须放置已加热的锻件或木块试锤。

A.7.5　操纵气锤时，气锤的快、慢、轻、重、开动、停止等动作都要严格听从掌钳者的指挥。

A.7.6　夹持工件时，应注意夹紧、放正，钳子不可对着身体，同时锻件必须放在锤砧中心锤打，不可偏于一边。

A.7.7　当工件温度已低于规定时，不可再继续锤打，以免损坏锤头和工件。当室温低于 $20℃$，应在开始作业前预热锤头及活塞杆。

A.7.8　严禁重打过薄的钢板及冷轧钢料。不允许在空气锤上进行冷金属的剪切和压延工作。

A.7.9　工作中要及时清扫飞刺及氧化铁屑。经常检查上、下锤头表面是否低凹不平或不平行，如发现应立即进行处理，以免损坏设备及影响工件质量。

A.7.10　锤锻中如使用剁刀、冲子等时，必须放正放平；防止被锻锻件的毛刺等崩出伤人。

A.7.11　当气锤运行中出现异常响声或漏气时，应立即停车检修。

A.7.12　工作结束时，必须把锤杆轻轻放下，并在锤头与底座间垫上木板，再关气门和电源,清扫设备及工作场地,保持整洁。

A.7.13　加强个人防护,配备符合安全规定的防护用品。

A.8　热处理设备安全操作规程

A.8.1　热处理设备必须有良好的接地线。工作时,金属件不能碰触带电部分。

A.8.2　热处理工件及使用的相关工具应经烘干后方可进入加热炉进行加热。

A.8.3　加热后的工件应夹持牢靠,防止工件滑落。

A.8.4　热处理用油槽不得有水,水槽不准有油。

A.8.5　油槽油量要符合安全要求,油温不得超过工艺规定。

A.8.6　不准站在油槽边缘上进行作业,以防滑倒。

A.8.7　要经常检查油槽有无漏油的现象,如发现漏油要及时进行维修。

A.8.8　向油槽加油,要稳、要慢,以防溅出。

A.8.9　炉膛损坏时,要及时修理。

A.8.10　有消除烟雾和粉尘及环保回收装置。

A.8.11　热处理设备大修后,必须烘干,才准使用;检修设备要挂上停开牌,送电时,要专人统一指挥,不准单人操作。

A.8.12　箱式或井式热处理炉装入或取出工件时,要细心操作,防止碰触电阻丝。

A.8.13　加强个人防护,配备符合安全规定的阻燃手套等。

A.9　电焊安全操作规程

A.9.1　焊接工作前,应先检查焊机和工具是否安全可靠。如焊机有无接地与接零装置,各接线点接触是否良好,焊接电缆的绝缘有无破损等。

A.9.2　焊接操作者的手和身体不得随便接触二次回路的导电体。特别在大量出汗、衣服湿透的情形,不能倚靠在工作台、焊件上或接触焊钳(枪)带电体等。

A.9.3　在搬动焊件、更换熔丝、检修发生故障的焊机、改变焊接接头、改装二次回路的布设等操作时,要先切断电源才能进行。

A.9.4　焊接与切割操作中,应注意防止由于热传导作用,使设备的可燃保温材料发生火灾事故。

A.9.5　使用压缩气瓶时,必须采取预防气瓶爆炸、火灾事故的安全措施。

A.9.6　加强个人防护,配备符合安全规定的工作服、绝缘手套、鞋及垫板、防护面罩等。

A.9.7　焊接设备的安装、修理和检查应由持证电工进行。

A.9.8　焊钳(焊炬)是焊条电弧焊、气体保护焊和等离子弧焊的主要工具,它与焊工操作的安全有直接关系,必须符合以下安全要求:结构轻便、易于操作;有良好的绝缘性能和隔热性能;与电缆的连接必须简单牢靠,接触良好;等离子弧焊炬应保证水冷系统密封,不漏气、不漏水;焊条电弧焊钳应保证在与水平成45°、90°等方向上都能夹紧焊条且更换焊条方便等。

A.9.9 焊接电缆是连接焊机、焊钳和焊件等的绝缘导线，应具备以下安全要求：良好的导电能力和绝缘外层，绝缘电阻≥1MΩ；轻便柔软，能任意弯曲和扭转，便于操作；较好的抗机械性损伤能力及耐油、耐热和耐腐蚀性能；要有适当的长度，一般以20~30m为宜；要有适当的截面积，以防止过载；宜用整根导线，特殊情况下，接头个数应≤2个。

A.9.10 有消除烟雾和粉尘及环保回收装置。

A.10 数控线切割机安全操作规程

A.10.1 操作者必须熟悉本机的性能和结构，掌握操作程序，严格遵守安全规定和操作规程。

A.10.2 开动设备前应先做好以下工作：①检查设备各部是否完好，按照润滑规定加足润滑油并在工作液箱中加满皂化油水溶液，并保持清洁。检查各管道接头是否牢靠。②检查设备与控制箱的连接线是否接好，输入信号是否与拖板移动方向一致，并将高频脉冲电源调好。③检查工作台的纵横移动是否灵活，滚丝筒拖板往复移动是否灵活，并将滚丝筒拖板移至行程开关位于两挡板中间位置。行程开关挡块要调在需要的范围内，以免开机时滚丝筒拖板冲出造成脱丝。滚丝筒电动机必须在滚丝筒移动到中间位置时，才能关断，切勿在将要换向时关断，以免因惯性作用使滚丝筒拖板继续移动而冲断钼丝，甚至丝杠螺母脱丝。上述各项检查无误后，方可开机。

A.10.3 在滚丝筒上绕钼丝（电极丝）。自动绕丝的步骤与方法如下：①将绕丝电动机（带小齿轮）装在滚丝筒前方专用孔中，定位后（要注意小齿轮与内部大齿轮啮合）把螺母拧紧，即可将插头插入电器板上相应的插座中。这时如起动绕丝电动机，即可带动滚丝筒慢速旋转。②将绕丝盘装于可逆电动机上，用手柄将滚丝筒摇至（靠近操作面板方向）最前方，并将排丝杠旋出90°，使其垂直于滚丝筒轴线。③将丝盘中钼丝沿排出导轮、滚丝筒、上导轮、下导轮拉出，固定于滚丝筒一端的螺钉上。

A.10.4 安装工件。将需要切割的工件置于安装台上用压板螺钉固定。在切割整个型腔时，工件和安装台不能碰着线架；如切割凹模，则应在安装钼丝时将钼丝穿过工件上的预留孔，经找正后才能切割。

A.10.5 切割工件时，先起动滚丝筒，撤走丝按钮，待导轮转动后再起动工作液电动机，打开工作液阀。

A.10.6 钼丝运动和输送工作液后，即可接通高频电源，可按加工要求和具体情况选择高频电源规格。如需要在切割中途停车或在加工完毕后停机，必须先关变频装置，切断高频电源，再关工作液泵，待导轮上工作液甩掉后，最后关断滚丝筒电动机。

A.10.7　工作液应保持清洁，管道畅通。为减少工作液中的电蚀物，可在工作台面及回水槽和工作液箱内放置泡沫塑料进行过滤，并定期清洗工作液箱、过滤器，更换工作液。

A.10.8　经常保持工作台拖板、滚珠丝杠及滚动导轨的清洁，切勿使灰尘等落入，以免影响运动精度。

A.10.9　滚丝筒在换向转动时若出现抖丝或振动现象，应立即停止使用，检查有关零件是否松动，并及时调整。

A.10.10　定期用煤油射入导轮轴承内，以保持清洁和使用寿命。

A.10.11　要特别注意对控制台装置的精心维护，保持清洁。

A.10.12　操作者发现问题应立即停机，通知维修人员检修。

A.10.13　控制台的电源使用顺序：①接通电源。开启总电源开关，为直流电源的接通做准备。②接通直流电源。开直流电源开关，此时要检查仪表的电压示值是否符合，如不符要求，可通过微调旋钮调整。③接通计算机电源，开启主机开关。④关机时按开机相反的顺序关断电源。

A.10.14　工作结束时要切断电源，擦拭机床和控制的全部装置，保持整洁，并用罩将计算机全部罩好。清扫工作场地（要避免灰尘飞扬），特别是机床的导轨滑动面要擦干净，并涂油防锈。要认真做好运行记录。

A.11　金相抛磨机安全操作规程

A.11.1　使用金相抛磨机时必须佩戴防护眼镜，同时严禁使用手套操作。

A.11.2　金相抛磨机应放置水平，高度适合操作。检查进水管和排水管处是否有漏水现象，转盘下方及排水管内是否有污物，如有应先排除后方可使用。

A.11.3　清理转盘表面，将金相水砂纸放置在左侧转盘上，将抛光布放置在右侧转盘上，安装好转盘套圈。

A.11.4　打开电源开关，待转盘稳定转动后，微微打开水龙头，以水刚好连续下流为宜，轻轻转动水龙头将其调节至转盘中心位置。

A.11.5　待砂纸和抛光布与转盘稳定吸附后，将金相试样待加工面轻压在转盘距中心三分之二半径处进行表面加工，抛光时应在试样表面或抛光布上涂抹少量抛光膏，注意手要握紧试样以防其飞出伤人等。

A.11.6　对特种抛光膏要进行妥善管理，并做好使用记录。

A.11.7　使用金相抛磨机结束时，一定要先关闭转盘水龙头，再关闭电源开关，以防水进入电动机内部。

A.11.8　清理金相抛磨机转盘、转盘下方和排水管杂物，擦拭干净金相抛磨机外部及机体四周水迹。

2. ［案例3-8］ 某高校工程训练中心安全操作规程（摘录）

一、工程训练中心钳工安全操作规程

第一条 进入工作场地必须穿好工作服，女同志必须戴工作帽。遵守本工种安全操作规程。

第二条 用虎钳装夹工件时，要注意夹牢，注意虎钳手柄旋转方向。不可使用没有手柄或手柄松动的工具（如锉刀、锤子），当发现手柄松动时必须加以紧固。

第三条 锉屑不得用手抹，应用专用刷子扫掉。

第四条 钻孔时，不许戴手套，不得用手接触主轴和钻头，接近钻透时应改为手动进给。

第五条 采用剃削工艺时，不准面对他人剃削，要防止剃屑飞出伤人。

第六条 使用砂轮机磨削刀具时，操作者严禁正对高速旋转的砂轮操作，避免砂轮意外伤人。

第七条 锯削加工时，锯条要安装适当，松紧调节好，锯削速度适当。工件快锯断时，要减少用力、放慢速度，当心料头下落伤人。

第八条 工具、量具不得叠放。行灯电压不准超过36V。

第九条 操作完毕后，清理量具、刀具和工具，打扫工作场地。

第十条 操作中严格遵守和贯彻落实消防安全责任规定。

二、工程训练中心显微镜安全操作规程

第一条 使用显微镜前应了解显微镜安全操作要求，显微镜应放置在平稳的台面上，灯箱四周与障碍物保持至少10cm距离以保证散热。显微镜使用时连接90~240V之间的电源并保证接地，避免处于阳光直射、粉尘、高温和高湿环境，环境温度在5~40°C，相对湿度小于80%，使用显微镜时应保持双手及面部清洁干燥。

第二条 观测试样必须具有平整规则表面，测量表面的表面粗糙度Ra为0.8μm以下，且观测试样能稳固地放置在载物台上，外形尺寸和材料种类应在仪器规定的范围内。

第三条 接通电源后，观察目镜视场亮度，如亮度不足应顺时针调节调光手轮。

第四条 将试样放置于载玻片上，用载物台样品夹夹紧，旋转载物台横向移动手轮和纵向移动手轮动旋钮，微调试样位置

第五条 将光路切换块推至最右侧，保证光线全部进入目镜，以有利于观察，双手握住两目镜绕转轴并旋转，以调整瞳距，再旋转物镜转换器将合适的物镜对准载物台，然后旋转物镜松紧调节手轮及目镜调节环，使视场中成像清晰。

第六条　如需要将观测图像进行采集，应在目镜成像清晰的前提下，将光路切换块推至最左侧，打开照相装置，操作软件进行图像采集，如需要对图像进行测量分析，应首先使用标尺进行校准。

第七条　观测结束后应取下试样，关闭电源，待灯箱冷却后盖好防尘罩。

第八条　必要情况下清洁时，显微镜非光学部件使用纱布蘸取少量中性去污剂擦拭，显微镜光学部件使用纱布蘸取少量 3:7 的乙醇乙醚混合液或二甲苯轻轻擦拭。

第九条　显微镜发生故障时严禁私自拆卸镜体，应由专业人员进行维修。

三、工程训练中心硬度计安全操作规程

主要是指洛式硬度计，其他类型硬度计可参照执行。

第一条　测试试样必须具有平整规则表面，测量表面的表面粗糙度 Ra 为 $0.8\mu m$ 以下，且测试试样能稳固地放置在工作台上，外形尺寸和材料种类应在仪器规定的范围内。

第二条　硬度计测量前应根据材料对照 GB/T 230.1 选择对应的压头和载荷，硬度计更换测试的压头时必须处在空载状态，旋松螺钉安放压头，再旋紧螺钉；硬度计更换测试的载荷时必须处在空载状态，调节硬度计右侧面黑色手轮，使刻度与相应载荷对准。

第三条　测试试样应置于工作台中心位置，测试时缓慢旋转工作台底部的手轮，使工作台缓慢上升至试样能顶起压头，表盘中的小指针缓慢转动，直到与红点位置对齐后停止旋转手轮，此时预载荷施加完毕。

第四条　旋转表盘外壳，将硬度刻度值零点与指针对齐，然后缓慢扳动硬度计右侧手柄，施加主载荷 5s；再反方向缓慢扳动手柄，卸除主载荷，在表盘上立即读取测试到的硬度值，注意要按照选取的标尺进行读取。

第五条　进行硬度测量时严禁旋转机体右侧手轮调整载荷。

第六条　更换工作台时先使用下方手轮缓慢将工作台降下，再慢慢将工作台从丝杠上取下，避免工作台与压头发生碰撞。

第七条　测试完成后清除表面污物并擦拭硬度计机身，长时间不使用时应盖上防尘罩，压头、工作台应放置在专用工具盒内保证齐全。

四、工程训练中心机电一体化实验实训系统安全操作规程

第一条　参加实验实训的学生必须遵守实验室的各项规章制度和操作规程，保持环境卫生，服从实训指导教师的安排。

第二条　机电一体化培训系统属精密贵重仪器，学生使用前，首先经过培训，掌握设备正确使用的方法及操作步骤后方可上机操作。

第三条　学生进入本室后不得随意开关设备电源。使用中如设备有异常应立即向实训指导教师汇报，待问题解决后再进行后续操作。

第四条 系统所配计算机为编程培训专用，不得用于玩游戏、上网聊天等，严禁任何人擅自安装或拷贝软件、数据。一经发现，视情节轻重给予一定的处罚。

第五条 演示或操作时，不得碰触电动机、传感器、传动带等元件，以免造成系统混乱。

第六条 实训结束后，实训指导教师检查仪器设备状况，认真填写使用记录。下课后，学生必须关机，认真清点工具及材料，清洁场地后方能离开。

第七条 实训指导教师是实践操作的第一安全责任人，要做好安全教育和检查指导工作。

五、工程训练中心液压实验台安全操作规程

第一条 实验实训前必须进行安全、文明生产教育，经考核合格后方可进行实验实训。

第二条 实验实训前，必须穿戴好劳动防护用品，否则不允许参加实验实训。

第三条 工作前先检查液压系统压力是否符合要求，再检查各控制阀、按钮、开关、阀门、限位装置等是否灵活可靠，确认无误后方可开始工作。

第四条 开机前应先检查各紧固件是否牢靠，各运转部分及滑动面有无障碍物，限位装置及各个插头是否连接完整等。

第五条 当液压缸活塞发生抖动或液压泵发生尖锐声响，或工作中出现异常现象时，应立即按下急停按钮，停机检查、排除故障后再工作。

第六条 工作完毕后应先关闭工作泵，再关闭控制系统，切断电源，擦净设备并做好实验实训记录。

第七条 严禁乱调调节阀及压力表，并应定期校正压力表。

第八条 保证液压液不污染，不泄漏，工作油温度不得超过45℃。

第九条 严禁把与实验台相关的仪器、仪表、配件、模块等带出实验室。

第十条 必须按有关规定，正确使用仪器、仪表及设备；不得擅自动用与实验实训无关的其他物品。

第十一条 实训指导教师要如实记录实验实训过程中的相关内容，对损坏的仪器、仪表及设备要及时上报，按有关规定执行。

第十二条 实验实训结束后应及时做好各工位和室内的卫生等工作，经实训指导教师检查合格后方可离开。

第十三条 实训指导教师是实践操作的第一安全责任人，要做好安全教育和检查指导工作。

六、工程训练中心气动实验台安全操作规程

第一条 实验实训的过程中注意稳拿轻放、防止碰撞。

第二条　做实验实训之前必须熟悉元器件的工作原理和动作的条件；掌握快速组合的方法，禁止强行拆卸及强行旋扭各种元件的手柄，以免造成人为损坏。

第三条　实验实训中的行程开关为感应式，开关头部离开感应金属约4mm即可感应发出信号。

第四条　禁止带负载起动（三联件上的旋钮旋松），以免造成安全事故。

第五条　实验实训时不应将压力调得太高（一般压力约0.3～0.6MPa）。

第六条　使用本实验实训系统之前一定要了解气动实验实训准则，了解本实验实训系统的操作规程，在实验实训老师的指导下进行实验实训，切勿盲目进行。

第七条　实验实训过程中，发现回路中任何一处有问题，此时应立即关闭泵，只有当回路释压后才能重新进行实验实训。

第八条　实验台的电器控制部分为PLC控制，充分理解与掌握电路原理，才可以对电路进行相关联的连接。

第九条　验收完毕后，要清理好元器件；注意元件的保养和实验台的整洁。

七、工程训练中心电工安全操作规程

第一条　工作前必须认真检查所用工具及防护用品是否完好。

第二条　操作时应有两人进行工作，互相监护，做到安全可靠。

第三条　禁止在有电的情况下进行操作，开启、关闭电源要按步骤分级进行。

第四条　未经中心领导允许，严禁任意配线或接线。

第五条　必须按照仪器设备的操作规范进行使用，加强用电安全管理，严禁超负荷用电。

第六条　拆除线路后，带电的线头必须及时用绝缘胶布包好。

第七条　严格按规定使用熔丝，不准用其他金属丝代替，一切电器的金属外壳都必须装置有效的接地、接零装置。

第八条　检修仪器设备时，需要更换零件的，要判明型号、规格、额定电压，防止事故的发生。

第九条　使用电钻或类似的移动电具时，要戴绝缘手套，穿绝缘鞋或使用1:1隔离变压器。

第十条　各种电器设备，电检设备，开关、变压器及分路开关箱等周围禁止堆放易燃易爆及其他杂物。因电器故障造成火警时应立即切断电源，用黄沙、二氧化碳或干粉灭火机灭火，严禁用水或泡沫灭火机灭火。

第十一条　发生触电事故时，应立即切断电源，马上进行现场抢救，并迅速拨叫120和通知中心主管部门。

八、工程训练中心电子工艺安全操作规程

第一条　学生进入实习室，必须严格遵守各项规章制度，熟悉所用设备的安全操作规程，杜绝违章操作。

第二条　遵守纪律，安全第一，保证实习教学正常进行。

第三条　进入实习室时应穿戴整齐，保持安静及室内清洁卫生。

第四条　实习前学生应根据实习要求检查设备完好情况。若有问题及时向实训指导教师报告。

第五条　实习过程中遵守操作规程，严禁带电接、拆导线。若发现异常现象，必须及时切断电源，并报告实训指导教师。

第六条　不准在实习室内追逐嬉闹、吃零食、接听手机或玩游戏。

第七条　若违反操作规程，造成设备损坏，按中心有关规定执行。

第八条　实验实训完成后，整理实验实训设备，切断电源。经老师检查后，方可离开。

第九条　爱护中心财产，注意人身和设备安全。

第十条　发生触电事故时，应立即切断电源，马上进行现场抢救，并迅速拨叫120和通知中心主管部门。

九、工程训练中心3D打印机安全操作规程

第一条　操作前必须经过培训，必须熟悉设备的结构、性能和工作原理，熟悉设备基本操作和基本配置情况，合格后方可使用。

第二条　操作前必须穿戴好劳动防护用品。

第三条　每日检查激光器保护镜是否污染，若不干净，先用洗耳球吹一吹，再用脱脂棉蘸无水乙醇朝一个方向轻轻擦拭。

第四条　保持设备清洁，每月清理一次冷却风扇、电柜里面的粉尘。

第五条　每半年对工作缸和粉缸的丝杠（锂基酯润滑油）和导柱（机油润滑），铺粉辊直线导轨（机油润滑）进行去污、润滑。

第六条　禁止在设备运行过程中打开配电柜。

第七条　禁止带电检修设备。

第八条　若有成形室，加工过程中请勿频繁打开成形室门，禁止将头、手或身体其他部位伸入成形室内。

第九条　加工过程中或者刚结束加工时，成形室处于高温状态，禁止身体任何部位触碰成形室内任何位置，至少应待温度降低至50℃以下时再进行取件清理等操作。

十、工程训练中心激光雕刻机安全操作规程

第一条　遵守一般切割机安全操作规程。严格按照激光器起动程序起动激光器。

第二条　操作者须经过培训，熟悉设备结构、性能，掌握操作系统有关知识。

第三条　操作前必须穿戴好劳动防护用品。

第四条　按规定穿戴好劳动防护用品，在激光束附近时必须佩戴符合规定的防护眼镜。

第五条　在未弄清某一材料是否能用激光照射或加热前，不要对其加工，以免产生烟雾和蒸气的潜在危险。

第六条　设备开动时操作人员不得擅自离开岗位或托人代管，如的确需要离开时应停机或切断电源开关。

第七条　要将灭火器放在随手可及的地方；不加工时要关掉激光器或光闸；不要在未加防护的激光束附近放置纸张、布或其他易燃物。

第八条　在加工过程中发现异常时，应立即停机，及时排除故障或上报主管人员。

第九条　保持激光器、床身及周围场地整洁、有序、无油污，工件、板材、废料按规定堆放。

第十条　维修时要遵守高压安全规程。每运转40h或每周维护、每运转1000h或每6个月维护时，要按照规定和程序进行。

第十一条　开机后应按 X、Y 方向手动低速开动机床，检查确认其有无异常情况。

第十二条　对于新的工件，在加工程序输入后，应先试运行，并检查其运行情况。

第五节　安 全 标 志

一、标准内容

安全标志标准内容如下：在实验实训场地内易发生危险的区域和设备易发生危险的部位等，应设置安全标志，并符合 GB 2894 的要求。

二、解读

1）2008 年 12 月 11 日国家正式发布 GB 2894—2008《安全标志及其使用导则》，并在 2009 年 10 月 1 日正式实施。

根据 GB 2894—2008《安全标志及其使用导则》的规定，安全标志分为禁止标志、警告标志、指令标志和提示标志四大类型。

2）在实验实训场地内易发生危险区域和设备易发生危险的部位等，根据具体实际情况，有针对性地设置安全标志。

3）禁止标志：禁止人员不安全行为的图形标志如图 3-4 及表 3-23 所示。

4）警告标志：提醒进入实验实训场所人员对周围环境引起注意，以避免可能发生的危险的图形标志如图 3-5 及表 3-24 所示。

5）指令标志：强制进入实验实训场所人员必须做出某种动作或采用防范措施的图形标志如图 3-6 及表 3-25 所示。

6）提示标志：向人员提供某种信息（如标明安全设施或特别区域等）的图形标志如图 3-7 及表 3-26 所示。

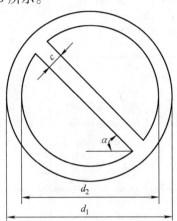

图 3-4 禁止标志的基本形式

外径 $d_1 = 0.025L$ 内径 $d_2 = 0.800d_1$ 斜杠宽 $c = 0.080d_2$

斜杠与水平线的夹角 $\alpha = 45°$ L 为观察距离

表 3-23 禁止标志

编号	图形标志	名称	标志种类	设置范围和地点
1－1		禁止吸烟 No smoking	H	有甲、乙、丙类火灾危险物质的实验实训场所和禁止吸烟的实验实训场所等
1－2		禁止烟火 No burning	H	有甲、乙、丙类火灾危险物质的实验实训场所

（续）

编号	图形标志	名称	标志种类	设置范围和地点
1－3		禁止带火种 No kindling	H	有甲类火灾危险物质及其他禁止带火种的各种危险的实验实训场所
1－4		禁止放置易燃物 No laying inflam mable thing	H.J	具有明火设备或高温的实验实训作业场所，如动火区，各种焊接、切割、锻造等场所
1－5		禁止堆放 No stocking	J	消防器材存放处，消防通道及主通道等
1－6		禁止起动 No starting	J	暂停使用的设备附近，如设备检修、更换零件等
1－7		禁止合闸 No switching on	J	设备或线路检修时，相应开关附近

（续）

编号	图形标志	名称	标志种类	设置范围和地点
1-8		禁止入内 No entering	J	易造成事故或对人员有伤害的场所，如高压设备室、各种污染源等入口处
1-9		禁止停留 No stopping	H J	对人员具有直接危害的场所
1-10		禁止通行 No throughfare	H. J	有危险的作业区，如实验实训户外场所、道路施工工地等
1-11		禁止伸入 No reaching in	J	易于夹住身体部位的装置或场所，如有开口的传动机、冲压设备等
1-12		禁止饮用 No drinking	J	禁止饮用水的开关处，如循环水、工业用水、污染水等

（续）

编号	图形标志	名称	标志种类	设置范围和地点
1 – 13		禁止戴手套 No putting on gloves	J	戴手套易造成手部伤害的作业地点，如旋转的机械加工设备附近
1 – 14		禁止穿化纤服装 No putting on chemical fibre clothings	H	有静电火花会导致灾害或有炽热物质的实验实训作业场所，如铸造、焊接及有易燃易爆物品的场所等
1 – 15		禁止穿带钉鞋 No putting on spikes	H	有静电火花会导致灾害或有触电危险的实验实训作业场所，如有易燃易爆气体或粉尘及带电作业场所

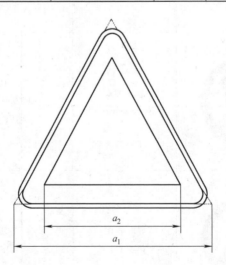

图 3-5 警告标志的基本形式

外边 $a_1 = 0.034L$ 内边 $a_2 = 0.700a_1$ 边框外角圆弧半径 $r = 0.080a_2$ L 为观察距离

表 3-24 警告标志

编号	图形标志	名称	标志种类	设置范围和地点
2-1		注意安全 Warning danger	H. J	易造成人员伤害的实验实训场所及设备等
2-2		当心火灾 Warning fire	H. J	易发生火灾的实验实训危险场所
2-3		当心爆炸 Warning explosion	H. J	易发生爆炸危险的实验实训场所
2-4		当心腐蚀 Warning corrosion	J	有腐蚀性物质（GB 12268—2012 中第 8 类所规定的物质）的实验实训作业地点
2-5		当心触电 Warning electric shock	J	有可能发生触电危险的电器设备和线路实验实训场所

（续）

编号	图形标志	名称	标志种类	设置范围和地点
2 – 6		当心机械伤人 Warning mechanical injury	J	易发生机械卷入、轧压、碾压、剪切等机械伤害的实验实训作业地点
2 – 7		当心伤手 Warning injure hand	J	易造成手部伤害的实验实训作业地点，如机械加工设备等
2 – 8		当心夹手 Warning hands pinching	J	有产生挤压的装置、设备或场所
2 – 9		当心弧光 Warning arc	H. J	由于弧光造成眼部伤害的各种焊接实验实训作业场所
2 – 10		当心高温表面 Warning hot surface	J	有灼烫物体表面的实验实训场所

（续）

编号	图形标志	名称	标志种类	设置范围和地点
2－11		当心电离辐射 Warning ionizing radiation	H. J	能产生电离辐射危害的实验实训作业场所，如使用 GB 12268—2005（已被 GB 12268—2012 替代）规定的第 7 类物质的作业区
2－12		当心激光 Warning laser	H. J	有激光产品使用、维修激光产品的实验实训场所
2－13		当心微波 Warning microwave	H	凡微波场强超过 GB 10436[①]、GB 10437[①]规定的实验实训作业场所

①　GB 10436 和 GB 10437 于 2017. 3. 23 作废。本表摘自 GB 2894—2008 中表 2，仅供参考。

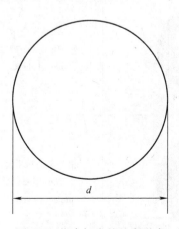

图 3-6　指令标志的基本形式

直径 $d = 0.025L$　L 为观察距离

表 3-25 指令标志

编号	图形标志	名称	标志种类	设置范围和地点
3-1		必须带防护眼镜 Must wear protective goggles	H、J	对眼睛有伤害的实验实训作业场所
3-2		必须戴遮光护目镜 Must wear opaque eye protection	J、H	存在紫外、红外、激光等光辐射的实验实训场所,如电焊及气焊等
3-3		必须戴防尘口罩 Must wear dustproof mask	H	具有粉尘及烟尘的实验实训作业场所
3-4		必须戴安全帽 Must wear safety helmet	H	头部易受外力伤害的实验实训作业场所
3-5		必须戴防护手套 Must wear protective gloves	H、J	易伤害手部的实验实训作业场所,如具有腐蚀、污染、灼烫及触电危险的作业等地点

（续）

编号	图形标志	名称	标志种类	设置范围和地点
3-6		必须穿防护鞋 Must wear protective shoes	H、J	易伤害脚部的实验实训作业场所，如具有腐蚀、灼烫、触电、砸（刺）伤等危险的作业地点
3-7		必须洗手 Must wash your hands	J	解除有毒有害物质作业后
3-8		必须加锁 Must be locked	J	剧毒品、危险品库房及专用柜等
3-9		必须接地 Must connect an earth terminal to the ground	J	防雷、防静电场所
3-10		必须拔出插头 Must disconnect mains plug from electrical outlet	J	在设备维修、故障、长期停用、无人值守状态下

图 3-7   提示标志的基本形式

边长 $a = 0.025L$，L 为观察距离（见 GB 2894—2008 中附录 A）

表 3-26   提示标志

编号	图形标志	名称	标志种类	设置范围和地点
4-1		紧急出口 Emergent exit	J	便于安全疏散的紧急出口处，与方向箭头结合设在通向紧急出口的通道、楼梯口等处
4-2		急救点 First aid	J	设置现场急救仪器设备及药品的地点

（续）

编号	图形标志	名称	标志种类	设置范围和地点
4－3		应急电话 Emergency telephone	J	安装应急电话的地点

三、案例

1. 提示标志

须提示目标的位置时要加方向辅助标志。按实际需要指示左向时，辅助标志应放在图形标志的左方；如指示右向，则应放在图形标志的右方，如图3-8所示。

图3-8　应用方向辅助标志示例

2. 文字辅助标志

1）文字辅助标志的基本形式是矩形边框。

2）文字辅助标志有横写和竖写两种形式：

① 横写时，文字辅助标志写在标志的下方，可以和标志连在一起，也可以分开。

禁止标志、指令标志为白色字；警告标志为黑色字。禁止标志、指令标志衬底色为标志的颜色，警告标志衬底色为白色，如图3-9所示。

② 竖写时，文字辅助标志写在标志杆的上部。

禁止标志、警告标志、指令标志、提示标志均为白色衬底，黑色字。

标志杆下部色带的颜色应与标志的颜色相一致，如图3-10所示。

图 3-9 横写的文字辅助标志

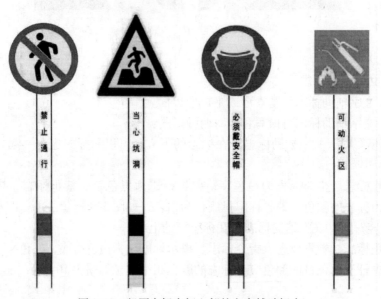

图 3-10 竖写在标志杆上部的文字辅助标志

3. ［案例3-9］某高校使用安全标志

"当心机械伤人"警告标志如图3-11所示；"请勿靠近　当心伤人"的警告标志如图3-12所示。

图3-11　"当心机械伤人"的警告标志　　　图3-12　"请勿靠近 当心伤人"的警告标志

第六节　危险化学品管理

一、标准内容

危险化学品管理标准内容如下：应建立和健全实验实训危险化学品管理规范，达到中华人民共和国危险化学品安全管理条例要求。完善包括申购、入库验收、保存、领用、使用、回收及处置的管理要求和全过程记录，定期做好检查监督工作，同时建立相应的责任制并落实到责任人。应建立危险化学品登记、使用和库存台账，且账账相符、账物相符。每学期期末应将库存危险化学品清单汇总，报至学校实验实训主管部门备案。对剧毒、放射性同位素应单独存放，并设置明显的标识，不能与易燃、易爆、腐蚀性物品放在一起，并配备专业的防护装备，实行双人保管、双人收发、双人使用、双台账、双把锁管理，达到《放射性同位素与射线装置安全和防护条例》的要求。各实验实训废弃的危险化学品应严格按照要求做好明细分类保管，由学校统一交有相关资质的机构按照规定进行处置。

二、解读

1. 国家公布法规文件

1）2002年1月中华人民共和国国务院令第344号公布《危险化学品安全管理条例》，该条例经多次修改，于2013年12月由中华人民共和国国务院令第645号重新公布，并自公布之日起施行。

为了加强危险化学品的安全管理，预防和减少危险化学品事故，保障人民群众生命财产安全，建立和健全实验实训危险化学品管理规范是十分必要的。

2）2005 年 9 月中华人民共和国国务院令第 449 号公布《放射性同位素与射线装置安全和防护条例》，定于 2005 年 12 月 1 日起施行。

为了加强对放射性同位素、射线装置安全和防护的监督管理，促进放射性同位素、射线装置的安全应用，保障人体健康、保护环境，建立和健全实验实训放射性同位素与射线装置安全和防护管理规范是十分必要的。

2. 危险化学品的使用

高校实验实训教学中使用的危险化学品尽管数量不多，但品种多，一旦发生事故，将导致学生、教师人身伤害和财产损失。

高校实验实训教学中，使用放射性同位素与射线装置的项目尽管不多，但一旦发生违章作业，就会引起人体的急性损伤，以及降低人体的免疫能力和对神经系统造成不利影响。

3. 危险化学品特性与防护

危险化学品是指具有毒害、腐蚀、爆炸、燃烧、助燃等特性及对人体、设施、环境具有危害的剧毒化学品和其他化学品。

（1）危险化学品燃烧、爆炸特性　在实验实训中使用的危险化学品不少具有易燃、易爆的特性，且多以气体和液体状态存在，极易泄漏和挥发；一旦出现管理不善、操作不慎或设备故障等情况，就可能导致发生火灾及爆炸事故。

1）燃烧的种类：

① 燃烧的三个特征：放热、发光、生成新物质。

② 燃烧的三个必要条件：可燃物、助燃物（可燃物和助燃物都有一定的含量和数量要求）和点火能源。由此可见，所有的防火措施都在于防止这三个条件同时存在，所有的灭火措施都在于消除其中的任一条件。

③ 燃烧的种类：燃烧现象按形成的条件和瞬间发生的特点，分为闪燃、着火、自燃、爆燃等四种。即：a. 闪燃是在一定的温度下，易燃、可燃液体表面上的蒸气和空气的混合气与火焰接触时，闪出火花但随即熄灭的瞬间燃烧过程。b. 着火是可燃物受外界火源直接作用而开始的持续燃烧现象。c. 自燃是可燃物没有受外界火源的直接作用，因受热或自身发热使温度上升，当达到一定温度时发生的自行燃烧现象。d. 爆燃是可燃物和空气或氧气的混合物由火源点燃，且火焰立即从火源处以不断扩大的同心球形式自动扩展到混合物的全部空间的燃烧现象。

2）爆炸及其影响：

① 爆炸是物质由一种状态迅速转变成另一种状态，并在瞬间以声、光、热、

机械功等形式释放大量能量的现象。实质上爆炸是一种极为迅速的物理或化学的能量释放过程。

② 可燃气体、可燃蒸气或粉尘和空气构成的混合物，只有在一定的含量范围内遇到火源才能发生燃烧爆炸，这个含量范围称为爆炸极限。在压力容器或管道中，如可燃气体含量在爆炸上限以上，当压力容器有焊接裂纹或因其他原因产生缝隙时，空气会立即渗漏进去，并会随时有燃烧、爆炸的危险。所以对含量在爆炸上限以上的混合气，随时要密切关注，以防止事故发生。表 3-27 为部分可燃气体和蒸气的爆炸极限。

表 3-27　部分可燃气体和蒸气的爆炸极限

分类		可燃气体或蒸气	化学式	相对分子质量	爆炸极限			
					%		mg/L	
					下限 L_1	上限 L_2	下限 Y_1	上限 Y_2
无机物		氢	H_2	2.0	4.0	75.6	3.3	63
		二硫化碳	CS_2	76.1	1.25	44	40	1400
		硫化氢	H_2S	34.1	4.3	45	61	640
		氰化氢	HCN	27.1	6.0	41	68	460
		氨	NH_3	17.0	15.0	28	106	200
		一氧化碳	CO	28.0	12.5	74	146	860
		氧硫化碳	COS	60.1	12.0	29	300	725
碳氢化合物	不饱和烃	乙炔	C_2H_2	26.0	2.5	81	27	880
		乙烷	C_2H_4	28.0	3.1	32	36	370
		丙烯	C_3H_6	42	2.4	10.3	42	180
	饱和烃	甲烷	CH_4	16.0	5.3	14	35	93
		乙烷	C_2H_6	30.1	3.0	12.5	38	156
		丙烷	C_3H_8	44.1	2.2	9.5	40	174
		丁烷	C_4H_{10}	58.1	1.9	8.5	46	206
		戊烷	C_5H_{12}	72.1	1.5	7.8	45	234
		己烷	C_6H_{14}	86.1	1.2	7.5	43	270
		庚烷	C_7H_{16}	100.1	1.2	6.7	50	280
		辛烷	C_8H_{18}	114.1	1.0	—	48	—
	环状烃	苯	C_6H_{16}	78.1	1.4	7.1	46	230
		甲苯	C_7H_8	92.1	1.4	6.7	54	260

（续）

分类		可燃气体或蒸气	化学式	相对分子质量	爆炸极限			
					%		mg/L	
					下限 L_1	上限 L_2	下限 Y_1	上限 Y_2
其他有机化合物	含氧衍生物	环氧乙烷	C_2H_4O	44.1	3.0	80	55	1467
		乙醚	$(C_2H_5)_2O$	74.1	1.9	48	59	1480
		乙醛	CH_3CHO	44.1	4.1	55	75	1000
		丙酮	$(CH_3)_2CO$	58.1	3.0	11	72	270
		乙醇	C_2H_5OH	46.1	4.3	19	82	360
		甲醇	CH_3OH	32.0	5.5	36	97	480
		醋酸戊酯	$C_7H_{14}O_2$	130	1.1	—	60	—
		醋酸乙酯	$C_4H_8O_2$	88.1	2.5	9	92	330

③ 爆炸极限的影响因素。爆炸极限一般是在常温、常压条件下测定出来的数据，它随着温度、压力、含氧量、惰性气体含量、火源强度等因素变化而变化，具体如下：a. 初始温度。混合气着火前的初始温度升高，会使分子的反应活性增加，导致爆炸范围扩大，即爆炸下限降低、爆炸上限提高，从而增加了混合物的爆炸危险性。b. 初始压力。混合气的初始压力增加（降低），爆炸范围随之扩大（缩小）。压力对爆炸上限的影响十分显著，对爆炸下限的影响较小。c. 含氧量。混合气中增加氧含量，一般情况下对爆炸下限影响不大，但会使爆炸上限显著增高，爆炸范围扩大。d. 惰性气体含量。混合气体中增加惰性气体含量，会使爆炸上限显著降低，爆炸范围缩小。e. 点火源与最小点火能量。点火源的强度高，会使爆炸范围扩大，增加爆炸的危险性。最小点火能量是指能引起一定含量可燃物燃烧或爆炸所需要的最小能量。f. 消焰距离。实验证明，通道尺寸越小，通道内混合气体的爆炸范围越小。当通道小到一定程度时，火焰就不能通过，火焰蔓延不下去的最大通道尺寸称为消焰距离。

④ 火灾危险性。国家安全生产监督管理总局颁布的《危险化学品名录》中的第 1 类爆炸品、第 2 类第 2 项易燃气体、第 4 类易燃固体、自燃物品和遇湿易燃物品及第 5 类氧化剂和有机过氧化物，应当根据其爆炸或者燃烧危险性、闪点和介质的状态（气体、液体）视为甲、乙类可燃气体、液化烃或者甲、乙类可燃液体；甲类可燃气体指可燃气体与空气混合物的爆炸下限小于 10%（体积分数）；乙类可燃气体指可燃气体与空气混合物的爆炸下限大于或者等于 10%（体积分数），液化烃指 15℃时的蒸气压力大于 0.1MPa 的烃类液体和类似液体。

甲类可燃液体指闪点小于 28℃的前燃液体，乙类可燃液体指闪点高于或者等于 28℃，但小于 60℃的可燃液体，工作温度超过闪点的丙类可燃液体（闪点高于或者等于60℃），应当视为乙类可燃液体。

3）预防易燃、易爆爆炸事故的措施：预防易燃、易爆危险化学品发生燃烧爆炸事故主要从两个方面进行：一是防止可燃物、助燃物形成燃烧爆炸系统；二是清除和严格控制一切足以导致着火燃烧爆炸的着火源。具体如下：

① 控制或消除燃烧爆炸条件的形成：a. 设计要符合规范。设计要充分考虑火灾爆炸的危险性，要符合防火防爆的安全技术要求，采用先进的工艺技术和可靠的防火防爆措施，以减少促成燃烧爆炸的因素，实现本质安全。b. 正确操作，严格控制和执行工艺。在工艺控制上，应重点做好控制温度、严防超温，控制压力、严防超压，控制原料的纯度，控制加料速度、加料比例和加料顺序，严禁超量贮存、超量充装等环节。c. 加强设备维护，确保设备完好。火灾爆炸事故能否发生，其中一条重要的因素是设备状况的好坏。设备状况好，运转周期长，不发生跑冒滴漏，就能避免或减少事故的发生。d. 加强通风排气，防止可燃气体积聚。有爆炸危险的生产岗位，要充分利用自然通风，采用局部或全面的机械通风装置，及时将泄漏出来的可燃气体排出，防止积聚引起爆炸。e. 采用自动控制和安全防护装置。火灾爆炸危险性大的生产现场，应设置可燃气体、有毒有害气体含量自动报警器，以便及时发现和消除险情。f. 使用惰性气体保护。向易燃易爆设备中加入惰性气体，可稀释可燃气体含量，使设备中的氧含量降到安全值，破坏其燃烧爆炸条件。

② 阻止火灾蔓延措施：采用阻止火灾蔓延到盛装可燃气体的设备或实验实训系统中的各种措施，对于减少事故损失是非常重要的。常用的阻火设施主要有切断阀、止回阀、安全水封、阻水器等。此外，在建筑上设置防火门、防火墙、防火堤及防火安全距离等，都是防止火灾蔓延扩大的措施。

③ 防爆泄压措施：实验实训工艺装置均须设置防爆泄压设施，常用的防爆泄压设施有安全阀、爆破片、防爆门、放空管等。有爆炸危险的实验室，还应有足够的泄压面积。

④ 加强火源的控制和管理：在实验实训工作中可能遇到的火源，除实验实训过程中本身具有的加热火源，以及反应热、电火花等以外，还有维修用火、机械摩擦热、撞击火星等。这些火源经常是引起易燃易爆物品着火爆炸的根源。应控制这些火源的使用范围，严格用火管理。

⑤ 加强易燃易爆物品的管理：了解实验实训中所使用的原料、中间产品和成品的物理化学性质及其火灾爆炸危险程度，了解实验实训过程中所用物料的数量也十分重要。

（2）危险化学品毒性、腐蚀性特性

1）一般规定：

① 介质毒性程度、腐蚀性的划分应当以介质的"化学品安全技术说明书"

（CSDS）为依据，按照划分原则确定。

②介质同时具有毒性及火灾危险性时，应当按照毒性危害程度和火灾危险性自划分原则分别定级。

③介质为混合物时，应当按照有毒化学品的组成比例及其急性毒性指标（LD_{50}、LC_{50}），采用加权平均法，获得混合物的急性毒性（LD_{50}、LC_{50}），然后按照毒性危害级别最高者，确定混合物的毒性危害级别。

2）毒性危害程度：

①介质毒性危害程度的分级应当以急性毒性、急性中毒发病状况、慢性中毒患病状况、慢性中毒后果、致癌性和最高允许浓度等六项指标为基础的定级标准，见表3-28。

表3-28　介质毒性危害程度分级依据

指　　标		分　　级		
		I（极度危害）	II（高度危害）	III（中度危害）
急性毒性	吸入 LC_{50} /（mg/m³）	<200	200 ~ <2000	2000 ~ ≤20000
	经皮 LD_{50} /（mg/kg）	<100	100 ~ <500	500 ~ ≤2500
	经口 LD_{50} /（mg/kg）	<25	25 ~ <500	500 ~ ≤5000
急性中毒发病状况		生产中易发生中毒，后果严重	生产中可发生中毒，愈后良好	偶可发生中毒
慢性中毒患病状况		患病率高（≥5%）	患病率较高（<5%）或症状发生率高（≥20%）	偶有中毒病例发生或症状发生率较高（≥10%）
慢性中毒后果		脱离接触后，继续进展或不能治愈	脱离接触后，可基本治愈	脱离接触后，可恢复，不致严重后果
致癌性		人体致癌物	可疑人体致癌物	实验动物致癌物
最高允许浓度/（mg/m³）		<0.1	0.1 ~ <1.0	1.0 ~ ≤10

②介质的毒性危害程度包括极度危害、高度危害及中度危害三个级别。

③介质毒性危害程度的级别应当不低于以急性毒性和最高允许浓度两项指标分别确定的最高危害程度级别。

④如果急性中毒发病状况、慢性中毒患病状况、慢性中毒后果和致癌性四

项指标确定的介质毒性危害程度明显高于表3-28确定的危害程度级别时，应当根据具体工况综合分析、全面权衡，适当提高介质的毒性危害程度级别。

3）腐蚀性：介质腐蚀性液体系指与皮肤接触，在4h内出现可见坏死现象，或55℃时，对20钢的腐蚀率大于6.25mm/a（年）的液体。

4. 放射性同位素与射线装置的辐射伤害和防护

使用放射性同位素与射线装置等的设备运行时会产生电离辐射和电磁辐射的危害，所以必须采取防护措施，防止辐射伤害事故发生。

（1）电离辐射的危害和防护

1）电离辐射的危害。

① 电离辐射是指一切能引起物质电离的辐射总称，包括 α 射线、β 射线、γ 射线、X 射线及中子射线等，如实验室用 X 射线检测及测厚仪、测水分用的中子射线等。电离辐射损伤可分为急性放射性损伤和慢性放射性损伤。急性放射是指人体在很短的时间内受到大剂量的照射而引起的急性损伤，常见于核辐射和放射治疗病人。慢性放射是指人体在较长时间内分散接受一定剂量的照射而引起的慢性损伤，如皮肤损伤、造血障碍、白细胞减少及生育力受损等。

② 放射对人体的危害：a. 直接损伤。放射性物质直接使人体物质的分子电离，破坏人体内某些大分子，如脱氧核糖核酸、核糖核酸、蛋白质分子及重要的酶等。b. 间接损伤。放射线将人体内存在的水分子电离，生成活性很强的 H^+、OH 和分子产物等，继而通过它们与人体的有机成分作用，产生与直接损伤作用相同的结果。c. 慢性效应。主要包括辐射致癌、白血病、白内障等损害。

2）电离辐射防护。

① 放射性危害主要来源。氩弧焊或等离子弧焊使用的钍钨极中会产生放射性钍元素的污染、电子束焊会产生 X 射线，无损检测常用到的工业射线检测等也会产生射线辐射。

焊接质量检测中常用的无损检测方法之一的射线检测，在工业上已广泛地应用，它用于金属检查，对金属内部可能产生的缺陷，如气孔、针孔、夹渣、疏松、裂纹、偏析、未焊透和熔合不良等，都可以进行检测。射线检测常用的方法有 X 射线检测、γ 射线检测、高能射线检测和中子射线检测。

② 电离辐射的防护：a. 为保障作业人员的安全和健康，所有存在放射性污染、存放放射性物质的场所，必须严格执行 GB 18871《电离辐射防护与辐射源安全基本标准》及相关法规要求。防止放射性电离辐射对人体危害的基本措施有降低辐射源自身的辐射强度；采用封闭型辐射源；缩短接触时间，禁止在有电离辐射场所做不必要的停留，工作需要时接近放射源，工作完毕就立即离开；增大距离，采取遥控、机械化操作等工程控制措施和管理措施，以减少实验实训人员和实习学生的暴露；在作业者和辐射源之间加强屏蔽防护措施等。同时

加强作业场所的通风除尘,并对排出气体进行净化处理;在任何可能有放射性污染风险场所中的实验实训人员和实习学生配置适当的个人防护措施,以进一步减少放射性物质对人体的照射剂量。b. 为降低放射性污染的影响,应对氩弧焊、等离子弧焊、电子束焊和放射性检测作业制定合理的操作规范和工艺规程。对于焊接作业点应当设置移动式烟尘收集装置,进行焊接作业的实验实训人员和实习学生必须佩戴符合要求的个体防护装备。c. 对从事放射性作业或可能有放射性污染物存在场所的实验实训人员要进行系统的有关安全卫生防护知识的教育与训练,建立健全卫生防护制度和操作规程,设置危险信号、色标和报警设施等。

(2)电磁辐射的危害和防护

1)电磁辐射的危害:电场和磁场的交互变化产生的电磁波,向空中发射或泄漏的现象称为电磁辐射。电磁辐射所衍生的能量与其频率的高低有关,频率越高能量越大。电磁场对人体健康的影响与电磁场强度、电磁波频率、环境条件因素、个体身体的状况、受电磁波的照射面积及照射时间等因素有很密切的联系,而且各个因素间还存在着相应的联系。

根据 GBZ 2.2—2007《工作场所有害因素职业接触限值 第 2 部分:物理因素》,当振荡频率 >1000kHz 时需要采取防护措施。

近年来,国内外都在关注低频和极低频的电磁场对人体健康的影响,低频和极低频的频率为 0~300Hz,包括交流焊机、电炉、感应加热装置等。

低频电磁场可能降低人体的免疫能力,并对神经系统有不利影响。对于工作场所的高频电磁场职业接触限值,GBZ 2.2—2007 也做了规定,见表 3-29 和表 3-30。

表 3-29 工作场所 8h 高频电磁场职业接触限值

频率 f/MHz	电场强度/(V/m)	磁场强度/(A/m)
$0.1 \leqslant f \leqslant 3.0$	50	5
$3.0 < f \leqslant 30$	25	—

表 3-30 工作场所工频电场 8h 职业接触限值

频率/Hz	电场强度/(kV/m)
50	5

电磁辐射对人体的危害,表现为热效应和非热效应两大方面。高频辐射通过致热和非致热两种途径产生辐射效应,长期作业可能会引起自主神经功能紊乱和神经衰弱,表现为头昏、乏力、消瘦、血压下降等症状,甚至对神经、心血管、免疫及生殖系统产生不利影响。

2）电磁辐射的防护。为防止电磁辐射对作业者的不利影响，应当改进设备及工艺，保证良好接地，以降低辐射强度。接地技术是一种低成本、较可行的解决方案，良好的接地可解决 50% 以上的电磁兼容问题，接地方法对辐射剂量有直接影响。通常情况下，接地点与工件越近，接地效果越显著，越有利于降低高频辐射的影响。

① 从保护作业者及相关人员角度出发，对主要设备进行必要的电磁屏蔽，降低其对周围环境的辐射强度，也是降低高频电磁辐射对作业者影响的有力措施。

② 应减少接触高频电磁辐射的时间，通常情况下作业者受照射时间越长，受伤害的风险也越大。

③ 作业场所的温度与电磁辐射对机体的不良影响有直接关系。研究证明，作业现场的环境温度和湿度与辐射对机体的影响有直接关系。温度越高，机体所表现的症状越突出；湿度越大，越不利于作业人员的健康。在作业场所增强通风降温措施、控制作业区湿度将有利于降低高频辐射对作业者健康的影响。

三、案例

1. ［案例 3-10］　某高校危险化学品管理办法（摘录）

第一条　为进一步规范和加强本校危险化学品的安全监督与管理，严防事故发生，维护学校正常的教学、科研等秩序，保障学校和师生员工的生命财产安全，建设生态化绿色校园环境，根据国务院公布的《危险化学品安全管理条例》等法律、法规，结合本校实际，制定本管理办法。

第二条　本办法所称的危险化学品，是指具有毒害、腐蚀、爆炸、燃烧、助燃等性质，对人体、设施、环境具有危害的剧毒化学品和其他化学品。

第三条　本办法适用于本校内所有涉及危险化学品的教学、实验、科研和生产场所及其活动的安全监督与管理，包括购买、运输、贮存、使用、生产、销毁等过程。

第四条　使用单位安全职责

1. 逐级完善安全责任制，贯彻落实"谁使用，谁管理""谁主管，谁负责"的安全工作责任制。加强对师生员工的安全教育，组织必要的安全管理和技能培训，提高全体人员的安全意识和安全防范能力。

2. 各单位要贯彻"安全第一，预防为主"的方针，制定相应的安全措施。特别是要根据实际情况，对可能发生的事故进行重点预防。

3. 各单位要按照公安、劳动、卫生、环保等主管部门和学校的要求，结合本单位工作实际情况经常性地组织安全检查，并有计划、有步骤地采取防范措施，及时消除安全隐患，防止事故发生。

4. 各单位要制定相应的突发公共事件应急预案。一旦发生危险化学品事故，要根据突发公共事件应急预案及时采取有效措施，妥善处理，防止事故的扩大和蔓延。同时，迅速查清事故原因，严肃处理有关责任人员，防止事故再度发生，并认真做好善后工作。

5. 使用危险化学品的教学、科研和生产单位应根据危险化学品的种类和性能，配置相应的通风、防火、防爆、防毒、监测、报警、降温、防水、防潮、避雷、防静电、隔离操作等安全设施和安全防护用具。

6. 各单位在新建、扩建、改建教学、科研和生产场所或设施时，应预先向校后勤处、保卫处等部门提供关于危险化学品安全的要求及防范措施等资料。经审批后，方可实施。项目建成后，须经安全验收后，方可投入使用。

第五条　危险化学品应按有关安全规定存放在条件完备的专用仓库、专用场地或专用贮存室（柜）内，并根据危险物品的种类和性质，设置相应的通风、防爆、泄压、防火、防雷、报警、灭火、防晒、调湿、消除静电、防护围堤等安全设施，并设专人管理。

第六条　危险化学品仓库的管理人员须经专业培训才能上岗，要严格遵守出入库管理制度，审批手续必须完备才能予以发放。实行双人双锁管理，定期检查，严加保管。

第七条　对于剧毒物品、易制毒物品、爆炸物品和放射性物质的管理，应严格遵守双人保管、双人收发、双人使用、双人运输、双人双锁的"五双"制度。要精确计量和记载，防止被盗、丢失、误领、误用，如发现上述问题必须立即报告校保卫处和当地公安部门。

第八条　危险化学品应当分类分项存放，通道应达到规定的安全距离，不得超量贮存。对于遇火、遇潮容易燃烧、爆炸或产生有毒气体的危险化学品，不得在露天、潮湿、漏雨和低洼容易积水的地点存放；对于受阳光照射容易燃烧、爆炸或产生有毒气体的危险化学品和桶装、罐装等易燃液体、气体应当在阴凉通风的地点存放；对于化学性质或防火、灭火方法相互抵触的危险化学品，不得在同一仓库或同一贮存室存放。

第九条　易燃、易爆、腐蚀、助燃、剧毒压缩气体的管理

1. 气瓶要存放在安全地方（单独房间或加锁铁柜内）。

2. 容易引起燃烧、爆炸的不同类气体必须分开存放。

3. 不可靠近热源和火源。

4. 不得使用过期、未经检验和不合格的气瓶，各种气瓶必须定期进行技术检验。

第十条　贮存危险化学品的仓库须设置明显标志，严禁吸烟和使用明火，并根据消防法的相关规定，配备专职消防人员、消防器材、设施及通信、监控、报警等必要装置。

第十一条　实验室及走廊等地不准囤积危险化学品，对于少量的实验实训多余试剂，须分类分项存放，保持通风、远离热源和火源。实验实训大楼周围禁止存放危险化学品。

第十二条　使用、贮存放射源的单位，应当建立安全保卫制度，指定专人负责，专人保管。放射性同位素应当单独存放，不得与易燃、易爆、腐蚀性物品等一起存放，其贮存场所应当采取有效的防火、防盗、防射线泄漏等安全防护措施。贮存、领取、使用、归还应当进行登记、检查，并做到账物相符。

第十三条　危险化学品申购必须有实验室主任和专业系主任申请签字，学院院长审核批准，报校保卫处审核备案。未经有关部门批准审核的，不得擅自采购、贮存、使用危险化学品。

第十四条　危险化学品必须使用专门的车辆运输，装运时不得客货混装，禁止随身携带、夹带危险化学品乘坐公共交通工具。

第十五条　领用剧毒品、易制毒物品和爆炸品时，应填写"剧毒危险化学品专用备案登记表"，详细注明品名、规格、数量和用途，双人签名，由学院负责人审核签字后方能领用。

第十六条　各学院应根据实际需要领用危险化学品，领取时须双人领用（其中一人必须是实验室的教师），做到"随用随领"，不得多领。

第十七条　危险化学品的使用

1. 严格执行危险化学品安全管理的各项规定，安全使用、安全操作。

2. 学生在使用危险化学品前，教师应详细指导、讲授安全操作方法及有关防护知识。

3. 使用剧毒物品、爆炸性物品时，应在良好的通风条件下进行，并详细记录使用数量等情况。

4. 可燃、助燃气瓶使用时与明火的距离不得小于10m。

第十八条　危险化学品使用过程中产生的废气、废液、废渣、粉尘等应尽可能回收利用。各使用单位须指定专人负责收集、处理、存放、监督、检查有毒、有害废液、废固的管理工作。

第十九条　实验实训产生的废液、废固物质，不能直接倒入下水道或普通垃圾桶。对于低浓度的洗涤废水和无害废水可通过下水道进入废水处理系统，排放时其有害物质浓度不得超过国家和环保部门规定的排放标准。高浓度的无机废液须经中和、分解破坏等处理，确认安全后，方能倒入废液储罐。

第二十条　对实验实训使用后多余的、新产生的或失效（包括标签丢失、模糊）的危险化学品，严禁乱倒乱丢。实验室负责将各类废弃物品分类包装（不准将有混合危险的物质放在一起）、贴好标签后送本学院指定的废弃化学物品贮存（回收）点。贮存（回收）点附近严禁明火。

第二十一条 危险化学品废弃物（液）、放射性废源（液）及专用废液储罐由实验室与设备管理处和国有资产管理处按有关规定联系有资质的专业公司进行统一安全处置。

第二十二条 本办法自公布之日起执行，由大学实验室与设备管理处负责解释。

2.［案例3-11］ 某大学放射性同位素与射线装置安全管理办法（摘录）

第一条 总则

1. 为加强本校放射性同位素和射线装置的安全防护管理，保障校内从事放射工作的人员及公众的健康与安全，确保学校放射工作的正常运行，杜绝辐射事故发生，依据《放射性同位素与射线装置安全和防护条例》（国务院449号令）、《放射性同位素与射线装置安全和防护管理办法》等法律、法规要求，结合本校实际情况，特制定本办法。

2. 本办法适用于本校范围内从事放射工作的各级单位及从事放射工作的人员。

第二条 管理机构及职责

1. 学校放射防护小组（以下简称"校放射防护小组"），是对学校放射性同位素和射线装置管理的最高机构。

2. 成员由各相关部、处及学院主管实验室安全的领导担任。

3. 校放射防护小组办公室设在国有资产与实验室管理处（以下简称"校国资处"）实验室管理科。

4. 放射性同位素和射线装置的辐射安全和防护工作由各使用单位负责，设置专（兼）职的放射工作管理人员负责本单位的日常管理工作。

第三条 安全及防护

1. 放射工作场所要求

（1）在明显位置张贴《辐射安全许可证》复印件。

（2）在明显位置张贴安全操作规程及安全应急预案。

（3）设置明显的放射性标志，如标志牌、指示灯等。

（4）配置相应的监测或报警仪器或工作信号，定期进行自检，做好监测记录。

（5）严格放射性废物贮存、登记管理，并及时进行报废处理。

（6）认真做好射线装置日、周、季的维护和保养及年度深度保养工作。

2. 在室外、野外使用放射性同位素与射线装置的，应当按照国家安全和防护标准的要求划出安全防护区域，设置明显的放射性标志，必要时设专人警戒。

3. 按照国家环境监测规范，对放射工作场所要进行辐射监测，并对监测数据的真实性、可靠性负责；由校国资处实验室管理科委托经北京市环境保护主管部门认定的环境监测机构进行监测。

第四条 许可与备案

1. 新购置放射性同位素和射线装置的单位须填写《大学新增放射性同位素申请表》（表3-31）、《大学新增射线装置申请表》（表3-32），报校国资处批准，并向上级环境保护主管部门申请，取得许可证后方可购置。

表3-31 大学新增放射性同位素申请表

核素	出厂日期	出厂活度/Bq	标号	编码	类别	用途	场所	生产厂家

表3-32 大学新增射线装置申请表

装置名称	规格型号	类别（等级）	额定电压/V 或 kV 或 MV	额定电流/mA 或 A	额定功率/W 或 kW	放置地点	设备负责人	联系电话（座机/手机）	计划购置日期

2. 辐射工作场所进行新建、改建或扩建的，须在工程完成后进行竣工环境保护验收，并由校国资处向上级环境保护主管部门重新申请领取许可证后方可进行相关实验实训活动。

3. 校内调拨放射性同位素和射线装置的，由校国资处向上级环境保护主管部门重新申请领取许可证后方可进行。严禁向外单位或个人私自转让放射性同位素和射线装置。

4. 废旧放射性同位素交回生产单位、返回原出口方或者送交放射性废物集中贮存单位贮存的，应当在开展活动之前及时书面告之校国资处，由校国资处向上级环境保护主管部门备案。

第五条 人员安全及防护

1. 放射工作人员必须具备以下条件：

（1）本校正式职工，年满 18 周岁，具有高中以上文化水平和相应专业技术及能力。

（2）体检符合放射工作职业要求。

（3）掌握放射防护知识和有关法规，经培训、考核合格，并取得《放射工作人员证》。

（4）遵守放射防护法规和规章制度，接受个人剂量监督。

2. 新参加放射工作的人员，须填写《大学放射工作人员登记表》，报校国资处实验室管理科登记备案。

3. 校国资处为每个放射工作人员建立个人剂量档案，个人剂量档案包括个人基本信息、工作岗位、剂量监测结果等材料。个人剂量档案应当保存至辐射工作人员满 75 周岁，或者停止辐射工作 30 年。

4. 从事放射工作的人员在岗期间和离岗时，由校国资处安排必要的体检，体检结果在放射工作人员离岗后保留 20 年。

5. 放射工作人员退休或离岗时，必须到校国资处实验室管理科办理手续，交回《放射工作人员证》《辐射安全与防护培训合格证》及个人剂量计。

6. 在以下情形时，各单位必须组织相关人员进行培训：

（1）法规要求或主管单位强制性要求的培训。

（2）国家、主管单位颁布与本部门工作相关的新的法规、条例和标准。

（3）新职员上岗前。

（4）新购置设备使用前。

7. 放射工作人员在使用放射性同位素和射线装置时，必须佩带个人剂量计，接受个人剂量监督，如不佩戴个人剂量计，经多次劝告无效的，可取消其放射工作人员资格，停止放射工作。

8. 个人剂量计要正确佩戴，妥善保管，不得丢失与损坏。

9. 个人剂量计每年 3 月、6 月、9 月、12 月共监测 4 次，各单位由放射工作管理人员收发，在监测月 1 日至 3 日（节假日顺延）内将个人剂量计交到校国资处实验室管理科。如不按时交个人剂量计的放射工作人员，经多次劝告无效的，可取消其放射工作人员资格，停止放射工作。

10. 对在个人剂量监测中弄虚作假的个人，校国资处有权进行处罚，直至取消其放射工作人员资格。

11. 在个人剂量监测中出现大剂量现象时，校国资处有权对相关人员进行调查，查找原因。确定为放射性事故的，校国资处要及时向校放射防护小组进行汇报。

第六条 放射性物质和同位素试剂的申购与使用

1. 严格按国务院颁布的《放射性同位素与射线装置安全和防护条例》的规定执行。

2. 使用放射性同位素和射线装置的单位，应依照规定办理登记手续取得许可证，并配备必要的防护用品和监测仪器，有健全的安全防护管理制度和辐射事故的应急预案措施。

3. 放射性物质和同位素示踪试剂的采购，必须由实验室主任和专业系主任申请签字、学院院长审核批准，报校保卫处审核备案。未经有关部门批准审核的，不准擅自采购、贮存、使用放射源、同位素和射线装置。

4. 同位素的包装容器、含放射性同位素的设备、射线装置应当设置明显的放射性标志和中文警示说明。

5. 实验实训必须小心谨慎，严格按操作规程进行，做好安全保护工作。

第七条 事故与应急

1. 根据辐射事故的性质、严重程度、可控性和影响范围等因素，从重到轻将辐射事故分为特别重大辐射事故、重大辐射事故、较大辐射事故和一般辐射事故四个等级。

（1）特别重大辐射事故，是指Ⅰ类、Ⅱ类放射性同位素丢失、被盗、失控，造成大范围严重辐射污染后果，或者放射性同位素和射线装置失控导致3人以上（含3人）急性死亡。

（2）重大辐射事故，是指Ⅰ类、Ⅱ类放射性同位素丢失、被盗、失控，或者放射性同位素和射线装置失控导致2人以下（含2人）急性死亡或者10人以上（含10人）急性重度放射病、局部器官残疾。

（3）较大辐射事故，是指Ⅲ类放射性同位素丢失、被盗、失控，或者放射性同位素和射线装置失控导致9人以下（含9人）急性重度放射病、局部器官残疾。

（4）一般辐射事故，是指Ⅳ类、Ⅴ类放射性同位素丢失、被盗、失控，或者放射性同位素和射线装置失控导致人员受到超过年剂量限值的照射。

2. 放射性同位素和射线装置使用单位应编写辐射事故应急预案，报校国资处批准、备案。辐射事故应急预案应当包括下列内容：

（1）应急机构和职责分工。

（2）应急人员的组织、培训以及应急和救助的装备、资金、物资准备。

（3）辐射事故分级与应急响应措施。

（4）辐射事故调查、报告和处理程序。

3. 发生辐射事故时，放射性同位素和射线装置使用单位应当立即启动本单位的应急方案，采取应急措施，并立即向校国资处及当地环境保护主管部门、公安部门、卫生主管部门报告。

第八条　其他（略）

第七节　安全防护

安全防护标准内容，主要涉及安全防护要求、安全性评价、安全事故应急处置三个方面，强化实验实训教学基地安全防护工作是十分重要的。

一、标准内容（摘录）

4.7　安全防护

4.7.1　安全防护要求

4.7.1.1　实验实训场所应配置消防器材、烟雾报警器、通风系统、医疗急救箱等安全设施，工程训练中心和涉及使用危险化学品的实验室应安装应急喷淋、洗眼装置等。还可根据需要配置相应的防护罩、危险气体报警、监控系统、警戒隔离等。应保证消防器材在有效期内。实验实训教学基地应明确专人负责管理。

4.7.1.2　实验实训教学基地设备安全防护装置应完好可靠。为保障实验实训过程中的人身安全和设备安全，应对有特殊要求的设备加装安全防护栏。

4.7.1.3　实验实训教学基地应根据实验实训项目配备齐全的安全防护用品，如护目镜、工作帽、工作服等。学生参加实验实训项目时，应使用及穿戴相应的安全防护用品。

4.7.2　安全性评价

4.7.2.1　应识别并登记实验实训教学基地存在的各类危险源。

4.7.2.2　应针对各类危险源制定主要防范措施，定期开展安全性评价工作，对检查中发现的安全隐患应立即组织整改，隐患消除后方可开展实验实训教学工作（详见 AQ 8001）。

4.7.3　安全事故应急处置

4.7.3.1　应制定设备安全事故应急预案、环境污染事故应急预案、突发性放射性事故应急预案等，并在实验实训教学基地重要部位进行张贴公示，同时上报学校主管部门备案。

4.7.3.2　应建立应急演练制度并开展演练，对实验实训教学基地的管理及教学人员进行相关安全知识培训，提高实验实训事故处置能力。

4.7.3.3　实验实训教学基地发生事故时，应按照规定启动事故应急预案，采取应急措施，积极组织急救工作，并及时如实上报学校，确保师生生命和财产安全，防止事态扩大和蔓延。

二、安全防护解读及案例

开展实验实训教学项目必然会涉及设备运行，由于实验实训教学日程安排时间比较紧凑，在短时间内设备运行时间长，频繁启动关闭，加上学生实习人数多，会造成一定的综合伤害，主要有机械伤害、热污染伤害、噪声伤害、光辐射伤害、振动伤害等。为了减少和杜绝伤害事故发生，所以安全防护从三个方面提出了具体要求：一是实验实训场所应配置各种安全设施；二是实验实训教学基地设备安全防护装置完好可靠；三是实验实训教学基地应根据实验实训项目配备齐全的安全防护用品。充分利用这些条件和设施，防止对人员造成综合伤害。

1. 综合伤害及防护

（1）机械伤害及防护

1）机械性伤害：

① 机械性伤害主要指机械设备运行时加工件等直接与人体接触引起的夹击、碰撞、剪切、卷入、绞、碾等形式的伤害。各类转动机械的外露传动部分（如齿轮、轴及履带等）和往复运动部分都有可能对人体造成机械伤害。物料飞出或金属碎屑飞溅等可能对作业者造成严重伤害。机械伤害风险涉及整个作业过程，机械伤害常常给实验实训人员和学生带来痛苦，甚至终身残疾。

② 形成机械伤害事故的原因：主要是操作设备违章作业；检查机械时，忽视安全措施；设备检修时，未采取必要预防措施；安全防护装置不健全或形同虚设；随便进入危险作业区；不熟悉安全操作规程，遇有紧急情况，发生判断错误；缺乏有针对性的预防措施等。

设备的安全防护设施不完善，同时通风、防毒、防尘、防噪声等安全卫生设施缺乏，均能诱发事故。

2）机械事故的预防：

① 必须加强安全管理，建立健全各级安全生产责任制，实验室人员必须严格执行规章制度，杜绝违章作业情况发生。

② 加强安全教育，让实验室人员了解安全生产纪律和安全操作规程。

③ 强化安全检查力度，加强对危险源作业的监控，完善有关的安全防护设施等。

④ 施工现场应合理组织人员进行工作，并根据现场实际工作量的情况配置和安排充足的人力和物力，保证施工的正常进行。

⑤ 人员进一步提高自我防范意识，明确岗位和职责，应做到定人操作、定人检查和保养。

⑥ 操作人员上岗前，须经过专业培训，考试合格后持证上岗；非操作人员

严禁进入有危害因素的作业区域。

⑦ 正确使用个人防护用品，严格落实有关规章制度，切实保障安全防范措施的到位。

（2）热污染伤害及防护

1）热污染伤害：热污染对人体健康存在严重危害，降低人体正常的免疫功能。高温作业可能导致中暑，还会引发作业者生理及心理问题，降低作业效率。

2）热污染的防护：

① 适当通风可以降低热污染的影响，并降低作业地点有害气体及烟尘的浓度，同时送风装置应与局部排尘装置结合使用，达到降温、降低环境污染物浓度的目的。

② 在保证质量的前提下，合理设计或改进工艺，尽量降低对操作者的热污染影响。

③ 采取技术措施减少辐射和热对流的发生。

④ 合理穿戴劳动防护用品，加强个人自身防护措施。

（3）振动伤害及防护

1）振动伤害：

① 振动产生。接触受振工件或使用手持振动工具时，机械振动或冲击就会直接作用或传递给实验室作业者。振动对人体各系统均可产生影响，按其作用于人体的方式，可分为全身振动和局部振动。常见的职业性危害因素是局部振动，局部振动称为手传振动。按 GBZ 2.2 的规定，以手传振动 4h 等能量频率计权振动加速度限值见表 3-33。

表 3-33　工作场所手传振动职业接触限值

接触时间/h	等能量频率计权振动加速度/(m/s^2)
4	5

② 振动伤害。a. 长期使用振动工具可产生局部振动病。局部振动病是以末梢循环障碍为主的疾病，也能影响肢体神经及运动功能。振动病发病部位一般多在上肢末端，典型表现为发作性手指变白（简称白指），表现为手掌多汗、手部感觉障碍、皮肤温度降低。振幅大、冲击力强的振动可能引起骨、关节的改变。振动对手臂的影响以手、腕、肘和肩关节的脱钙，局限性骨质增生、关节病和骨刺形成为主，也可引起手部肌肉萎缩，出现掌挛缩病。此外振动还会影响消化系统、内分泌系统和免疫系统的功能性疾病。b. 强烈的全身振动会引起机体不适，在全身振动作用下，机体常见的表现是血压增高、脉搏加快，心肌

局部缺血，以及消化系统疾病。全身振动还可导致注意力分散、反应速度降低、易疲劳及头痛头晕等症状。

2）振动的防护：

① 改进工艺，取消或减少手持工具的作业。

② 改进工具，采用有效减振措施，采用自动、半自动操纵装置，以减少肢体直接接触振动体。

③ 给所有振动作业人员配备减振手套等有效的个体防护装置。

④ 强化员工培训教育，引导作业人员正确认识振动的危害和防护措施。

⑤ 对振动病患者应给予必要的治疗，对反复发作者应调离振动作业岗位。

2. 案例

[**案例 3-12**]　**某高校安全防护实景**（图 3-13 和图 3-14）

图 3-13　某实验实训项目装置使用警戒隔离线　　　图 3-14　正确穿戴劳动防护用品

三、安全性评价解读及案例

2007 年 1 月国家安全生产监督管理总局发布 AQ 8001—2007《安全评价通则》，并于 2007 年 4 月 1 日实施。

实验实训教学基地安全性评价工作主要有两个方面：一是识别并登记实验实训教学基地存在的各种危险源；二是针对各类危险源制定主要防范措施，定期开展安全性评价工作。

1. 安全性评价解读

安全性评价是属于一种风险评价、危险度评价，它是应用安全系统工程方法，对系统内的人、机、物、环境和安全性进行预测和度量，从数量上分析对象安全性的程度，对高校实验室可在预定范围内开展安全性评价。

（1）危险源的确定　高校实验室危险总是伴随着设备、设施及物品、物料而存在的，因此危险源的确定是指带有危险的设备、设施及物品物料，其危险性大小是与设备、设施及物品固有危险度和容量大小有关的。对于工科机械类实验室指压力容器、气瓶、冲压设备、焊接设备、锻造设备、工业炉窑、起重机械、空压机、压力管道、闪点<40℃易燃易爆物品储量、轻质易燃易爆物品储量等。闪点<40℃的易燃易爆物品，如汽油、酒精、乙醇、丙酮、苯等。轻质易燃易爆物品是指其他易燃易爆液体和固体，如油漆、润滑油、木材、橡胶制品、化学易燃品、炸药、赛璐珞、磷及其化合物、油纸、油布、棉麻、谷草、纸等。

确定危险源的作用如下：

1）为宏观安全管理提供依据，使主管部门掌握各学院或各实验室拥有危险量的多少和危险程度的大小，做到重点监督管理。

2）使各学院领导对下属实验室危险程度的大小有明确认识，做到心中有数，确定安全工作基点并采取对策。

（2）安全性评价 从数量上说明分析对象安全性的程度。开展安全性评价是近年来大力推广应用安全系统工程的必然结果，是安全系统工程的继续和发展、深化和提高。它把预测、预防、预控事故的工作推向一个新的阶段，从事故的处理转向事故的预测、预防。开展安全性评价是社会不断进步、教学不断发展、改革不断深化的需要，也是高校实现安全提高经济效益的需要。通过评价可使宏观管理抓住重点、分类指导；也可为微观管理提供可靠的基础数据，这是高校安全工作实现科学管理的重要环节。

1）安全性评价目的：

评价的目的是辨识危险、预测危险、控制或消除危险及预防事故。高校是一个大系统，要识别、控制、预防、改造这个大系统中的人、机、物、环境的危险性，就必须对它有充分的认识，充分揭示危险性的存在和危险发生的可能性，这就必须进行安全性评价。

2）安全性评价的意义：

① 预防事故的需要。开展安全性评价能对高校建设项目和教学活动系统的安全性进行科学的预测和评估，有效地预防事故的发生，因此它是预防事故的需要。

在高校有大量的实验室及工程培训中心等，在运行过程中会产生大量有毒有害物质和易燃易爆介质、能量，一旦这些物质和能量失去控制，就可能导致事故，造成人员的伤亡或财产的损失，有的甚至导致社会性灾难。而这些隐患在教学实验实训过程中又往往被忽视和不易察觉，所以开展安全性评价对预防事故有极为重要的意义。

② 制定安全对策的需要。高等教育需要应用各种科学领域的知识和专门技术，采取综合管理建立有效的安全保证体系，因而要付出一定的投资与费用，但是安全投资也有一个优化问题，而且系统安全所指的不仅是有效地控制和消

除危险，还包括系统的运行周期、效率和投资费用达到最佳配合。采用安全评价是在可行性研究中进行方案论证，如新设备、新技术的采用、校址选择、合理布局、防灾对策等，都可以得到最佳的综合效果，因而它是一种最经济的获得系统安全的方法。

③ 强化安全管理的需要。通过对危险源的确定，便于主管部门对整个安全情况的了解，确定重点管理范围与对象，实行分级管理、分类指导，提高防灾防事故能力和安全管理水平。

2. 案例

[案例3-13] **常见危险源与危险源登记表**（摘录于本标准中资料性附录B）

机械类专业实验实训教学基地常见危险源主要指压力容器、气瓶、冲压设备、锻造设备、焊接设备、工业炉窑、无损检测设备、起重机械、空压机、压力管道、闪点 $<40℃$ 易燃易爆物品储量、轻质易燃易爆物品储量等。闪点 $<40℃$ 的易燃易爆物品，如汽油、乙醇、丙酮、苯等；轻质易燃易爆物品是指其他易燃易爆液体和固体，如油漆、润滑油、橡胶制品、化学易燃品、炸药、赛璐珞、磷及其化合物、油纸、油布、棉麻等。

表 B.1　危险源登记表

部门：　　　　　　　　　　　　　　　　　日期：　　年　　月　　日

序号	危险源名称	地点	危险源主要特征	责任人	主要安全防范措施	存在问题

负责人：

[案例3-14] **安全性评价检查表**（摘录于本标准中资料性附录C）

C.1　引言

C.1.1　针对机械类专业实验实训教学基地的教学设施与设备，结合排查危险源等要求，开展安全性评价工作。表C.1～表C.8编制了气瓶、危险化学品、起重机械、电焊机、压力机、金属切削机床、砂轮机、临时线路设备设施的安全性评价检查表，其他类型的设备可酌情参考。

C.1.2　对设备设施进行安全性评价检查时，每项内容必须达到要求。评价方法有两种：

（1）凡采用项目检查时，完全达到项目要求为合格"√"；有缺陷或问题的项目均为不合格"×"。

（2）凡采用评分检查时，完全达到为该项得满分；有缺陷或问题均应扣分，为不合格项。通过实得分反映该项存在不安全因素的程度。

表C.1　气瓶安全性评价检查表

检查日期：　　年　　月　　日

评价标准	目标值：不合格率为0		计分方法	不合格率每超1%，扣5分			计算公式		实得分=100− 不合格率×5×100	
气瓶总数		抽查数		不合格数	不合格率（%）		标准分	100	实得分	

序号	使用部门	气瓶名称（或编号）	评价内容								存在问题
			在检验周期内使用	无严重锈蚀或损伤	安全装置齐全、完好	气瓶固定符合要求	气瓶漆色及标志正确	安全防护符合要求	气瓶与设备间距符合要求	气瓶与胶管连接符合要求	
1											
2											

注：合格画"√"，不合格画"×"，其中有一项不合格，则视该瓶为不合格。

不合格率（%）=（不合格数/抽查数）×100%

表C.2　危险化学品安全性评价检查表

检查日期：　　年　　月　　日

评价标准	按表检查	计分方法	累计计分	检查要求	对专柜逐一检查，每个专柜填写一份表单		
拥有总数（专柜）		抽查个数（专柜）			标准分	100	实得分

序号	评价内容	标准分	实得分	存在问题
1	（1）实行双人保管、双人收发、双人使用、双台账、双把锁管理 （2）危险化学物品应分别设置专库、专柜贮存、分类保管 （3）有控制发放的措施，并有台账、记录等 （4）相接触可能会引起燃烧、爆炸的物品不能贮存在一起 （5）每种危险物品应单独存放在固定区域，在显著位置标有名称和标志、操作规程、危害及对应事故处理方法等	50		
2	有明显的安全标志和防火设施（包括建筑耐火等级、防火间距、避雷装置、消防通道、消防水源和器材、救护用具等）	30		
3	危险化学品存放应有良好的通风（包括隔热、避光等）措施	20		
合计		100		

检查人：

表 C.3 起重机械安全性评价检查表

检查日期： 年 月 日

评价标准	目标值：不合格率为0	计分方法	不合格率每超1%，扣2分	计算公式	实得分 = 100 - 不合格率 × 2 × 100		
拥有总数	抽查数	不合格数	不合格率（%）	标准分	100	实得分	

序号	使用部门	设备名称及编号	钢丝绳断丝不超标，在卷筒上至少三圈，尾端装夹牢固	滑轮转动灵活无裂纹，无缺损	吊钩转动灵活，无裂纹，无磨损超标	制动器工作时稳定可靠	安全防护系统完好可靠												
							卷扬限位器	大小车行程限位器	门窗电器联锁装置	紧急停止开关	起重机间有防冲撞设置	信号装置	轨道端部缓冲器	扫轨板	露天行车夹轨钳	轨道接地	转动部位保护罩	划线保护挡板	吊索具完好
1																			
2																			
3																			
4																			
5																			
6																			
7																			
8																			
9																			
10																			

注：1. 合格画"√"，不合格画"×"，有一项不合格则视该起重机械不合格。

2. 若实际检查中，无某项内容，则填写"/"。

3. 不合格率（%）＝不合格数/抽查数（%）。

检查人：

表 C.4 电焊机安全性评价检查表

检查日期： 年 月 日

评价标准	目标值：不合格率为0	计分方法	不合格率每超1%，扣2分	计算公式	实得分 = 100 − 不合格率×2×100

拥有总数		抽查数	不合格数	不合格率（%）		标准分	100	实得分

序号	使用部门	设备名称及编号	评价内容				存在问题
			电源线、焊接电缆与电焊机的接地处有屏护罩	焊机有良好的接地（零）	焊接变压器一次、二次线圈间，绕组与外壳间的绝缘电阻不小于1MΩ，有测试记录	主要部位完整无缺，性能符合要求	
1							
2							
3							
4							
5							
6							
7							
8							
9							
10							

注：1. 合格画"√"，不合格画"×"，有一项不合格则视该电焊机不合格。

2. 本表适用于直流和交流电焊机，其他类型焊接设备可另行制表参照执行。

3. 不合格率（%）=不合格数/抽查数（%）。

检查人：

表C.5 冲剪及压力机械安全性评价检查表

检查日期: 年 月 日

评价标准	目标值:不合格率为0		计分方法	不合格率每超1%扣2分		计算公式		实得分＝100－不合格率×2×100	
拥有总数		抽查数		不合格数	不合格率（%）		标准分	100	实得分

序号	使用部门	设备名称及编号	离合器动作灵敏可靠	制动器灵敏可靠	紧急停止按钮灵敏可靠	传动外露部分的防护罩齐全可靠	脚踏操纵机构的上部及两侧防护罩牢靠	踏脚板有防滑措施	各种安全防护装置及安全保护控制装置可靠有效	接地（零）良好
1										
2										
3										
4										
5										
6										
7										
8										
9										
10										
11										

注: 1. 合格画"√", 不合格画"×", 有一项不合格则视该设备不合格。

2. 若实际检查中, 无某项内容, 则填写"/"。

3. 不合格率（%）＝不合格数/抽查数（%）。

检查人:

表 C.6　金属切削机床安全性评价检查表

检查日期：　　　年　　月　　日

评价标准	目标值：不合格率为 0		计分方法	不合格率每超1%，扣2分		计算公式		实得分=100-不合格率×2×100	
拥有总数	抽查数		不合格数	不合格率（%）		标准分	100	实得分	

序号	使用部门	设备名称及编号	防护罩、盖、栏完备可靠	防夹具脱落完好	备有清除切屑的专用工具	加工细长料的机床尾端有防弯装置	机床的限位，联锁操作手柄灵活可靠	照明采用安全电压	机床有可靠的接地（零）装置	不加罩的旋转连接部位的楔、销应平滑，不凸出	磨床用砂轮无裂纹，旋转时无明显跳动
1											
2											
3											
4											
5											
6											
7											
8											
9											
10											
11											

注：1. 合格画"√"，不合格画"×"，有一项不合格则视该金属切削机床不合格。

　　2. 若实际检查中，无某项内容，则填写"/"。

　　3. 不合格率（%）＝不合格数/抽查数（%）。

检查人：

表 C.7 砂轮机安全性评价检查表

检查日期： 年 月 日

评价标准	目标值：不合格率为0	计分方法	累计计分		检查要求	对每台逐一检查，每台填写一份表单		
拥有总数		抽查数	不合格数	不合格率（%）		标准分	100	实得分
序号	评价内容					标准分	实得分	存在问题
1	安装地点不能正对着附近的设备及操作人员，或经常有人来往的地方					10		
2	防护罩有足够的强度，安装牢固，罩与砂轮间的间隙匹配					10		
3	挡屑屏板完好，能挡住碎块飞出					20		
4	砂轮无裂纹					20		
5	托架牢固					10		
6	法兰盘直径应小于砂轮直径的1/3，与砂轮间有金属软垫					10		
7	砂轮运行时无明显径向圆跳动					10		
8	接地（零）良好					10		
	合计					100		

注：有一项不合格则视该砂轮机不合格。

检查人：

表 C.8 临时线路安全性评价检查表

检查日期： 年 月 日

评价标准	按表检查	计分方法	累计计分	检查要求	对每条临时线路逐一检查，各填写一份表单		
拥有总数		抽查数			标准分	100	实得分
序号	评价内容				标准分	实得分	存在问题
1	临时线审批手续完备，不超期使用				20		
2	临时线必须用绝缘良好的橡胶线，线径与负荷相匹配				20		
3	临时线必须沿墙或悬空架设距地高度：户内 >2.5m，户外 >4.5m，跨越道路时 >6m				10		
4	临时线必须设总开关，每一分路应设有与负荷相匹配的熔断器				20		
5	临时用电设备必须有良好的接地（零）				20		
6	临时线与其他设备、门窗、水管的距离应大于0.3m				10		
7	严禁在有爆炸和火灾危险的场所架设临时线				否决项		凡发现该项者则本检查表得0分
	合计				100		

检查人：

四、安全事故应急处置解读及案例

国务院在 2006 年 1 月 8 日颁布《国家实发公共事件总体应急预案》，同时国务院成立国家应急管理办公室。

建立应急预案的目的：提高政府保障公共安全和处置公共事件的能力，最大限度地预防和减少突发公共事件及其造成的伤害。

1. 安全事故应急处置解读

安全事故应急处置标准内容，主要明确三方面要求：一是制定和完善设备安全事故应急预案、环境污染事故应急预案、突发性放射性事故应急预案等；二是建立和完善应急演练制度并开展定期演练；三是当发生事故时，应按照规定启动事故应急预案，采取应急措施，积极组织急救工作，防止事态扩大和蔓延，确保师生生命和财产安全，提高实验实训事故处置能力。

2. 案例

［案例 3-15］ 高校大型实验室（其两处各有 1 台特种设备）**设备安全事故应急预案**（摘录）

（1）事故抢救组织者

1）第一组织者×××。

2）当第一组织者×××不在现场时，由第二组织者×××立即进行组织抢救。

3）当第二组织者×××不在现场时，由第三组织者×××立即进行组织抢救。

（2）事故后的应急处理　特种设备（包括火灾事故）事故发生后，立即按以下应急预案中的规定进行处理。

1）将实验室总电源指定专人关闭。

2）指定专人关闭实验室内的氧气管道、乙炔管道等易燃易爆管道总阀门。

3）指定专人关闭实验室内的有毒介质管道总阀门；以上有关专人也应设立第一专人、第二专人、第三专人。

（3）逃离路线　按应急预案中规定的逃生路线，组织实验室全体人员迅速撤离现场，减少人员伤亡，根据事故原位置，按不同路线进行逃生，如图 3-15 所示。

（4）发放防毒面具　如发生火灾和易燃易爆、有毒介质压力容器、压力管道发生爆炸或泄漏事故，应立即由专人向现场实验室员工及师生发放防毒面具，以减少人员伤亡。

（5）应急演练　每月或每季定期进行事故应急演练，结束后及时进行总结，不断提高应急演练水平。

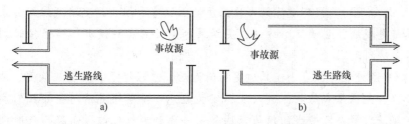

图3-15　组织人员按逃生路线迅速撤离现场

[案例3-16]　某高校突发环境污染事故应急预案（摘录）

（1）应急预案适用范围　本预案适用于在本校范围内人为或不可抗力造成的废气、废水、固废（包括危险废物）、危险化学品、有毒化学品、电磁辐射，以及核、生物化学等环境污染、破坏事件；在生产、贮存、运输、使用和处置过程中发生的爆炸、燃烧、大面积泄漏等事故；因自然灾害造成的危及人体健康的环境污染事故；影响饮用水源地水质的其他严重污染事故等。

（2）组织机构　该高校成立了环境污染事故应急处理领导小组，领导小组下辖校保卫处和国有资产与实验室管理处。领导小组负责受理校园范围内的环境污染和生态破坏事故报告，调查事故原因、污染源性质及发展过程，立即做出应急处置措施反应；及时向上级政府报告辖区内重大环境污染和生态破坏事故及其处理情况；组织辖区内重大环境污染及生态破坏事件的现场监察、监测及处理；领导应急处理工作。

校保卫处和国有资产与实验室管理处负责应急事故的现场调查、取证；提供应急处置措施建议；协助有关单位做好人员撤离、隔离和警戒工作；立案调查事故责任；做好应急处理领导小组交办的其他工作。

（3）工作程序

1）任务受领及要求。校环境污染事故应急处理领导小组在接到污染事故发生的警报后，应立即通知市环保局和市公安局及有关部门立即赶赴现场，当出现重特大突发性环境污染事件时，领导小组应有一名以上成员到现场指挥应急救援工作。校应急小组应尽可能了解以下内容并及时向市环保局、公安局及有关部门汇报：

① 事故发生的时间、地点、性质、原因及已造成的污染范围。

② 污染源种类、数量、性质。

③ 事故危害程度、发展趋势、可控性及预采取的措施。

④ 上级指挥机构（指挥员）位置、指挥关系、联络方法。

⑤ 受领任务后48h内发出速报，报告事故发生的时间地点、污染源、经济损失、人员受害情况等。

⑥ 其他需要汇报的情况。

2）赶赴现场。校环境污染事故应急处理领导小组按指定路线组织应急人员和车辆赶赴现场，明确联络方法，灵活果断地处置各种情况，确保按时到达应急地区。

3）应急处置。应急小组到达现场附近后，应根据危害程度及范围、地形气象等情况，组织个人防护，进入现场实施应急。要尽快弄清污染事故种类、性质，污染物数量及已造成的污染范围等第一手资料，经综合情况后及时向领导小组提出科学的污染处置方案，经批准后迅速根据任务分工，按照应急与处置程序和规范组织实施，并及时将处理过程、情况和数据报指挥部。

4）现场污染控制：

① 立即采取有效措施，与相关部门配合；切断污染源，隔离污染区，防止污染扩散。

② 及时通报或疏散可能受到污染危害的教工与学生。

③ 参与对受危害人员的救治。

5）现场调查与报告

① 污染事故现场勘察。

② 技术调查取证。

③ 按照所造成的环境污染与破坏的程度认定事故等级（共分四级）。根据《报告环境污染与破坏事故的暂行办法》进行报告。

④ 应急小组应采取污染跟踪监测，直至污染事故处理完毕、污染警报解除。

（4）后勤保障

1）通信保障：

① 应急启动时的通信保障。应急通知下达与接收以有线通信为主，利用办公电话，实现应急信息快速传输。在外应急员的联络以移动电话等无线通信为主，确保应急通知快速下达。

② 通信保障。以无线通信为主；应急指令的下达与接收，事故现场应急信息的通报与反馈，主要利用移动通信。

③ 处置中的通信保障。采取无线通信、有线通信与移动通信相结合的方式，以无线通信为主。指挥部（或应急办）可利用现场临时架设开通有线电话指挥网、固定电话、移动电话，实现上情下达；应急小组在应急过程中，主要是利用移动电话，辅以移动通信，实现信息双向交流。

2）运输保障。运输运转的确认和调度由校应急领导小组统一组织实施。

3）其他保障：

① 医疗保障。应急过程中如出现人员中毒或受伤，可就近由校医院救治或及时与医疗单位联系，组织现场救治，也可送至现场指挥所指定的医院、医疗

单位救治。应急终止后根据实际情况组织转院或继续治疗。

② 生活保障。由应急领导小组拟定计划统一组织实施。

[案例3-17]　某高校突发性放射性事故应急预案（摘录）

1）本应急预案所称突发放射性事故特指在本校行政辖区内发生的放射性事故。包括由本校使用的放射性产品（放射源、X 射线机、其他伴生 X 射线仪器等）产生的和由校外因素导致发生的放射性事故。

2）本校处理放射性事故的领导机构是校放射防护小组。

3）本校放射工作人员一旦发现放射性事故，必须在 5min 之内向校放射防护小组报告。

4）校放射防护小组接到放射性事故报告后，应互相通报，立即组织保卫部门人员、医务人员迅速赶到事故现场，控制事故；同时向政府主管部门、环境保护行政主管部门、卫生行政部门、公安部门报告。

5）一旦发生放射源遗失事故，校放射防护小组成员、保卫处，应积极配合公安部门迅速控制近期内接触过该放射源的人员，并协助调查。

6）一旦发生仪器设备放射性泄漏事故，操作人员应首先切断动力源，并向学校有关部门报告。

7）一旦发生短期内无法中止的放射性泄漏事故，应立即向学校有关部门报告，组织事故区及周边地区人员撤离至安全区，并配合公安部门封锁事故区，最大限度地减少人员的伤害。校放射防护小组成员应组织撤离人员登记，并到卫生部门检查，以及配合公安部、环境保护等主管部门尽快设法中止事故。

8）发生放射事故的单位应及时收集与事故有关的物品和资料，并上报给校国资处实验室管理科，以便分析事故原因，采取相应措施，保护公众及国家财产的安全。

9）放射事故中人员受照时，可通过个人剂量计、模型实验、生物和物理检测、事故现场样品分析等方法迅速估算人员的受照剂量。

10）发生放射性事故的责任单位和个人，依照卫生部、公安部《放射事故管理规定》酌情处理。

11）放射性事故按其性质分为责任事故、技术事故、其他事故。

① 责任事故指由于管理失职或操作失误等人为因素造成的放射事故。

② 技术事故指以设备质量或故障等非人为因素为主要原因的放射事故。

③ 其他事故指除责任事故和技术事故之外的放射事故。

12）放射事故按国家相关条例和其后果的严重程度分为一般事故、严重事故和重大事故。

[案例3-18]   某高校工程训练中心事故应急预案

1. 工程训练中心机械伤害事故应急预案（摘录）

通过对工程训练中心（以下简称工训中心）的潜在事故、紧急情况进行策划、管理和控制，确保预防或减少在生产现场作业时、使用机械时突发的机械伤害事故，提高处置事故的快速反应能力，有组织地进行救援性工作，最大限度地减少事故损失，保障财产和人身安全，特制定本预案。

第一条　职责

（一）主管教学副主任负责配置应急准备和响应各项资源。

（二）综合办公室负责机械伤害的管理和预案评价

（三）实训教学部、综合办公室负责本预案的实施，贯彻执行上级有关安全实训的法规规定、制度条例、标准和要求，研究解决在实训和维修中遇到的机械安全技术问题，指导实训操作人员安全正确地开展工作。

（四）实训指导人员负责贯彻执行安全技术要求、规定和安全操作规程，在教学副主任的领导下，对实训学生的安全负责。

第二条　事故的确定及救援的措施

（一）实训区域发生事故有手外伤、骨折、眼睛受伤、挤压伤。

（二）报警步骤：现场实训指导人员发现有机械伤害发生时，应及时报告主管领导和救援小组，救援小组组织人员进行控制，并对伤员进行救护（如止血等），如伤势较轻，开车将伤员送至医院；如伤势较重，通信小组立即拨打120或附近医院电话寻求救援。

拨打电话要尽量说清以下几件事：

1. 说明伤情和已经采取了什么急救措施，以便让救护人员事先做好急救准备。

2. 报告事故现场在＊＊＊地方，＊＊＊路＊＊号，＊＊＊路口，附近有＊＊＊特征。

3. 说明报救者单位、姓名、电话，以便救护车随时用电话通信联系，打完报救电话后应询问接报人有什么不清楚的问题吗，无问题后才能挂断电话，派专人在现场外等候救援车的到来。

（三）抢救方法

1. 现场抢险救援小组负责人员应咨询专业人员，伤员能否被移动；若可以，组织现场人员将伤员抬往安全地点。

2. 现场急救人员根据受伤人员的伤情，使用急救箱药材，进行及时抢救。包括止血、包扎、骨折部位的固定。对受伤人员进行相应的紧急抢救和处理。

3. 等候医疗部门将伤员送往医院。

4. 保护好事故现场，进行遮挡、围栏、封闭。

5. 应急救援器材

6. 急救箱。

7. 车辆。

8. 止血带、胶布。

（四）事故处理和分析

抢险救援结束后，要由办公室、事故发生单位，组织进行原因分析，并以书面形式写成事故报告，同时上报有关部门。对发生重伤和死亡或造成重大损失的，要报学校及相关管理部门。同时按工训中心的有关规定进行调查处理，并提出调查报告和处理意见。

2. 工程训练中心突发事件应急救援预案（摘录）

为了对工程训练中心（以下简称工训中心）的突发事件做出快速及时的反应，有组织地进行紧急应急救援工作，最大限度地降低事故损失和影响，保障财产和人身安全，特制定本预案。

应急救援范围：工训中心在教学和科研过程中发生的物体打击、机械伤害、高空坠落、触电、爆炸、火灾等重大安全事故。

第一条　职责

（一）应急救援小组的组成及相关部门职责

为加强对重大安全事故应急救援的组织领导和协调指挥，中心成立应急救援小组，组长由中心主任担任，副组长由中心教学副主任担任，成员由综合办公室、教学实训部、设备物资部、科技与服务部及各部门负责人担任。应急救援领导小组下设通信联络组、抢险救援组、后援救治组和善后处理组，由各成员单位分担职责。当中心发生重大危险事故时，应急救援系统迅速启动。领导小组成员及时到达指定岗位，因特殊情况不能到岗的，经组长同意由所在部门其他人员替补。

（二）相关部门职责

1. 通信联络组：综合办公室及事故发生部门。

工作职责：负责重大安全事故抢险救援期间的通信联络工作。

2. 抢险救援小组：教学实训部及事故发生部门。

工作职责：组织人员保护现场、排除险情、抢救受伤人员和保护国家财产。确定专（兼）职救援人员名单，负责日常工作中对专（兼）职救援人员的培训和定期组织演练，提高应急救援能力。

3. 后援救治组：设备物资部及事故发生部门。

工作职责：负责联系抢救医院，保证必要车辆，调配抢险救援物资和器材。组织急救人员，确保将伤员及时护送到医院并得到救治。

4. 善后处理组：科技与服务部及事故发生部门。

工作职责：对外负责与上级主管部门联系并配合调查事故情况，对内负责伤员人员家属的安抚及理赔等善后处理工作。

第二条 应急救援体系

（一）安全事故发生后，事故发生单位应组织人员立即到达事故现场，在迅速组织抢救，保护事故现场的同时，迅速向中心应急救援领导小组报告。

（二）应急救援小组接到事故报告后，按照职责分工迅速采取有效措施，积极参与抢险救援工作。服从组长及上级部门的指挥，组织有关人员密切配合、协调安排、保证抢险工作有条不紊地进行。

（三）抢险救援结束后，要由综合办公室组织事故发生单位，进行原因分析并以书面形式写成事故报告，同时上报有关部门。对发生重伤和死亡或造成重大损失的，要报市安全生产监督管理及其他有关管理部门。同时按工训中心有关规定进行调查处理，并提出调查报告和处理意见。

第三条 应急救援措施

（一）报警步骤

应急救援小组（通信联络小组）得知出现重大安全事故信息后，应立即拨打救援电话，打电话时要尽量说清以下几件事：

1. 说明伤情和已经采取了什么急救措施，以便让救护人员事先做好急救准备。

2. 讲清事故现场在＊＊＊地方，＊＊＊路＊＊号，＊＊＊路口，附近有＊＊＊特征。

3. 说明报救者单位、姓名、电话，以便救护车随时用电话通信联络，打完报救电话后应询问接报人有什么不清楚的问题吗，对方说没有问题后才能挂断电话，并派专人在现场外等候救援车的到来。

（二）抢救方法

1. 现场抢险救援小组负责人应咨询专业人员，伤员能否被移动，若可以，组织现场人员将伤员抬往安全地点（有条件时抬往医疗救护室）

2. 准备备用相关药品对受伤人员进行相应的紧急抢救和处理。

3. 等候医疗部门将伤员送往医院。

（三）紧急疏散

负责紧急疏散的人员，指挥事故现场的人员撤离危险区域，并设立警戒线；疏通紧急安全通道，清除障碍，保证救援车辆和人员能顺畅通过。

（四）应急设备、设施、资源

1. 急救箱、车辆、止血带、胶布。

2. 应急器材，药品存放在固定安全适宜的地点并由专人管理。

3. 在办公区域、实训室等处张贴120、110电话的提示标志。

第四条　保障措施

（一）按照中心的要求，合理配备应急救援中的消防设备、通信设备、应急照明和动力、急救设备。

（二）确定和配备专（兼）职应急救援人员，有针对性地对专（兼）职急救人员定期进行演练。以保证一旦发生重大安全事故，能够迅速有效地投入抢救工作，防止事故进一步扩大，尽可能减少事故损失。

（三）为保证计划的贯彻落实，对于应急设备各部门应按实际情况进行准备，对安全隐患多发的地点和环境，设专用长期有效的设施，专人负责，应急资源专人管理。

3. 工程训练中心火灾应急救援预案（摘录）

通过对工程训练中心（以下简称工训中心）的潜在火灾隐患、紧急情况进行策划、管理和控制，确保预防或减少火灾事故及环境的影响，提高处置事故的快速反应能力，有组织地进行救援性工作，最大限度地减少事故损失，保障财产和人身安全特制定本预案。

第一条　职责

（一）主管设备的副主任负责配置应急准备和响应的各项资源。

（二）主管教学副主任负责组建应急准备和响应的工作环境。

（三）综合办公室负责火灾事故的应急救援管理和预案评价。

（四）各部门、办公区域、教学区域、科研区域、库房等工训中心各部门负责本预案的实施。

（五）中心全体教职工接到处理突发事件的指令后，要义不容辞地快速执行，不得推卸责任或拒绝执行。

第二条　火灾应急组织机构职责

（一）火灾应急组织机构由总指挥、通信联络组、抢险救援组、后援救治组和善后处理组组成。各部分的职责如下。

1. 消防总指挥职责

（1）建立火灾应急响应工作系统。

（2）配置各类消防器械。

（3）指挥协调现场救援工作。

（4）善后处理指挥。

2. 通信联络组职责

（1）联系各部门紧急疏散。

（2）联系消防部门灭火。

（3）联系指挥办公室控制环境污染和事态的发展。

3. 抢险救援组职责

（1）消防部门未来之前，组织灭火。

（2）防止火势蔓延，减小损失及环境污染。

（3）抢救和护送伤病员。

（4）抢救围困职工。

4. 后援救治组职责

（1）组织学生及人员安全疏散。

（2）维持安全通道疏散的有序、有效。

第三条　培训

（一）每年由中心综合办公室组织教职工进行消防知识的培训，主要培训内容包括：

1. 消防器具正确使用的方法。

2. 危险化学品的消防器具使用。

3. 预案中规定讲解疏散的方法。

4. 紧急情况的处置要求和人身救治的基本常识。

（二）每年由综合办公室组织教职工进行一次消防预案的演练，熟悉逃生方案，提高现场扑救能力。以保证一旦发生重大安全事故能迅速有效的投入抢救工作，尽可能减少事故损失。

第四条　应急和响应物资配备

（一）综合办公室负责合理配备应急救援中的消防设备、通信设备、应急照明和急救设备等，包括：

1. 灭火器。

2. 消防栓。

3. 消防铁锹。

4. 水龙带。

5. 应急药品。

6. 应急照明。

（二）按照中心的要求，为保证应急措施的贯彻落实，应急设备由综合办公室按实际情况进行准备，对安全隐患多发的地点和环境，设专用长期有效的设施，并由专人负责管理。

（三）综合办公室负责编制逃生路线图和消防器械配置图，并定期检查消防设施的完好性和配备充分性，在进行消防安全检查时，应对消防器材的有效性进行确认。

第五条　应急预案内容

（一）报警程序

1. 通信组根据火势和事故所需报警，拨 119、120 或附近医院电话寻求救援。拨打电话时要尽量说清以下几件事：

2. 报告内容为："＊＊＊＊大学工程训练中心发生火灾，请迅速前来扑救"，并说明起火原因、部位和现状。

3. 向救助医院说明伤情和已经采取的急救措施，以便让救护人员事先作好急救准备。

4. 说明报警报救者的姓名、电话，以便消防车和救护车随时用电话通信联系。

5. 打完报警、报救电话后应询问接报人有什么问题不清楚，无问题后才能挂断电话。

6. 在向各部门通知的同时，派出人员到路口或小区门口等待引导消防车辆和救护车。

（二）查明情况

1. 起火部位、燃烧物质的性质、火灾范围、火势蔓延情况及线路发展方向。

2. 是否有人被困、查清被困人员数量和所处位置及最佳疏散通道。

3. 有无爆炸及有毒物质、迅速查清数量、存放地点、存放形式及危险程度。

4. 查明贵重财物的数量及存放地点、存放形式及受火势威胁的程度，判断是否需要疏散和保护。

5. 起火建筑的结构、耐火等级、与比邻建筑的距离、火场建筑有无倒塌危险和需要破拆的部位。

（三）组织灭火

事故发生后，责任部门应迅速组织有关人员携带消防器具赶赴现场进行扑救，并立即向中心应急救援小组报告。

应急救援小组接到事故报告后，按照职责分工迅速采取有效措施，积极参与抢险救援工作。服从组长及上级部门的指挥，组织有关人员密切配合、协调安排、保证抢险工作有条不紊地进行。

消防车到来之后，中心的教职工要配合消防专业人员扑救或做好辅助工作。

各办公室、实训室负责人要迅速组织人员逃生，原则是"先救人，后救物"。

无关人员要远离火场和公司内的固定消防栓，以便消防车辆驶入。

（四）扑救方法

1. 扑救固体物品火灾，如木制品、棉织品等，可使用各类灭火器具。

2. 扑救液体物品火灾，如汽油、柴油、食用油等，只能使用灭火器、沙土、浸湿的棉被等，不能用水扑救。

（五）组织有关人员疏散

1. 负责紧急疏散的人员，指挥事故现场人员撤离有危险的区域并设立警戒线。疏通紧急安全通道，清除障碍，保证救援车辆和人员顺利通过。

2. 教职工要清楚办公区、实训室、实习车间、库房等地的逃生路线，要沉着冷静，严守秩序，才能在火场中安全撤退。

3. 要了解门锁结构和怎样开窗户，无论什么门窗，都应该是容易开关的。在危急关头，可以用椅子或其他坚硬的东西砸碎窗户玻璃。

4. 执行逃生规则：

（1）假如你必须从这个房间跑到另一个房间方能逃生，到另一个房间后应随手关门。

（2）在开门之前先摸一下门，如果门已发热或者有烟从门缝中渗透进来，切不可开门，而应准备走第二条逃生路线。假如门不热，也只能小心翼翼地打开少许并迅速通过，通过后立即重新关上。因为门大开时会跑进许多氧气，这样即使是快要灭熄的火也会骤然重新猛烈燃烧起来。

（3）假如出口通道被浓烟堵住，并且没有其他路线可走，要贴近地面的"安全带"。匍匐前进通过浓烟弥漫的走廊和房间，千万不可站着走动。

（4）失火时，不宜先抢救财物。

（5）如果你的衣服着火了，应立即脱掉或躺下就地打滚。若有人带着火惊慌失措地乱跑，应将其放倒让他滚来滚去，直至火焰熄灭。

（6）下楼通道被火封住，欲逃无路时，将台布、衣服撕成布条，接成绳索，牢系窗框上，再用衣角护住手心，顺绳滑下。

（7）在非上楼不可的情况下，必须屏住呼吸上楼，因为浓烟上升的速度是 $3 \sim 5 m/s$，而人上楼的速度是 $0.5 m/s$。

（8）逃离时，要用湿毛巾掩住口鼻，也可用房内花瓶、水壶、金鱼缸里的水打湿衣服、布类等掩住口鼻。

（9）一旦到集合地点，要马上清点人数，看看还有谁滞留在屋内。同时，不要让任何人重返屋内，寻找和救援工作最好由专业消防人员去做。

（六）注意事项

1. 火灾事故首要的一条是保护人员安全，扑救要在确保人员不受伤害的前提下进行，要沉着冷静，严守秩序。

2. 火灾第一发现人应查明原因，如是电源引起，应立即切断电源。

3. 火灾后应掌握的原则是边救火、边报警。

消防后的水应流入下水道，将消防后的固体废物分类存放，处置率100%。消防后的一般不可回收固体废物存放在生活垃圾箱内，由环卫局处置，可回收一般垃圾进行回收，危险废物由指定单位处置。

第六条　事故处理和分析

抢险救援结束后，要由综合办公室事故发生单位，组织进行原因分析并以书面形式写成事故报告，同时上报有关部门。对发生重伤和死亡或造成重大损失的，要报学校及相关管理部门。同时按工训中心有关规定进行调查处理，并提出调查报告和处理意见。

第四章

标准主要内容解读——节能、职业健康与环境保护

随着高校实验实训数量与设备的增加，为了高校正常开展实验实训教学活动，加强节能、职业健康与环境保护管理显得越来越重要。

标准的第五部分为节能、职业健康、环境保护等内容。

为使我国高等院校机械类专业实验实训教学基地环境建设达到装备制造业工程科技人才培养要求，一方面要强化实验实训教学基地培养学生的工程实践能力；另一方面培养学生树立节能意识、职业健康意识、环境保护意识也是十分重要的。

第一节 节 能

一、标准内容

1）应及时更新替换国家明令淘汰的高耗能设备，选用国家鼓励类新工艺、新设备、新技术，详见《产业结构调整指导目录》。

2）应开展节能、节水、节材管理。

二、解读

1. 能源使用形势严峻

尽管我国能源发展取得了巨大成绩，但也面临着能源需求压力巨大，能源供给制约较多；能源生产和消费对生态环境损害严重；能源技术水平总体落后等挑战。我们必须从国家发展和安全的战略高度，审时度势，借势而为，做好全社会的节能减排工作。

当前能源使用形势严峻的具体表现：能源供需矛盾突出、能源结构亟须调整、能源利用水平不高、重视能源安全不足等方面。

（1）能源供应矛盾突出，特别是能源消耗逐年增长 2008 年我国能源消费总量为 28.2 亿 t 标准煤，占当时世界能源消费总量的 15.2%；而在 2015 年能源消费总量增长为 43.0 亿 t 标准煤，占世界能源消费总量的 19.3%，与 2014 年同比增长 0.9%，其中煤炭消费量下降 3.7%，原油消费量增长 5.6%，天然气消

费量增长3.3%，电力消费量增长0.5%，见表4-1。

表4-1 近年来我国能源消费增长情况

年度	能源消费总量/亿 t 标准煤	比上年增长（%）
2001 年	14.32	3.4
2002 年	15.18	6.0
2003 年	17.50	15.3
2004 年	20.32	16.1
2005 年	22.47	10.6
2006 年	24.63	9.6
2007 年	26.50	7.6
2008 年	28.20	6.4
2009 年	30.68	8.7
2010 年	32.50	6.0
2011 年	34.78	7.0
2012 年	36.50	4.9
2013 年	37.60	3.01
2014 年	42.60	13.3
2015 年	43.00	0.9

随着国民经济 GDP 不断增长，能耗强度进一步下降，单位产值能源消费量继续在下降，图4-1 为 2011～2015 年万元国内生产总值能耗降低率。

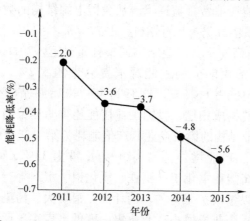

图4-1 2011～2015 年万元国内生产总值能耗降低率

从以上数据资料仍可以看到当时我国能源消费强度（万元国内生产总值能耗）仍偏高，是美国的 3 倍、日本的 5 倍。

如果按目前能源消费增长趋势的发展，2020 年我国能源消费需求量将要超过 48 亿 t 标准煤。如此巨大的需求，在煤炭、石油、天然气、电力供应上，对能源结构、能源环境、能源安全等方面都会带来严重问题。

（2）能源结构亟须调整 2007 年，我国一次能源消费总量为 26.5 亿 t 标准煤，其中煤炭占 68.3%，石油占 21.1%，天然气占 3.4%，水电、核电、风电占 7.2%。与 20 世纪 90 年代相比，我国能源结构已发生较大的变化，但与发达国家相比还存在较大差异，见表 4-2。

表 4-2　发达国家与我国的能源结构情况对比

国别	煤炭	石油	天然气	水电、核电、风电及其他
中国	68.3%	21.1%	3.4%	7.2%
美国	22%	40%	23%	15%

1）能源消费以煤为主。自 1990 年以来，我国一次能源消费构成中，煤炭比重下降趋势比较明显，由 1990 年的 76.2% 下降到 2007 年的 68.3%，但由于我国能源资源具有煤多、油气资源少的特点，我国能源结构过度依赖煤炭问题仍未得到根本解决。这种能源结构一是造成当前严重的环境污染；二是化石燃料（不可再生）长期无节制地消费对能源可持续供应能力构成潜在威胁；三是影响能源利用效率，天然气平均利用效率比煤高 30%，石油利用效率比煤高 23%。在能源消费结构中，如煤炭比重下降 1 个百分点，能源需求总量可降低 2000 万 t 标准煤。今后应努力使煤炭所占比重逐年降低。使油、气、水电、核电及新能源等优质能源消费日益递增。从我国电源结构的数据来看，反映了我国电力工业主要消费能源仍为化石燃料，占 77.7%。

2）工业用能居高不下，产业结构调整任重道远。2011 年，我国第一、第二、第三产业和生活用能分别占能源消费总量的 5.2%、66.5%、15.2% 和 13.1%，其中工业用能占 66.5%，自 1990 年以来始终保持在 66%~70% 的水平。与国外能源消费构成相比，我国工业用能比重明显偏高。其主要原因是产业结构不合理，产业结构的第三产业其产值能耗为第二产业的 42%，特别是服务业滞后，我国第三产业增加值占 GDP 的比重为 33%，而世界平均水平为 63%；第二产业中高能耗重化工、钢铁、氧化铝、水泥等行业发展较快，所占比重大，工业化仍以量的扩张为主，消耗高、浪费大、污染重；能源消费结构中优质能源比重低；企业规模小，产业集中度低。表 4-3 反映了近年来我国产业能耗与 GDP 的关系。

表 4-3 近年来我国产业能耗与 GDP 的关系

产业比例	我国		国际平均水平
	能耗比例	GDP 比例	GDP 比例
第一产业	5%	10.1%	20%
第二产业	70%	51.3%	32%
第三产业	25%	38.6%	48%

主要表现在:

① 产业结构调整进展缓慢,高耗能产业增长过快,工业能耗增速过高。

② 行业和企业间发展不平均,先进生产力和落后的产能并存,总体技术装备水平不高,单位产品能耗水平参差不齐。

③ 企业技术创新能力不强,无法支撑节能发展需求。

④ 市场化节能机制尚待完善,企业节能内在动力不足。

⑤ 工业节能管理基础薄弱,节能服务与市场需求发展不相适应。

(3)能源利用水平不高

1)单位产值能耗高。单位 GDP 由 2005 年的 1.27t 标准煤下降到 2008 年的 1.118t 标准煤,下降率为 16.59%。2000 年按当时汇率计算的每百万美元国内生产总值能耗,我国为 1274t 标准煤,比世界平均水平高 2.4 倍,分别是美国、欧盟、日本、印度的 2.4 倍、4.9 倍、8.7 倍和 0.43 倍,能源利用产出效益远远低于发达国家。我国国内生产总值用"GDP"表示,万元国内生产总值能耗亦可用单位产值能源消耗量或能源消耗强度表示。

2)单位产品能耗高。2000 年与 2010 年相比,我国火电供电煤耗由 392g/(kW·h)下降到 360g/(kW·h);吨钢综合能耗由 906kg 标准煤/t 下降到 720kg 标准煤/t;水泥综合电耗由 118kW·h/t 下降到 102kW·h/t;乙烯综合能耗由 0.75t 标准煤/t 下降到 0.65t 标准煤/t,详见表 4-4。

表 4-4 主要产品单位能耗指标及趋势

能耗指标	2000 年	2005 年	2010 年	2020 年(预测)
火电供电煤耗/(g 标准煤/kW·h)	392	377	360	320
吨钢综合能耗/(kg 标准煤/t)	906	760	720	700
电解铝耗电/(kW·h/t)	16500	15100	14400	13500
铜综合能耗/(t 标准煤/t)	4.707	4.388	4.256	4.14
合成氨综合能耗/(t 标准煤/t)	1.78	1.59	1.49	1.41

（续）

能耗指标	2000 年	2005 年	2010 年	2020 年（预测）
乙烯综合能耗/（t 标准煤/t）	0.75	0.69	0.65	0.60
烧碱综合能耗/（t 标准煤/t）	1.55	1.44	1.34	1.31
水泥综合电耗/（kW·h/t）	118	110	102	96
平板玻璃综合能耗/（kg 标准煤/重量箱）	24	22	19	18
建筑玻璃综合能耗/（kg 标准煤/t）	320	295	270	260
印染布可比综合能耗/（kg 标准煤/100m）	50	42	35	32
卷烟综合能耗/（kg 标准煤/箱）	40	36	32	30
炼油单位能耗/（kg 标准煤/t）	14	13	12	10
铁路运输综合能耗/（t 标准煤/t·km）	1.04	0.97	0.94	0.90

但与国际水平相比尚存较大差距，如火电供电煤耗平均高 22.5%；大型企业吨钢可比能耗平均高 21.4%；铜冶炼综合能耗高 65%；水泥综合能耗高 45.3%；大型企业综合能耗高 31.2%；纸和纸板综合能耗高 120%。

3）能源利用率低。2010 年，我国能源利用率为 34.5%，比 2000 年提高 3.8%，其中能源加工、转换、储运利用率为 69.2%，终端能源利用效率为 57.2%。能源利用率比国际先进水平低 8 个百分点。

4）主要耗能设备效率低。2010 年，燃煤工业锅炉平均运行率约为 72%，比国际先进水平低 15%；中小电动机平均效率为 90%；风机、水泵平均设计效率为 83.5%，均比国际先进水平低 4%，其系统运行效率低 14%；机动车燃油经济性水平比欧盟低 18.6%，比日本低 20%，比美国低 10%；载货汽车百吨千米油耗 7.6L，比国外先进水平高 0.7 倍以上，内河运输船舶油耗比国外先进水平高 10.5%。表 4-5 为主要耗能设备能耗指标。

表 4-5 主要耗能设备能耗指标

名称	2000 年	2010 年
燃煤工业锅炉运行效率（%）	65	72
中小电动机设计效率（%）	87	90
风机设计效率（%）	75	82
泵设计效率（%）	75	85

（续）

名称	2000 年	2010 年
气体压缩机设计效率（%）	75	82
汽车(乘用车)平均油耗/(L/100km)	9.6	9.0
房间空调器（能效比）	2.4	3.2
电冰箱能效指数（%）	—	62
家用燃气灶热效率（%）	55	65
家用燃气热水器热效率（%）	80	92

（4）重视能源安全　能源安全主要是指石油供应的可靠度。

石油、天然气是当今世界最主要的能源，也是涉及国家安全的战略物资。战略石油储备已成为世界各国能源保障体系的重点。预计到 2020 年，世界石油产量将逐步下降而消费仍将不断增加，会出现供不应求的局面，使世界油气资源争夺更为加剧；且中东地区的石油运抵我国需要经过漫长的海路，运输通道能否畅通将成为能源安全的隐患。由于我国对石油进口的依存度递增，石油输出国的稳定与否、运输安全及不可抗拒的自然灾害等均会带来隐患。因此扩大供应渠道（如从俄罗斯、印度尼西亚、南美及非洲地区进口石油）已成为石油安全保障的重要措施之一。

能源供应暂时中断、严重不足或价格暴涨对一个国家的经济损害，主要取决于经济对能源的依赖程度、能源价格和国际能源市场以及应变能力（包括战略储备、备用资源、替代能源、能源效率、技术能力等）。为争夺油气资源，各国都付出了沉重代价，即能源购买的外部成本远远高于能源售价。如美国为确保"中东"石油，在该地区投入了巨额军事和经济援助，每桶原油平均支出的费用约为原油市场价格的 3 倍。据预测，我国原油净进口量 2011 年超过 2 亿 t，2020 年将增至（2.8 ~ 3.2）亿 t，进口依存度达 60% ~ 70%。油源的安全、运输通道的畅通，都要通过外交努力，势必增加外交附加成本；油源远距离运输也加大了运输成本；即多方面的因素均会增加原油购买成本。油气价格的攀升已成为必然趋势，这将严重影响我国产品成本及国民经济发展，以及国防安全。

解决石油问题，一方面要注重开发，不仅充分利用国外资源，还应加强国内油气资源开发，以及积极发展替代产品（当前古巴及一些南美国家，他们利用国内丰富的生物资源——甘蔗、玉米生产乙醇，已形成规模生产，并已部分替代汽油，已引起世界各国的关注）；另一方面必须节约优先，如积极提倡公交优先，以减少汽车用油，降低能源消耗，以及提高能源利用效率。

2. 新时期节能减排的主要任务

（1）合理控制能耗总量　改革开放 30 多年来，我国经济社会发展取得了举世瞩目的成绩。但是随着工业化、城镇化、市场化、国际化的快速发展，经济发展过程中逐步暴露出不协调、不平衡、不可持续的问题，特别是能源、资源、生态环境的压力日益增加。新时期下我国资源利用效率已有明显提高。

火电供电的能耗、吨钢可比能耗、水泥综合能耗等单位产品能耗与国际先进水平的差距明显缩小；全国主要污染物排放总量也持续下降，如全国化学需氧量、二氧化硫排放总量分别下降了 9.66% 和 13.14%。

合理控制能源消费总量是今后发展的战略任务。

随着我国经济发展，各地对能源的需求，不管是煤炭、电力还是油气都很旺盛，特别是我国原油对外依存度年年攀升。

我国能源的生产能力能不能支撑这样的经济发展速度？预计到 2020 年我国能源供应总量最多在 48 亿 t 标准煤左右，无论如何也支撑不了如此高的增长速度。所以按照国家经济发展的部署，要求各省份统筹考虑、实事求是，合理地确定今后发展目标；转变经济增长方式，淘汰落后产能，合理控制能源消费总量，提高能源利用效率，是今后能源工作的一项重大任务。如果不对能源消费总量进行合理的控制而任其自由发展，不仅会造成环境及能源的危机，能源安全也无法得到很好的保障。

控制能源消费总量重点是控制煤炭消费的过快增长，抑制不合理消费，提高能源利用效率。

（2）加快建立节能减排长效机制　我国是发展中国家，正处于工业化、城镇化加快发展的阶段，面临发展经济、改善民生、保护环境、应对气候变化的多重挑战，转变经济发展方式，发展绿色经济、循环经济，大力调整经济结构，用绿色低碳技术改造传统产业，提高可持续发展能力实现科学发展，是我们唯一、必然的选择。

1）近年来国家提出加快培育和发展战略性新兴产业的决定，将节能环保、新一代信息技术、互联网＋、高端装备制造、新能源、新材料和新能源汽车作为现阶段重点发展的战略性新兴产业。当前必须紧紧抓住绿色经济发展和产业转型升级的历史机遇，加大政策支持力度。明确攻关重点，突破核心技术，支持市场推广，努力形成先导型、支柱型产业，抢占未来技术和产业的制高点，全面促进整个产业结构调整及优化升级。

2）国家将把大幅度地降低能源消耗强度、二氧化碳排放强度和主要污染物的排放总量作为重要的环境保护约束性指标，强化各项政策措施，加快建立健全政府为主导，适应市场经济要求的节能减排长效机制。

一要依法节能。要认真落实节能法、公共机构节能条例等法律法规，确保各项制度的落实，使节能由劝导、鼓励逐步转向依法强制执行的硬性要求。坚决制止各种浪费能源资源的行为，这也是社会进步的重要表现。

二要强化目标责任，并要科学确定、分解落实节能减排和应对气候变化的各项目标任务，合理控制能源消费总量，加强评价考核，实行严格的责任制和问责制。

三要加快产业结构调整，实行固定资产投资项目节能评估审查和环境影响评估审查。大力淘汰落后产能，拓宽新领域，发展新业态，培育新热点。积极有序地发展节能环保新能源、新材料和新能源汽车等战略性新兴产业，调整能源的消费结构，增加非化石能源的比重。

四要加大技术推广力度。大力支持先进节能技术产业化、节能技术改造、节能产品惠民工程，城镇污水垃圾处理配套设施建设，烟气脱硫、清洁生产、重金属污染治理等重点工程建设。

3.《产业结构调整指导目录》实施

（1）发布与实施情况　2011年3月经国务院批准，并由国家发展和改革委员会予以发布《产业结构调整指导目录（2011年）》，要求自发布之日起施行。2015年12月由国家发展和改革委员会重新公布《产业结构调整指导目录（2015年修订本）》。2019年8月由国家发展和改革委员会重新公布《产业结构调整指导目录（2019年本）》。

《产业结构调整指导目录》是引导投资方向，也是政府管理投资项目，更是制定和实施财税、信贷、土地、进出口等政策的重要依据。由国家发展和改革委员会同国务院的有关部门依据国家有关法律法规制定，经国务院批准后公布。《产业结构调整指导目录》由鼓励、限制和淘汰三类目录组成。

1）鼓励类：主要是指对经济社会发展有重要促进作用，有利于节约资源、保护环境、产业结构优化升级，需要采取政策措施予以鼓励和支持的关键技术、装备及产品。

2）限制类：主要是指工艺技术落后，不符合行业准入条件和有关规定，不利于产业结构优化升级，需要督促改造和禁止新建的生产能力、工艺技术、装备及产品。

3）淘汰类：主要是指不符合有关法律法规规定，严重浪费资源、污染环境、不具备安全生产条件，需要淘汰的落后工艺技术、装备及产品。

（2）《产业结构调整指导目录（2019年本）》（摘录）

第一类　鼓励类

一、农林业（略）

二、水利（略）

三、煤炭（略）

四、电力（略）

五、新能源（略）

六、核能（略）

七、石油、天然气（略）

八、钢铁（略）

九、有色金属（略）

十、黄金（略）

十一、石化化工（略）

十二、建材（略）

十三、医药（略）

十四、机械（节选）

1. 高档数控机床及配套数控系统；五轴及以上联动数控机床、数控系统、高精密、高性能的切削刀具、量具量仪及磨具磨料。

2. 大型发电机组、大型石油化工装置、大型冶金成套设备等重大技术装备用分散型控制系统（DCS），现场总线控制系统（FCS），新能源发电控制系统。

3. 具备运动控制功能和远程 IO 的可编程控制系统（PLC），输入输出点数在 512 个以上拥有独立的软件系统、独立的通信协议、兼容多种通用通信协议、支持实时多任务、拥有多样化编程语言、拥有可定制化指令集等。

4. 数字化、智能化、网络化工业自动检测仪表，原位在线成分分析仪器、电磁兼容检测设备，智能电网用智能电表（具有发送和接收信号、自诊断、数据处理功能），具有无线通信功能的低功耗各类智能传感器、可加密传感器、核级监测仪表和传感器。

5. 用于辐射、有毒、可燃、易爆、重金属、二噁英等检测分析的仪器仪表，水质、烟气、空气检测仪器，药品、食品、生化检验用高端质谱仪、色谱仪、X 射线仪、核磁共振波谱仪、自动生化检测系统及自动取样系统和样品处理系统。

6. 科学研究、智能制造、测试认证用测量精度达到微米以上的多维几何尺寸测量仪器，自动化、智能化、多功能材料力学性能测试仪器，工业 CT、三维超声波探伤仪等无损检测设备，用于纳米观察测量的分辨力高于 3.0 纳米的电子显微镜。

7. 城市智能视觉监控、视频分析、视频辅助刑事侦查技术设备。

8. 矿井灾害（瓦斯、煤尘、矿井水、火、围岩噪声、振动等）监测仪器仪表和安全报警系统。

9. 综合气象观测仪器装备（地面、高空、海洋气象观测仪器装备，专业气象观测、大气成分观测仪器装备，气象雷达及耗材等）、移动应急气象观测系统、移动应急气象指挥系统、气象计量检定设备、气象观测仪器装备运行监控系统。

10. 水文数据采集仪器及设备、水文仪器计量检定设备。

11. 地震、地质灾害观测仪器仪表。

12. 海洋观测、探测、监测技术系统及仪器设备。

13. 数字多功能一体化办公设备（复印、打印、传真、扫描）、数字照相机、数字电影放映机等现代文化办公设备。

14. 时速200千米以上动车组轴承，轴重23吨及以上大轴重载铁路货车轴承，大功率电力/内燃机车轴承，使用寿命240万千米以上的新型城市轨道交通轴承，使用寿命25万千米以上轻量化、低摩擦力矩汽车轴承及单元，耐高温（400℃以上）汽车涡轮、机械增压器轴承，P4、P2级数控机床轴承，2兆瓦（MW）及以上风电机组用各类精密轴承，使用寿命大于5000小时盾构机等大型施工机械轴承，P5级、P4级高速精密冶金轧机轴承，飞机发动机及其他轴承，医疗CT机轴承，深井超深井石油铝机轴承、海洋工程轴承、电动汽车驱动电机系统高速轴承（转速≥1.2万转/分钟）、工业机器人PV减速机谐波减速机轴承，以及上述轴承零件。

15. 单机容量80万千瓦及以上混流式水力发电设备（水轮机、发电机及调速器、励磁等附属设备），单机容量35万千瓦及以上抽水蓄能、5万千瓦及以上贯流式和10万千瓦及以上冲击式水力发电设备及其关键配套辅机。

16. 60万千瓦及以上超临界、超超临界火电机组用发电机保护断路器、泵、阀等关键配套辅机、部件。

17. 60万千瓦及以上超临界参数循环流化床锅炉。

18. 燃气轮机高温部件（300兆瓦以上重型燃机用转子体锻件、大型高温合金轮盘、缸体、叶片等）及控制系统。

19. 60万千瓦及以上发电设备用转子（锻造、焊接）、转轮、叶片、泵、阀、主轴护套等关键铸件、锻件。

20. 高强度、高塑性球墨铸铁件；高性能蠕墨铸铁件；高精度、高压、大流量液压铸件；有色合金特种铸造工艺铸件；高强钢锻件；耐高温、耐低温、耐腐蚀、耐磨损等高性能，轻量化新材料铸件、锻件；高精度、低应力机床铸件、锻件；汽车、能源装备、轨道交通装备、航空航天、军工、海洋工程装备关键铸件、锻件。

21. 500千伏及以上超高压、特高压交直流输电设备及关键部件：变压器（出线装置、套管、调压开关），开关设备（灭弧装置、液压操作机构、大型盆式绝缘子），高强度支柱绝缘子和空心绝缘子，复合悬式绝缘子，绝缘成形件，特高压避雷器、直流避雷器，电控、光控晶闸管，换流阀（平波电抗器、水冷设备），控制和保护设备，直流场成套设备等。

22. 高压真空元件及开关设备，智能化中压开关元件及成套设备，使用环保型中压气体的绝缘开关柜，智能型（可通信）低压电器，非晶合金、卷铁心等节能配电变压器。

23. 二代改进型、三代、四代核电设备及关键部件；多用途模块化小型堆设备及关键部件；2.5兆瓦以上风电设备整机及2.0兆瓦以上风电设备控制系统、变流器等关键零部件；各类晶体硅和薄膜太阳能光伏电池生产设备；海洋能（潮汐、海浪、洋流）发电设备。

24. 直接利用高炉铁液生产铸铁件的短流程熔化工艺与装备；铝合金集中熔炼短流程铸造工艺与装备；铸造用高纯生铁、铸造用超高纯生铁生产工艺与装备；黏土砂高紧实度造型自动生产线及配套砂处理系统；自硬砂高效成套设备及配套砂处理系统；消失模/V法/实型成套技术与装备；外热送风水冷长炉龄大吨位（10吨/小时以上）冲天炉；外热风冲天炉余热利用技术与装备；大型压铸机（合模力3500吨以上）；自动化智能制芯中心；壳型、精密组芯造型、硅溶胶熔模、压铸、半固态、挤压、差压、调压等特种铸造技术与装备；应用于铸造生产的3D打印和砂型切削快速成型技术与装备；自动浇注机；铸件在线检测技术与装备；铸件高效自动化清理成套设备；铸造专用机器人的制造与应用。

25. 铸造用树脂砂、黏土砂等干（热）法再生回用技术应用；环保树脂、无机黏结剂造型和制芯技术的应用。

26. 高速精密压力机（180~2500千牛，2000~750次/分）、黑色金属液压挤压机（150毫米/秒以上）、轻合金液压挤压机（10毫米/秒以下）、高速精密剪切机（2000千牛以上，70~80次/分钟，断面斜度1.5°以下）、内高压成形机（10000千牛以上）、大型折弯机（60000千牛以上）、数字化钣金加工中心（柔性制造中心/柔性制造系统）、高速强力旋压机（径向旋压力/每轮：1000千牛，轴向旋压力/每轮：800千牛，主轴转矩：240千牛·米，主轴最高转速：95转/分钟）、数控多工位冲压机（替换为伺服多工位压力机）、大公称压力冷/温锻压力机（有效公称力行程25毫米以上，公称力10000千牛以上）、4工位以上自动温/热锻造压力机（公称力16000千牛以上）；伺服多工位压力机（12000~30000千牛）、大型伺服压力机（8000~25000千牛）、级进模压力机（6000~16000千牛）、复合驱动热成形压力机（公称力≥12000千牛，对称连杆增力机构，行程次数14~18次/分钟，滑块行程1100毫米，滑块调节量500毫米，下行最大速度1000毫米/秒，回程最大速度1000毫米/秒，连杆增力系数≥6）、高速复合传动压力机智能化冲压线（公称力≥30600kN，复合液压缸驱动对称连杆增力机构，单机连续行程次数≥12次/分钟，生产线节拍6~8件/分钟）、新一代飞机蒙皮综合拉形智能化成套装备研发与制造（最大拉伸力≥15兆牛，板料厚度≤10毫米，钳口最大开口度≤80毫米，钳口极限负载系数（单位宽度最大拉伸力）≥63千牛/毫米，主缸拉伸位置同步精度±0.5毫米，延伸量控制精度≤0.2%）；航空航天大型及超大型钣金零件充液成形工艺及装备（大涵道比发动机进气道整体唇口制造技术）：（设备公称力200兆牛，拉深吨位16000吨，压边吨位4000吨，滑块行程3000毫米，工作台面尺寸5000毫米×5000mm，液室压力10兆帕，液室容积6000升，排水量4300升）；径向锻造机（精锻机）和旋锻机（630～22000千牛）；脉动挤压机（振动挤压机）（630～22000千牛）；高速镦锻机（100件/分钟，锻件重量1.6千克以上）。

27. 乙烯裂解三机，40万吨级（聚丙烯等）挤压造粒机组，50万吨级合成气、氨、氧压缩机等关键设备。

28. 大型风力发电密封件（使用寿命7年以上，工作温度-45～100摄氏度）；核电站主泵机械密封（适用压力≥17兆帕，工作温度26.7～73.9摄氏度）；盾构机主轴承密封（使用寿命5000小时）；轿车动力总成系统以及传动系统旋转密封；石油钻井、测井设备密封（适用压力≥105兆帕）；液压支架密封件；高PV值旋转动密封件；超大直径（≥2米）机械密封；航天用密封件（工作温度-54～275摄氏度，线速度≥150米/秒）；高压液压元件密封件（适用压力≥31.5兆帕）；高精密液压铸件（流道尺寸精度≤0.25毫米，疲劳性能测试≥200万次）。

29. 高性能无石棉密封材料（耐热温度500摄氏度，抗拉强度≥20兆帕）；高性能碳石墨密封材料（耐热温度350摄氏度，抗压强度≥270兆帕）；高性能无压烧结碳化硅材料（弯曲强度≥200兆帕，热导率≥130瓦/米·开尔文。

30. 智能焊接设备，激光焊接和切割、电子束焊接等高能束流焊割设备，搅拌摩擦、复合热源等焊接设备，数字化、大容量逆变焊接电源。

31. 大型模具（下底板半周长度冲压模>2500毫米，下底板半周长度型腔模>1400毫米）、精密模具（冲压模精度≤0.02毫米，型腔模精度≤0.05毫米）、多工位自动深拉伸模具、多工位自动精冲模具。

32. 大型（装炉量1吨以上）多功能可控气氛热处理设备、程控化学热处理设备、程控多功能真空热处理设备及装炉量500千克以上真空热处理设备、全纤维炉衬热处理加热炉。

33. 合金钢、不锈钢、耐候钢高强度紧固件、钛合金、铝合金紧固件和精密紧固件；航空、航天、发动机等用弹簧，高精度传动连接件（离合器），大型轧机连接轴；新型粉末冶金零件：高密度（≥7.0克/立方厘米）、高精度、形状复杂的结构件；高速列车、飞机摩擦装置；含油轴承；动车组用齿轮变速箱，船用可变桨齿轮传动系统、2.0兆瓦以上风电用变速箱、冶金矿山机械用变速箱；汽车动力总成、工程机械、大型农机用链条；重大装备和重点工程配套基础零部件。

34. 海水淡化设备。

35. 机器人及集成系统：特种服务机器人、医疗康复机器人、公共服务机器人、个人服务机器人、人机协作机器人、双臂机器人、弧焊机器人、重载 AGV、专用检测与装配机器人集成系统等。机器人用关键零部件：高精密减速器、高性能伺服电机和驱动器、全自主编程等高性能控制器、传感器、末端执行器等。机器人共性技术：检验检测与评定认证、智能机器人操作系统、智能机器人云服务平台。

36. 500 万吨/年及以上矿井、薄煤层综合采掘设备，1000 万吨（级）/年及以上大型露天矿关键装备。

37. 18 兆瓦及以上集成式压缩机组、直径 1200 毫米及以上的天然气输气管线配套压缩机、燃气轮机、阀门等关键设备；单线 260 万吨/年及以上天然气液化配套的压缩机及驱动机械、低温设备等；大型输油管线配套的 3000 立方米/小时及以上的输油泵等关键设备。

38. 单张纸多色胶印机（幅宽≥750 毫米，印刷速度：单色多面≥16000 张/小时，双面多色≥13000 张/小时）；商业卷筒纸胶印机（幅宽≥787 毫米，印刷速度≥7 米/秒，套印精度≤0.1 毫米）；报纸卷筒纸胶印机（印刷速度：单纸路单幅机≥75000 张/小时，双纸路双幅机≥150000 张/小时，套印精度≤0.1 毫米）；多色宽幅柔性版印刷机（印刷宽度≥1300 毫米，印刷速度≥400 米/分钟）；机组式柔性版印刷机（印刷速度≥250 米/分钟）；环保多色卷筒料凹版印刷机（印刷速度≥300 米/分钟，套印精度≤0.1 毫米）；喷墨数字印刷机（出版用：印刷速度≥150 米/分钟，分辨力≥600dpi；包装用：印刷速度≥30 米/分钟，分辨力≥1000dpi；可变数据用：印刷速度≥100 米/分钟，分辨力≥300dpi）；CTP 直接制版机（成像速度≥35 张/小时，版材幅宽≥750 毫米，重复精度 0.01 毫米，分辨力 3000dpi）；无轴数控平压平烫印机（烫印速度≥10000 张/小时，加工精度 0.05 毫米）。

39. 100 马力以上、配备有动力换档变速箱或无级变速箱、总线控制系统、安全驾驶室、动力输出轴有 2 个以上转速、液压输出点不少于 3 组的两轮或四轮驱动的轮式拖拉机、履带式拖拉机。配套动力 50 马力以上的中耕型拖拉机、果园用拖拉机、高地隙拖拉机（最低离地高度 40 厘米以上）。

40. 100 马力以上拖拉机配套农机具：保护性耕作所需要的深松机、联合整地机和整地播种联合作业机等，常规农业作业所需要的单体幅宽≥40 厘米的铧式犁、圆盘耙、谷物条播机、中耕作物精密播种机、中耕机、免耕播种机、大型喷雾（喷粉）机等。

41. 100 马力以上的拖拉机关键零部件：动力换档变速箱，液压机械无级变速箱、一体式泵马达、轮式拖拉机用带轮边制动和限滑式差速锁的前驱动桥，ABS 制动系统，电动拖拉机电池、电机及其控制系统，离合器，液压泵，液压缸、各种阀及液压输出阀等封闭式液压系统，闭心变量、负载传感的电控液压提升器，电控系统，液压转向机构等。

42. 农作物移栽机械：乘坐式盘土机动高速水稻插秧机（每分钟插次350次以上，每穴3~5株，适应行距20~30厘米，株距可调，适应株距12~22厘米）；盘土式机动水稻摆秧机（乘坐式或手扶式，适应行距为20~30厘米，株距可调，适应株距为12~22厘米）等。

43. 农业收获机械：自走式谷物联合收割机（喂入量6千克/秒以上）；自走式半喂入水稻联合收割机（4行以上，配套发动机44千瓦以上）；自走式玉米联合收割机（3~6行，摘穗型，带有剥皮装置，以及茎秆粉碎还田装置或茎秆切碎收集装置）；穗茎兼收玉米收获机（摘穗剥皮、茎秆切碎回收），自走式玉米籽粒联合收获机（4行以上，籽粒直收型）；自走式大麦、草苜蓿、玉米、高粱等青贮饲料收获机（配套动力147千瓦以上，茎秆切碎长度10~60毫米，"具有金属探测、石块探测安全装置及籽粒破碎功能"）；棉花采摘机（3行以上，自走式或拖拉机背负式，摘花装置为机械式或气力式，适应棉株高度35~160厘米，装有籽棉集装箱和自动卸棉装置）；马铃薯收获机（自走式或拖拉机牵引式，2行以上，行距可调，带有去土装置和收集装置，最大挖掘深度35厘米）；甘蔗收获机（自走式或拖拉机背负式，配套功率58千瓦以上，宿根破碎率≤18%，损失率≤7%）；残膜回收与茎秆粉碎联合作业机，牧草收获机械（自走式牧草收割机、悬挂式割草压扁机、指盘式牧草搂草机、牧草捡拾压捆机等）；自走式薯类收获机械；杂交构树联合收获机械。

44. 节水灌溉设备：各种大中型喷灌机、各种类型微滴灌设备等；抗洪排涝设备（排水量1500立方米/小时以上，扬程5~20米，功率1500千瓦以上，效率60%以上，可移动）。

45. 沼气发生设备：沼气发酵及储气一体化（储气容积300~2000立方米系列产品）、沼液抽渣设备（抽吸量1立方米/分钟以上）等。

46. 大型施工机械：30吨以上液压挖掘机、6米及以上全断面掘进机、320马力及以上履带推土机、6吨及以上装载机、600吨及以上架桥设备（含架桥机、运梁车、提梁机）、400吨及以上履带起重机、100吨及以上全地面起重机、25吨及以上集装箱正面吊、1000吨/米及以上塔式起重机、钻孔100毫米以上凿岩台车、1米宽及以上铣刨机、75吨及以上矿用车、220马力及以上平地机、18吨及以上振动液压式压路机、9米及以上摊铺机、1米及以上铣刨机、20吨及以上集装箱叉车、8吨及以上内燃叉车、3吨及以上电瓶叉车、40米及以上混凝土泵车、8立方米及以上混凝土搅拌车、90立方米/时及以上混凝土搅拌站、400千瓦及以上混凝土冷热再生设备、2000毫米及以上旋挖钻机、400毫米及以上地下连续墙开挖设备；关键零部件：动力换档变速箱、湿式驱动桥、回转支承、液力变矩器、为电动叉车配套的电动机、电控、压力25兆帕以上的液压马达、泵、控制阀。

47. 智能物流与仓储装备、信息系统，智能物料搬运装备，智能港口装卸设备，农产品智能物流装备等。

48. 非道路移动机械用高可靠性、低排放、低能耗的内燃机：寿命指标（重型 8000 ~ 12000 小时，中型 5000 ~ 7000 小时，轻型 3000 ~ 4000 小时）、排放指标（符合欧ⅢB、欧Ⅳ、欧Ⅴ、国三、国四排放指标要求）；影响非道路移动机械用内燃机动力性、经济性、环保性的燃油系统、增压系统、排气后处理系统（均包括电子控制系统）。

49. 制冷空调设备及关键零部件：热泵、复合热源（空气源与太阳能）热泵热水机、二级能效及以上制冷空调压缩机、微通道和降膜换热技术与设备、电子膨胀阀和两相流喷射器及其关键零部件；使用环保制冷剂（ODP 为 0、GWP 值较低）的制冷空调压缩机。

50. 12000 米及以上深井钻机、极地钻机、高位移性深井沙漠钻机、沼泽难进入区域用钻机、海洋钻机、车装钻机、特种钻井工艺用钻机等钻机成套设备。

51. 危险废物（含医疗废物）集中处理设备。

52. 大型高效二板注塑机（合模力 1000 吨力以上）、全电动塑料注射成型机（注射量 1000 克以下）、节能型塑料橡胶注射成型机（能耗 0.4 千瓦时/千克以下）、高速节能塑料挤出机组（生产能力：30 ~ 3000 千克/小时，能耗 0.35 千瓦时/千克以下）、微孔发泡塑料注射成型机（合模力：60 ~ 1000 吨力，注射量：30 ~ 5000 克，能耗 0.4 千瓦时/千克以下）、大型双螺杆挤出造粒机组（生产能力：30 ~ 60 万吨/年）、大型对位芳纶反应挤出机组（生产能力 1.4 万吨/年以上）、碳纤维预浸胶机组（生产能力 60 万米/年以上；幅宽 1.2 米以上）、纤维增强复合材料在线混炼注塑成型设备（合模力 200 ~ 6800 吨，注射量 600 ~ 85000 克）。

53. 纳滤膜和反渗透纯水装备。

54. 安全饮水设备：组合式一体化净水器（处理量 100 ~ 2500 吨/小时）。

55. 大气污染治理装备：燃煤发电机组脱硫、脱硝、除尘等超低排放成套技术装备；钢铁炉窑烟气细颗粒物预荷电袋式除尘技术装备；焦炉烟气 SDA 脱硫 + SCR 脱硝技术装备；电解铝烟气氧化铝脱氟除尘技术装备；钢铁烧结烟气干法脱硫除尘成套装备；袋式除尘器；电袋复合除尘技术装备（颗粒物排放浓度 < 10 毫克/立方米）；催化裂化再生烟气除尘脱硫技术装备；VOCs 吸附回收装置；VOCs 焚烧装置；炉窑、料场的无组织排放控制技术装备；饮食业油烟净化设备。

56. 污水防治技术设备：城镇污水处理成套装备（除磷脱氮）；污泥水解厌氧消化技术装备；污泥干燥焚烧技术装备（减渣量 90% 以上）；浸没式膜生物反应器（COD 去除率 90% 以上）；陶瓷真空过滤机（真空度：0.09 ~ 0.098 兆帕，

孔隙：0.2~20 微米）；超生耦合法和生物膜法处理高浓度有机废水技术装备；油污水、化学品洗舱水处置技术装备。

57. 固体废物防治技术设备：生活垃圾清洁焚烧技术装备（助燃煤量20%以下）；厨余垃圾集中无害化处理技术装备（利用率95%以上）；垃圾填埋渗滤液和臭气处理技术装备（处理量50吨/天以上）；生活垃圾自动化分选技术装备（分选率80%以上）；建筑垃圾处理和再利用工艺技术装备（处理量100吨/小时以上）；工业危险废弃物处置处理技术装备（处理率90%以上）；油田钻井废弃物处置处理技术与成套装备（减容50%以上，处理率70%以上）；医疗废物清洁焚烧、高温蒸煮无害化处理技术装备（处理量150千克/小时以上，燃烧效率70%以上及医疗废物微波、化学消毒处理技术装备；畜禽粪污集中处理技术装备（处理量20吨/天以上）。

58~63.（略）。

十五、城市轨道交通装备（略）

十六、汽车（节选）

1. 汽车关键零部件：汽油机增压器、电涡流缓速器、液力缓速器、随动前照灯系统、LED前照灯、数字化仪表、电控系统执行机构用电磁阀、低地板大型客车专用车桥、空气悬架、吸能式转向系统、大中型客车变频空调、高强度钢车轮、商用车盘式制动器、商用车轮胎爆胎应急防护装置、转向轴式电动助力转向系统（C–EPS）、转向齿条式电动助力转向系统（R–EPS）、怠速启停系统、高效高可靠性机电耦合系统；双离合器变速器（DCT）、电控机械变速器（AMT）、7档及以上自动变速器（7档及以上AT）、无级自动变速器（CVT）；高效柴油发动机颗粒捕捉器；电控高压共轨喷射系统及其喷油器；高效增压系统（最高综合效率≥55%）；废气再循环系统；电制动、电动转向及其关键零部件。

2. 轻量化材料应用：高强度钢（符合GB/T 20564《汽车用高38强度冷连轧钢板及钢带》标准或GB/T 34566《汽车用热冲压钢板及钢带》标准）、铝合金、镁合金、复合塑料、粉末冶金、高强度复合纤维等；先进成形技术应用：3D打印成型、激光拼焊板的扩大应用、内高压成形、超高强度钢板（强度≥980兆帕、强塑积20吉帕%~50吉帕%）热成形、柔性滚压成形等；环保材料应用：水性涂料、无铅焊料等。

3. 新能源汽车关键零部件：高安全性能量型动力电池单体（能量密度≥300瓦小时/千克，循环寿命≥1800次），电池正极材料（比容量≥180毫安·小时/克，循环寿命2000次不低于初始放电容量的80%），电池负极材料（比容量≥500毫安小时/克，循环寿命2000次不低于初始放电容量的80%），电池隔膜（厚度≤12微米，孔隙率35%~60%，拉伸强度MD≥

800 千克力/平方厘米，TD≥800 千克力/平方厘米）；电池管理系统，电机控制器，电动汽车电控集成；电动汽车驱动电机系统（高效区：85% 工作效率≥80%），车用 DC/DC（输入电压 100~400 伏），大功率电子器件（IGBT，电压等级≥750 伏，电流≥300 安）；插电式混合动力机电耦合驱动系统；燃料电池发动机（质量比功率≥350 瓦/千克）、燃料电池堆（体积比功率≥3 千瓦/升）、膜电极（铂用量≤0.3 克/千瓦）、质子交换膜（质子电导率≥0.08 西门子/厘米）、双极板（金属双极板厚度≤1.2 毫米，其他双极板厚度≤1.6 毫米）、低铂催化剂、碳纸（电阻率≤3 兆欧·厘米）、空气压缩机、氢气循环泵、氢气引射器、增湿器、燃料电池控制系统、升压 DC/DC、70 兆帕氢瓶、车载氢气浓度传感器；电动汽车用热泵空调；电机驱动控制专用 32 位及以上芯片（不少 39 于 2 个硬件内核，主频不低于 180MHz，具备硬件加密等功能，芯片设计符合功能安全 ASIL C 以上要求）；一体化电驱动总成（功率密度≥2.5 千瓦/千克）；高速减速器（最高输入转速≥12000 转/分钟，噪声<75 分贝）。

4~7.（略）

十七、船舶（略）

十八、航空航天（略）

十九、轻工（略）

二十、纺织（略）

二十一、建筑（节选）

1. 建筑隔振减振结构体系及产品研发与推广。

2. 智能建筑产品与设备的生产制造与集成技术研究。

3. 集中供热系统计量与调控技术、产品的研发与推广。

4. 高强度、高性能结构材料与体系的应用。

5. 太阳能热利用及光伏发电应用一体化建筑。

6. 先进适用的建筑成套技术、产品和住宅产品的研发与推广。

7. 钢结构住宅集成体系及技术研发与推广。

8. 节能建筑、绿色建筑、装配式建筑技术、产品的研发与推广。

9. 工厂化全装修技术推广。

10. 移动式应急生活供水系统的开发与应用。

11~13.（略）

二十二、城市基础设施（略）

二十三、铁路

1. 铁路新线建设。

2. 既有铁路改扩建及铁路专用线建设。

3. 客运专线、高速铁路系统的技术开发与建设。

4. 铁路行车及客运、货运安全保障系统的技术与装备，铁路列车运行控制与车辆控制系统的开发建设。

5. 铁路运输信息系统的开发与建设。

6. 7200 千瓦及以上交流传动电力机车、6000 马力及以上交流传动内燃机车、时速 200 千米以上动车组、海拔 3000 米以上高原机车、高原动车组、大型专用货车、机车车辆特种救援设备。

7. 干线轨道车辆交流牵引传动系统、制动系统及核心元器件（含 IGCT、IGBT 元器件）。

8. 时速 200 千米及以上铁路接触网、道岔、扣配件、牵引供电设备。

9. 电气化铁路牵引供电功率因数补偿技术应用。

10. 大型养路机械、铁路工程建设机械装备、线桥隧检测设备。

11. 行车调度指挥自动化技术开发。

12. 混凝土结构物修补和提高耐久性技术、材料开发。

13. 铁路旅客列车集便器及污物地面接收、处理工程。

14. 铁路 GSM－R 通信信号系统。

15. LTE－R 等铁路宽带通信系统的开发与建设。

16. 数字铁路与智能运输的开发与建设。

17. 时速在 300 千米及以上高速铁路或客运专线减振降噪技术应用。

18. 城际、市城（郊）铁路。

二十四、公路及道路运输（含城市客运）

1. 国家高速公路网项目建设。

2. 国省干线改造升级。

3. 汽车客货运站、城市公交站。

4. 高速公路不停车收费系统相关技术开发与应用。

5. 公路智能运输、快速客货运输、公路甩挂运输系统开发与建设。

6. 公路管理服务、应急保障系统开发与建设。

7. 公路工程新材料开发与生产。

8. 公路集装箱和厢式运输。

9. 特大跨径桥梁修筑和养护维修技术应用。

10. 长大隧道修筑和维护技术应用。

11. 农村客货运输网络开发与建设。

12. 农村公路建设。

13. 城际快速系统开发与建设。

14. 出租汽车服务调度信息系统开发与建设。

15. 高速公路车辆应急疏散通道建设。

16. 低噪声路面技术开发。

17. 高速公路快速修筑与维护技术和材料开发与应用。

18. 城市公交。

19. 运营车辆安全监控记录系统开发与应用。

20. 公路主干线交通安全和治安管控装备及技术开发和应用。

二十五、水运（略）

二十六、航空运输（略）

二十七、综合交通运输

1. 综合交通枢纽建设与改造。

2. 综合交通枢纽便捷换乘及行李捷运系统建设。

3. 综合交通枢纽运营管理信息系统建设与应用。

4. 综合交通枢纽诱导系统建设。

5. 综合交通枢纽一体化服务设施建设。

6. 综合交通枢纽防灾救灾及应急疏散系统。

7. 综合交通枢纽便捷货运换装系统建设。

8. 旅客联程运输设施设备、票务一体化、联运产品的研发推广应用。

二十八、信息产业

1. 2.5GB/s 及以上光同步传输系统建设。

2. 155MB/s 及以上数字微波同步传输设备制造及系统建设。

3. 卫星通信系统、地球站设备制造及建设。

4. 网管监控、时钟同步、计费等通信支撑网建设。

5. 窄带物联网（NB – IOT）、宽带物联网（eMTC）等物联网（传感网）、智能网等新业务网设备制造及建设。

6. 物联网（传感网）、智能网等新业务网设备制造与建设。

7. 宽带网络设备制造与建设。

8. 数字蜂窝移动通信网建设。

9. IP 业务网络建设。

10. 基于 IPV6 的下一代互联网技术研发及服务，网络设备、芯片、系统及相关测试设备的研发和生产。

11. 卫星数字电视广播系统建设。

12. 增值电信业务平台建设。

13. 32 波及以上光纤波分复用传输系统设备制造。

14. 10GB/s 及以上数字同步系列光纤通信系统设备制造。

15. 支撑通信网的路由器、交换机、基站等设备。

16. 同温层通信系统设备制造。

17. 数字移动通信、移动自组网、接入网系统、数字集群通信系统及路由器、网关等网络设备制造。

18. 大中型电子计算机、百万亿次高性能计算机、便携式微型计算机、每秒一万亿次及以上高档服务器、大型模拟仿真系统、大型工业控制机及控制器制造。

19. 集成电路设计,线宽0.8微米以下集成电路制造,以及球栅阵列封装(BGA)、插针网格阵列封装(PGA)、芯片规模封装(CSP)、多芯片封装(MCM)、栅格阵列封装(LGA)、系统级封装(SIP)、倒装封装(FC)、晶圆级封装(WLP)、传感器封装(MEMS)等先进封装与测试。

20. 集成电路装备制造。

21. 新型电子元器件(片式元器件、频率元器件、混合集成电路、电力电子器件、光电子器件、敏感元器件及传感器、新型机电元件、高密度印制电路板和柔性电路板等)的制造。

22. 半导体、光电子器件、新型电子元器件(片式元器件、电力电子器件、光电子器件、敏感元器件及传感器、新型机电元件、高频微波印制电路板、高速通信电路板、柔性电路板、高性能覆铜板等)等电子产品用材料。

23. 软件开发生产(含民族语言信息化标准研究与推广应用)。

24. 数字化系统(软件)开发及应用:智能设备嵌入式软件、集散式控制系统(DCS)、可编程逻辑控制器(PLC)、数据采集与监控(SCADA)、先进控制系统(APC)等工业控制系统;制造执行系统(MES),计算机辅助设计(CAD)、辅助工程(CAE)、工艺规划(CAPP)、产品全生命周期管理(PLM)、工业云平台、工业APP等工业软件;能源管理系统(EMS)、建筑信息模型(BIM)系统等专用系统。

25. 半导体照明设备,光伏太阳能设备,片式元器件设备,新型动力电池设备,表面贴装设备(含钢网印刷机、自动贴片机、无铅回流焊、光电自动检查仪)等。

26. 打印机(含高速条码打印机)和海量存储器等计算机外部设备。

27. 薄膜场效应晶体管LCD(TFT-LCD)、有机发光二极管(OLED)、电子纸显示、激光显示、3D显示等新型平板显示器件、液晶面板产业用玻璃基板、电子及信息产业用盖板玻璃等关键部件及关键材料。

28. 新型(非色散)单模光纤及光纤预制棒制造。

29. 高密度数字激光视盘播放机盘片制造。

30. 只读光盘和可记录光盘复制生产。

31. 音视频编解码设备、音视频广播发射设备、数字电视演播室设备、数字电视系统设备、数字电视广播单频网设备、数字电视接收设备、数字摄录机、数字录放机、数字电视产品。

32. 网络安全产品、数据安全产品、网络监察专用设备开发制造。

33. 智能移动终端产品及关键零部件的技术开发和制造。

34. 多普勒雷达技术及设备制造。

35. 医疗电子、健康电子、生物电子、汽车电子、电力电子、金融电子、航空航天仪器仪表电子、图像传感器、传感器电子等产品制造。

36. 无线局域网技术开发、设备制造。

37. 电子商务和电子政务系统开发与应用服务。

38. 卫星导航芯片、系统技术开发与设备制造。

39. 应急广播电视系统建设。

40. 量子通信设备。

41. 薄膜晶体管液晶显示（TFT-LCD）、发光二极管（LED）及有机发光二极管显示（OLED）、电子纸显示、激光显示、3D 显示等新型显示器件生产专用设备。

42. 半导体照明衬底、外延、芯片、封装及材料（含高效散热覆铜板、导热胶、导热硅胶片）等。

43. 数字音乐、手机媒体、动漫游戏等数字内容产品的开发系统。

44. 防伪技术开发与运用。

45~51. （略）

二十九、现代物流业（略）

三十、金融服务业（略）

三十一、科技服务业

1. 工业设计、气象、生物、新材料、新能源、节能、环保、测绘、海洋等专业科技服务，标准化服务、计量测试、质量认证和检验检测服务、科技普及。

2. 在线数据与交易处理、IT 设施管理和数据中心服务，移动互联网服务，因特网会议电视及图像等电信增值服务。

3. 行业（企业）管理和信息化解决方案开发、基于网络的软件服务平台、软件开发和测试服务、信息系统集成、咨询、运营维护和数据挖掘等服务业务。

4. 数字音乐、手机媒体、网络出版等数字内容服务，地理、国际贸易等领域信息资源开发服务。

5. 数字化技术、高拟真技术、高速计算技术等新兴文化科技支撑技术建设及服务。

6. 分析、试验、测试及相关技术咨询与研发服务，智能产品整体方案、人机工程设计、系统仿真等设计服务。

7. 在线数据处理和数据安全服务，数据恢复和灾备服务，信息安全防护、网络安全应急支援服务、云计算安全服务、大数据安全服务，信息安全风险评估、认证与咨询服务，信息装备和软件安全评测服务，密码技术产品测试认证服务，信息系统等级保护安全方案设计服务。

8. 科技信息交流、文献信息检索、技术咨询、技术孵化、科技成果评估、科技成果转移转化服务和科技鉴证等服务。

9. 知识产权代理、转让、登记、鉴定、检索、分析、评估、运营、认证、咨询和相关投融资服务。

10. 国家级工程（技术）研究中心、国家产业创新中心、国家农业高新技术产业示范、国家农业科技园区、国家认定的企业技术中心、国家实验室、国家重点实验室、国家重大科技基础设施、高新技术创业服务中心、绿色技术创新基地平台、新产品开发设计中心、科研基础设施、产业集群综合公共服务平台、中试基地、实验基地建设。

11. 信息技术外包、业务流程外包、知识流程外包等技术先进型服务。

12 ~ 16. （略）

三十二、商务服务业（略）

三十三、商贸服务业（略）

三十四、旅游业（略）

三十五、邮政业（略）

三十六、教育（略）

三十七、卫生健康（略）

三十八、文化（略）

三十九、体育（略）

四十、养老与托育服务（略）

四十一、家政（略）

四十二、其他服务业（略）

四十三、环境保护与资源节约综合利用

1. 矿山生态环境恢复工程。

2. 海洋环境保护及科学开发、海洋生态修复。

3. 微咸水、苦咸水、劣质水、海水的开发利用及海水淡化综合工程。

4. 消耗臭氧层物质替代品开发与利用。

5. 区域性废旧汽车、废旧电器电子产品、废旧船舶、废钢铁、废旧木材、废旧橡胶等资源循环利用基地建设。

6. 流出物辐射环境监测技术工程。

7. 环境监测体系工程。

8. 危险废物（医疗废物）及含重金属废物安全处置技术设备开发制造及处置中心建设及运营；放射性废物、核设施退役工程、安全处置技术设备开发制造及处置中心建设。

9. 流动污染源（机车、船舶、汽车等）监测与防治技术。

10. 城市交通噪声与振动控制技术应用。

11. 电网、信息系统电磁辐射控制技术开发与应用。

12. 削减和控制二噁英排放的技术开发与应用。

13. 持久性有机污染物类产品的替代品开发与应用。

14. 废弃持久性有机污染物类产品处置技术开发与应用。

15. "三废"综合利用及治理工程。

16. "三废"处理用生物菌种和添加剂开发与生产。

17. 含汞废物的汞回收处理技术、含汞产品的替代品开发与应用。

18. 废水零排放，重复用水技术应用。

19. 高效、低能耗污水处理与再生技术开发。

20. 城镇垃圾、农村生活垃圾、农村生活污水、污泥及其他固体废弃物减量化、资源化、无害化处理和综合利用工程。

21. 废物填埋防渗技术与材料。

22. 节能、节水、节材环保及资源综合利用等技术开发、应用及设备制造；为用户提供节能、环保、资源综合利用咨询、设计、评估、检测、审计、认证、诊断、融资、改造、运行管理等服务。

23. 高效、节能、环保采矿、选矿技术（药剂）；低品位、复杂、难处理矿开发及综合利用技术与设备。

24. 共生、伴生矿产资源综合利用技术及有价元素提取。

25. 尾矿、废渣等资源的综合利用及配套装备制造。

26. 再生资源、建筑垃圾资源回收利用工程和产业化。

27. 废旧木材、废旧电器电子产品、废印制电路板、废旧电池、废旧船舶、废旧农机、废塑料、废旧纺织品及纺织废料和边角料、废（碎）玻璃、废橡胶、废弃油脂等资源循环再利用技术、设备开发及应用。

28. 废旧汽车、工程机械、矿山机械、机床产品、农业机械、船舶等废旧机电产品及零部件的再利用、再制造，墨盒、有机光导鼓的再制造（再填充）、退役民用大飞机及发动机、零部件拆解、再利用、再制造。

29. 综合利用技术设备：4000 马力以上废钢破碎生产线；废塑料复合材料回收处理成套装备（回收率 95% 以上）；轻烃类石化副产物综合利用技术装备；生物质能技术装备（发电、制油、沼气）；硫回收装备（低温克劳斯法）。

30. 含持久性有机污染物土壤修复技术的研发与应用。

31. 削减和控制重金属排放的技术开发与应用。

32. 工业难降解有机废水处理技术。

33. 有毒、有机废气、恶臭高效处理技术。

34. 餐厨废弃物资源化利用技术开发及设施建设。

35. 碳捕获、利用与封存技术装备。

36. 冰蓄冷技术及其成套设备制造。

37～45.（略）

四十四、公共安全与应急产品

1. 气象、地震、海洋、水旱灾害、城市及森林火灾灾害监测预警技术开发与应用。

2. 生物灾害、动物疫情监测预警技术开发与应用。

3. 堤坝、尾矿库安全自动监测报警技术开发与应用。

4. 煤炭、矿山等安全生产监测报警技术开发与应用。

5. 公共交通工具事故预警技术开发与应用。

6. 水、土壤、空气污染物快速监测技术与产品。

7. 食品药品安全快速检测技术、仪器设备开发及应用。

8. 重大流行病、新发传染病检测试剂和仪器。

9. 公共场所体温异常人员快速筛查设备。

10. 交通安全、城市公共安全、恐怖袭击安全、网络与信息系统安全、警网安全、特种设备安全、工程施工安全、火灾、重大危险源安全监控监测预警系统、产品技术开发与应用。

11. 放射性、毒品等违禁品、核生化恐怖源等危险物品快速探测检测技术与产品。

12. 危险化学品安全监测技术开发与应用。

13. 应急救援人员防护用品开发与应用。

14. 家用应急防护产品。

15. 雷电灾害新型防护技术开发与应用。

16. 矿山、工程和危险化学品安全生产避险产品及设施。

17. 突发事件现场信息快速测绘、存储、传输等技术及产品。

18. 生命探测装备。

19. 智能化、大型、特种、无人化、高性能消防灭火救援装备。

20. 建（构）物全地形废墟救援设备。

21. 应急通信、应急指挥、应急发电与电力恢复、后勤保障等全地形高机动性多功能应急救援特种车辆及设备。

22. 侦检破拆、切割、疏堵、救生、照明、排烟、堵漏、输转、洗消、提升、投送等高效救援产品。

23. 航空应急救援器材及装备。

24. 道路应急抢通装备及设施。

25. 公共交通设施除冰雪机械及环保型除雪剂的开发与应用。

26. 水上（水下及深海）应急救援技术与装备。

27. 车载、港口等危险化学品、油品应急设施建设及设备。

28. 海上溢油及有毒有害物质泄漏应急处置技术装备。

29. 有毒有害液体快速吸纳处理技术装置、移动式医疗废物快速处理装置、危险废物特性鉴别专用仪器等突发环境灾难应急环保技术装备。

30. 航空应急医疗系统、机动医疗救护系统、卫生应急消毒供应装备，生命支持、治疗、监护一体化急救与后送平台。

31. 防控突发公共卫生和生物事件疫苗和药品。

32. 反恐技术与装备与侦控技术；反恐综合作战平台技术，反核恐怖机器人、应急防爆车、中型反恐排爆机器人、防爆拖车、爆炸物销毁器等。

33. 紧急医疗、交通救援、工程抢险、安全生产、航空救援、网络与安全等应急救援社会化服务。

34. 应急物流设施及服务。

35. 应急咨询、评估培训、租赁和保险服务。

36. 应急物资储备基础设施建设。

37. 应急救援基地、公众应急体验基础设施建设。

38 ~ 69.（略）

四十五、民爆产品（略）

四十六、人力资源和人力资本服务业（略）

四十七、人工智能（略）

第二类　限制类

一、农林业（略）

二、煤炭（略）

三、电力（略）

四、石化化工（略）

五、信息产业（略）

六、钢铁（略）

七、有色金属（略）

八、黄金（略）

九、建材（略）

十、医药（略）

十一、机械

1. 2臂及以下凿岩台车制造项目。

2. 装岩机（立爪装岩机除外）制造项目。

3. 3立方米及以下小矿车制造项目。

4. 直径2.5米及以下绞车制造项目。

5. 直径3.5米及以下矿井提升机制造项目。

6. 40平方米及以下筛分机制造项目。

7. 直径700毫米及以下旋流器制造项目。

8. 800千瓦及以下采煤机制造项目。

9. 斗容3.5立方米及以下矿用挖掘机制造项目。

10. 矿用搅拌、浓缩、过滤设备（加压式除外）制造项目。

11. 仓栅车、栏板车、自卸车和普通厢式车等普通运输类专用汽车和普通运输类挂车企业项目：三轮汽车、低速电动车。

12. 单缸柴油机制造项目。

13. 配套单缸柴油机的带传动小四轮拖拉机，配套单缸柴油机的手扶拖拉机，滑动齿轮换档、排放达不到要求的50马力以下轮式拖拉机。

14. 30万千瓦及以下常规燃煤火力发电设备制造项目（综合利用机组除外）。

15. 6千伏及以上（陆上用）干法交联电力电缆制造项目。

16. 非数控金属切削机床制造项目。

17. 6300千牛及以下普通机械压力机制造项目。

18. 非数控剪板机、折弯机、弯管机制造项目。

19. 普通高速钢钻头、铣刀、锯片、丝锥、板牙项目。

20. 棕刚玉、绿碳化硅、黑碳化硅等烧结块项目。

21. 直径450毫米以下且磨削速度40米/秒以下的各种结合剂砂轮（钢轨打磨砂轮除外）。

22. 直径400毫米及以下人造金刚石切割锯片制造项目。

23. P0级、直径60毫米以下普通微小型轴承制造项目。

24. 220千伏及以下电力变压器（非晶合金、卷铁心等节能配电变压器除外）。

25. 220 千伏及以下高、中、低压开关柜制造项目（使用环保型中压气体的绝缘开关柜以及用于爆炸性环境的防爆开关柜除外）。

26. 酸性碳钢焊条制造项目。

27. 民用普通电度表制造项目。

28. 8.8 级以下普通低档标准紧固件制造项目。

29. 一般用固定的往复活塞空气压缩机（驱动电动机功率 560 千瓦及以下、额定排气压力 1.25 兆帕及以下）制造项目。

30. 普通运输集装干箱项目。

31. 56 英寸及以下单级中开泵制造项目。

32. 通用类 10 兆帕及以下中低压碳钢阀门制造项目。

33. 5 吨/小时及以下短炉龄冲天炉。

34. 有色合金六氯乙烷精炼、镁合金 SF6 保护。

35. 冲天炉熔化采用冶金焦。

36. 无旧砂再生的水玻璃砂造型制芯工艺。

37. 盐浴氮碳、硫氮碳共渗炉及盐。

38. 电子管高频感应加热设备。

39. 亚硝酸盐缓蚀、防腐剂。

40. 铸/锻造用燃油加热炉。

41. 锻造用燃煤加热炉。

42. 手动燃气锻造炉。

43. 蒸汽锤。

44. 弧焊变压器。

45. 含铅和含镉钎料。

46. 全断面掘进机整机组装项目。

47. 万吨级以上自由锻造液压机项目。

48. 使用淘汰类和限制类设备及工艺生产的铸件、锻件；不采用自动化造型设备的黏土砂型铸造项目、水玻璃熔模精密铸造项目、规模小于 20 万吨/年的离心球墨铸铁管项目、规模小于 3 万吨/年的离心灰铸铁管项目。

49. 动圈式和抽头式手工焊条弧焊机。

50. Y 系列（IP44）三相异步电动机（机座号 80 ~ 355）及其派生系列，Y2 系列（IP54）三相异步电动机（机座号 63 ~ 355）。

51. 背负式手动压缩式喷雾器。

52. 背负式机动喷雾喷粉机。

53. 手动插秧机。

54. 青铜制品的茶叶加工机械。

55. 双盘摩擦压力机。

56. 含铅粉末冶金件。

57. 出口船舶分段建造项目。

十二、轻工（略）

十三、纺织（略）

十四、烟草（略）

十五、民爆产品（略）

十六、其他（略）

第三类　淘汰类

注：条目后括号内年份为淘汰期限，淘汰期限为 2020 年 12 月 31 日是指应于 2020 年 12 月 31 日前淘汰，其余类推；有淘汰计划的条目，根据计划进行淘汰；未标淘汰期限或淘汰计划的条目为国家产业政策已明令淘汰或立即淘汰。

一、落后生产工艺装备

（一）农林业（略）

（二）煤炭（略）

（三）电力（略）

（四）石化化工（略）

（五）钢铁（略）

（六）有色金属（略）

（七）黄金（略）

（八）建材（略）

（九）医药（略）

（十）机械

1. 热处理铅浴炉（用于金属丝绳及其制品的有铅液覆盖剂和负压抽风除尘环保设施的在线热处理铅浴生产线除外）。

2. 热处理氯化钡盐浴炉（高温氯化钡盐浴炉暂缓淘汰）。

3. TQ60、TQ80 塔式起重机。

4. QT16、QT20、QT25 井架简易塔式起重机。

5. KJ1600/1220 单筒提升绞机。

6. 3000 千伏安以下普通棕刚玉冶炼炉。

7. 4000 千伏安以下固定式棕刚玉冶炼炉。

8. 3000 千伏安以下碳化硅冶炼炉。

9. 强制驱动式简易电梯。

10. 以氯氟烃（CFCs）作为膨胀剂的烟丝膨胀设备生产线。

11. 砂型铸造黏土烘干砂型及型芯。

12. 焦炭炉熔化有色金属。

13. 砂型铸造油砂制芯。

14. 重质砖炉衬台车炉。

15. 中频发电机感应加热电源。

16. 燃煤火焰反射加热炉。

17. 铸/锻件酸洗工艺。

18. 位式交流接触器温度控制柜。

19. 插入电极式盐浴炉。

20. 动圈式和抽头式硅整流弧焊机。

21. 磁放大器式弧焊机。

22. 无法安装安全保护装置的冲床。

23. 无磁轭（≥0.25 吨）铝壳中频感应电炉。

24. 无芯工频感应电炉。

（十一）船舶（略）

（十二）轻工（略）

（十三）纺织（略）

（十四）印刷（略）

（十五）民爆产品（略）

（十六）消防（略）

（十七）采矿（略）

（十八）其他（略）

二、落后产品

（一）石化化工（略）

（二）铁路

1. G60 型、G17 型罐车。

2. P62 型棚车。

3. K13 型矿石车。

4. U60 型水泥车。

5. N16 型、N17 型平车。

6. L17 型粮食车。

7. C62A 型、C62B 型敞车。

8. 轨道平车（载重 40 吨及以下）。

（三）钢铁（略）

（四）有色金属（略）

（五）建材（略）

（六）医药（略）

（七）机械

1. T100、T100A 推土机。

2. ZP－Ⅱ、ZP－Ⅲ干式喷浆机。

3. WP－3 挖掘机。

4. 0.35 立方米以下的气动抓岩机。

5. 矿用钢丝绳冲击式钻机。

6. БY－40 石油钻机。

7. 直径 1.98 米水煤气发生炉。

8. CER 膜盒系列。

9. 热电偶（分度号 LL－2、LB－3、EU－2、EA－2、CK）。

10. 热电阻（分度号 BA、BA2、G）。

11. DDZ－Ⅰ型电动单元组合仪表。

12. GGP－01A 型皮带秤。

13. BLR－31 型称重传感器。

14. WFT－081 辐射感温器。

15. WDH－1E、WDH－2E 光电温度计，PY5 型数字温度计。

16. BC 系列单波纹管差压计，LCH－511、YCH－211、LCH－311、YCH－311、LCH－211、YCH－511 型环秤式差压计。

17. EWC－01A 型长图电子电位差计。

18. XQWA 型条形自动平衡指示仪。

19. ZL3 型 X－Y 记录仪。

20. DBU－521、DBU－521C 型液位变送器。

21. YB 系列（机座号 63～355 毫米，额定电压 660V 及以下）、YBF 系列（机座号 63～160 毫米，额定电压 380、660V 或 380/660V）、YBK 系列（机座号 100～355 毫米，额定电压 380/660V、660/1140V）隔爆型三相异步电动机。

22. DZ10 系列塑壳断路器、DW10 系列框架断路器。

23. CJ8 系列交流接触器。

24. QC10、QC12、QC8 系列起动器。

25. JR0、JR9、JR14、JR15、JR16－A（及 B、C、D）系列热继电器。

26. 以焦炭为燃料的有色金属熔炼炉。

27. GGW 系列中频无心感应熔炼炉。

28. B 型、BA 型单级单吸悬臂式离心泵系列。

29. F 型单级单吸耐腐蚀泵系列。

30. JD 型长轴深井泵。

31. KDON – 3200/3200 型蓄冷器全低压流程空分设备、KDON – 1500/1500 型蓄冷器（管式）全低压流程空分设备、KDON – 1500/1500 型管板式全低压流程空分设备、KDON – 6000/6600 型蓄冷器流程空分设备。

32. 3W – 0.9/7（环状阀）空气压缩机。

33. C620、CA630 普通车床（卧式车床）。

34. C616、C618、C630、C640、C650 普通车床。

35. X920 键槽铣床。

36. B665、B665A、B665 – 1 牛头刨床。

37. D6165、D6185 电火花成形机床。

38. D5540 电脉冲机床。

39. J53 – 400、J53 – 630、J53 – 1000 双盘摩擦压力机。

40. Q11 – 1.6×1600 剪板机。

41. Q51 汽车起重机。

42. TD62 型固定带式输送机。

43. 3 吨直流架线式井下矿用电机车。

44. A571 单梁起重机。

45. 快速断路器：DS3 – 10、DS3 – 30、DS3 – 50（1000、3000、5000A）、DS10 – 10、DS10 – 20、DS10 – 30（1000、2000、3000A）。

46. SX 系列箱式电阻炉。

47. 单相电度表：DD1、DD5、DD5 – 2、DD5 – 6、DD9、DD10、DD12、DD14、DD15、DD17、DD20、DD28。

48. SL7 – 30/10 ~ SL7 – 1600/10、S7 – 30/10 ~ S7 – 1600/10 配电变压器。

49. 刀开关：HD6、HD3 – 100、HD3 – 200、HD3 – 400、HD3 – 600、HD3 – 1000、HD3 – 1500。

50. GC 型低压锅炉给水泵，DG270 – 140、DG500 – 140、DG375 – 185 锅炉给水泵。

51. 热动力式疏水阀：S15H – 16、S19 – 16、S19 – 16C、S49H – 16、S49 – 16C、S19H – 40、S49H – 40、S19H – 64、S49H – 64。

52. 固定炉排燃煤锅炉（双层固定炉排锅炉除外）。

53. L – 10/8、L – 10/7 型动力用往复空气压缩机。

54. 8 – 18 系列、9 – 27 系列高压离心通风机。

55. X52、X62W 320×150 升降台铣床。

56. J31 – 250 机械压力机。

57. TD60、TD62、TD72 型固定带式输送机。

58. E135 二冲程中速柴油机（包括 2 缸、4 缸、6 缸三种机型）4146 柴油机。

59. TY1100 型单缸立式水冷直喷式柴油机。

60. 165 单缸卧式蒸发水冷、预燃室柴油机。

61. 含汞开关和继电器。

62. 燃油助力车。

63. 低于国二排放的车用发动机。

64. 机动车制动用含石棉材料的摩擦片。

65 ~ 67. （略）

（八）船舶（略）

（九）轻工（略）

（十）消防

1. 二氟一氯一溴甲烷灭火剂（简称 1211 灭火剂）。

2. 三氟一溴甲烷灭火剂（简称 1301 灭火剂）（原料及必要用途除外）。

3. 简易式 1211 灭火器。

4. 手提式 1211 灭火器。

5. 推车式 1211 灭火器。

6. 手提式化学泡沫灭火器。

7. 手提式酸碱灭火器。

8. 简易式 1301 灭火器（必要用途除外）。

9. 手提式 1301 灭火器（必要用途除外）。

10. 推车式 1301 灭火器（必要用途除外）。

11. 管网式 1211 灭火系统。

12. 悬挂式 1211 灭火系统。

13. 柜式 1211 灭火系统。

14. 管网式 1301 灭火系统（必要用途除外）。

15. 悬挂式 1301 灭火系统（必要用途除外）。

16. 柜式 1301 灭火系统（必要用途除外）。

17. PVC 衬里消防水带。

（十一）民爆产品（略）

（十二）其他（略）

三、案例

[案例 4-1]　某高校工程训练中心节能、节水、节电管理制度

工程训练中心全体教职工都要充分认识到开展节能、节水、节电及爱护水电设施设备活动的重要性和紧迫性，切实强化节约意识，养成节能节水节电的良好习惯，形成"节约光荣，浪费可耻"的风尚，做到节能、节水、节电人人有责，人人有为，从而控制办公费用，降低工程训练中心运转成本，提高资源利用效率，促进中心可持续发展。

第一条　采用有效措施，努力节约每一度电、每一滴水，树立勤俭节约的传统美德。

第二条　夏季室内温度26℃以下不开冷空调，开冷空调温度控制在26℃；冬季10℃以上不开热空调及电暖气，有空调的办公室指定专人负责开关。

第三条　避免大开水龙头，用完水后，及时拧紧水龙头，杜绝长流水。见到滴水的龙头，及时拧紧，防止"白流水"。

第四条　人走灯灭，不开"无人灯"。办公区、实训区等指定一名负责人负责各区域内电灯的开关，经常提醒本部门人员不得随意乱动插座等电器设备。

第五条　楼道内照明灯，应指定门卫值班人员负责开关。

第六条　节约用电，确保中心用电线路的安全运行，保障正常的办公秩序。杜绝安全隐患事故的发生，严禁办公区、实训实习区、更衣室室内乱接电器、私拉电线，如因办公需要，应向中心提出申请，同意后，由电工负责安装。严禁各区域使用非中心统一配备的大功率电器，如电热开水炉、电热扇、电热毯等。

第七条　开展节能节水节电检查。办公区、实训实习区内水电管道，照明线路，照明电灯，做到统一管理。综合办公室对所辖范围内的用水、用电设备进行检查，严防滴、漏、跑、冒、空耗现象发生，一旦发现，将立即通知学校后勤部门进行维修，堵塞水电浪费的漏洞。

第二节　职业健康

一、标准内容

职业健康标准内容如下：

应做好有害气体、粉尘、噪声、辐射的治理，满足 GB/T 28001 的要求，避免对师生造成身体伤害。

二、解读

GB/T 28001—2011《职业健康安全管理体系 要求》由国家质量监督检验检疫总局、国家标准化管理委员会在 2011 年 12 月 30 日发布，要求在 2012 年 2 月 1 日实施。

近年来，国家越来越关注职业健康安全问题，实验实训教学基地要依照其职业健康安全方针和目标来控制职业健康安全风险，以实现其良好职业健康安全绩效，同时培养学生树立职业健康理念。

1) GB/T 28001 规定了对职业健康安全管理体系的要求，旨在制定和实施其方针和目标时能够考虑到法律法规要求和职业健康安全风险信息。图4-2 给出了该体系的运行模式。体系的成功依赖于组织各层次和职能的承诺。这种体系使组织能够制定其职业健康安全方针，建立实现方针承诺的目标和过程，为改进体系绩效并证实其符合 GB/T 28001 的要求而采取必要的措施。GB/T 28001 的总目的在于支持和促进与社会经济需求相协调的良好职业健康安全实践。

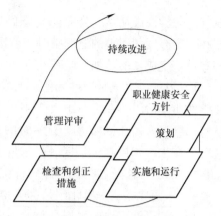

图4-2 职业健康安全管理体系的运行模式

2）职业健康采用"策划—实施—检查—改进（PDCA）"的运行模式。关于PDCA 的含意，简要说明如下：

① 策划：建立所需的目标和过程，以实现组织的职业健康安全方针所期望的结果。

② 实施：对过程予以实施。

③ 检查：依据职业健康安全方针、目标、法律法规和其他要求，对过程进行监视和测量，并报告结果。

④ 改进：采取措施以持续改进职业健康安全绩效。

3）做好实验实训教学基地职业健康工作，具体指：有害气体、粉尘、噪声、辐射的治理。

1. 有害气体伤害及防护

高校实验室常用气体一部分具有易燃、易爆、有毒的特性，广义来讲是属于有害气体。了解和熟悉这些气体的各种特性，对于实验室的安全运行和事故预防是至关重要的。

（1）常用气体的特性

1）氧气。氧气是无色、无味、无嗅的气体，在标准状态下，与空气的相对密度为1.105。临界温度 -118.37℃，临界压力 5.05MPa，氧气微溶于水。氧气的化学性质特别活泼，易和其他物质发生氧化反应并放出大量的热量。氧气具有强烈的助燃特性，若与可燃气体氢气、乙炔、甲烷、一氧化碳等按一定比例混合，即成为易燃易爆的混合气体，一旦有火源或引爆条件就能引起爆炸，各种油脂与压缩氧气接触也可自燃。

2）氢气。氢气是无色、无味、无嗅、无毒的可燃窒息性气体。氢气是最轻的气体，具有很大的扩散速度，极易聚集于建筑物的顶部而形成爆炸性气体。

氢气的化学性极活泼，还是一种强的还原剂，其渗透性和扩散性强。当钢材暴露在一定温度和压力的氢气中时，氢原子在钢的晶格微隙中与碳反应生成甲烷，随着甲烷生成量的增加，微观孔隙就扩展成裂纹，使钢发生氢脆损坏。

3）氮气。氮气是一种无色、无味、无嗅的窒息性气体。在常温下，氮气的化学性质不活泼，在工业上，常用于容器在检修前的安全防爆防火置换和耐压试验用气。人处在氮含量高于94%的环境中，会因严重缺氧而在数分钟内窒息死亡。在生产和检修中，接触高浓度氮气的机会非常多，因氮气窒息造成的伤亡事故屡见不鲜，因此切不可掉以轻心。

4）一氧化碳。一氧化碳是含碳物质在燃烧不完全时的产物，它也是一种无色、无嗅的毒性很强的可燃气体。一氧化碳的毒性作用在于对血红蛋白有很强的结合能力，使人因缺氧而中毒。在工业生产中，常以急性中毒方式出现，当吸入高浓度一氧化碳时，若抢救不及时则有生命危险。

5）二氧化碳。二氧化碳是一种无色、无嗅（来源于"科普中国"）、无毒，稍有酸味的窒息性气体，能溶于水。二氧化碳能压缩液化成液体，液体二氧化碳压力降低时会蒸发膨胀，并吸收周围的大量热量而凝结成固体干冰。二氧化碳气体在常温下的化学性质稳定，但在高温下具有氧化性。当空气中浓度较高时，会造成缺氧性窒息。液态二氧化碳的膨胀系数较大，超装很容易造成气瓶爆炸。

6）液化石油气。液化石油气是一种低碳的烃类混合物，主要由乙烷、乙烯、丙烷、丙烯、丁烷、丁烯及少量的戊烷、戊烯等组成。在常温、常压下为气体，只有在加压和低温条件下，才变为液体。液化石油气无色透明，具有烃类的特殊味道，是一种很好的燃料。液化石油气的饱和蒸汽压随温度升高而急剧增加，其膨胀系数较大，汽化后体积膨胀250～300倍。液化石油气的闪点、沸点都很低，都在0℃以下，爆炸范围较宽，由于比空气重，容易停滞和积聚在地面的低洼处，与空气混合形成爆炸性气体，遇火源便可爆炸。

7）氨。氨是一种无色有强烈刺激性臭味的气体。氨中有水分时将会腐蚀铜合金，所以充装液氨的压力容器中不能采用铜管及铜合金制的阀件，一般规定液氨含水量不应超过0.2%。氨对人体有较大的毒性，主要是对上呼吸道和眼睛的刺激和腐蚀。氨具有良好的热力学性质，是一种适用于大中型制冷机的中温制冷介质。

8）氯气。氯气是一种草绿色带刺激性臭味的剧毒气体，可液化为黄绿色透明的液体，在一定温度下，容器内同时存在液态和气态。氯是活泼的化学元素，是一种强氧化剂，其用途广泛。常用作还原剂、溶剂、冷冻剂等。氯是一种极度危害的介质，对人的皮肤、呼吸道有损害，甚至导致死亡。

（2）有害气体伤害

1）当易燃易爆气体与空气构成混合物时，在一定含量范围内遇到火源就会发生燃烧爆炸，造成人身和财产伤害。发生燃烧爆炸，这种气体随着温度、压力、含氧量、惰性气体含量、火源强度、消焰距离等因素变化而变化。

2）当空气中含有一定浓度的有毒气体时，就会对人造成伤害。有毒气体的毒性危害程度分成极度危害、高度危害及中度危害三个级别。气体毒性有急性中毒发病状况、慢性中毒患病状况、慢性中毒后果和致癌性四项指标来进行确定。

3）当有害气体既具有易燃易爆特性，又具有毒性时，应当按照火灾危险性和毒性危害程度分别定级。

（3）有害气体防护

1）预防爆炸事故措施：

① 控制或消除燃烧爆炸条件的形成。

② 防止火灾蔓延措施。

③ 强化设备设施防爆泄压措施。

④ 加强火源的控制和管理。

2）预防毒性事故措施：

① 加强有毒物质专职管理。

② 加强产生有毒气体实验实训教学项目安全监督与管理，保持通风等措施。

③ 实验实训教学项目进行实验产生的废气、废液等，必须采取安全措施，不得违反学校的安全规定和要求。

（上述有关内容在"第三章 标准主要内容解读——安全"做详细介绍。）

2. 粉尘伤害及防护

（1）粉尘伤害　在实验实训教学项目进行中，由于进行打磨、破碎等项目会产生粉尘。

1）粉尘分类：

① 无机粉尘，如金属、矿石等。

② 有机粉尘，如纤维等。

③ 混合性粉尘。

2）粉尘的化学成分、浓度、粉尘颗粒和接触时间是直接决定粉尘对人体危害性质和严重程度的重要因素。根据粉尘化学性质不同，对人体会产生致纤维化、中毒及致癌等影响，如游离二氧化硅粉尘对人体会造成致纤维化影响。对同一种粉尘，它的浓度越高，与其接触的时间越长，对人体危害越严重。

3）影响粉尘在空气中的持续时间（稳定程度）的因素。在实验实训环境中，由于通风、热源、设备转动及人员走动等原因，使空气介质处于经常流动状态，从而使粉尘沉降速度变慢，粉尘颗粒越小其影响越大，延长其在空气中的浮游时间，被人吸收的机会就越多。

4）粉尘的爆炸性。高分散度的煤炭、糖、面粉、铝、锌等粉尘具有爆炸性，发生爆炸的条件是高温（火焰、放电等）和粉尘在空气中达到一定的浓度。可能发生爆炸的粉尘最小浓度，如煤尘为 $30 \sim 40g/m^3$；淀粉、铝、锌为 $7g/m^3$；糖为 $10.3g/m^3$ 等。

（2）粉尘防护　在实验实训教学基地，预防综合粉尘措施为改、水、密、风、护、治、教、查八个方面。

1）改：改善或改进实验实训工艺过程，使实验过程达到密闭化、自动化，从而消除和降低粉尘危害。

2）水：尽量采用湿式作业等。

3）密：采用密闭装置等。

4）风：采用有效抽风或通风装置等。

5）护：对学生和工作人员采取个人防护措施等。

6）治：开展综合治理措施等。

7）教：加强职业健康的教育培训等。

8）查：开展实验实训现场安全检测和安全检查等。

3. 噪声伤害及防护

（1）噪声的伤害

1）噪声一般指所有人类听到的难以接受的声音或干扰人们周围生活的环境声音。按产生机理，噪声分为机械噪声、流体动力性噪声和电磁噪声。

① 机械噪声是由于机械设备运转时，机械部件间的摩擦力、撞击力或非平衡力，使机械部件和壳体产生振动而辐射的声音。

② 流体动力性噪声是由于流体流动过程中的相互作用，或气流和固体介质之间的相互作用而产生的噪声，如空压机、风机等进气和排气产生的噪声。

③ 电磁噪声是由电磁场交替变化引起某些机械部件或空间容积振动而产生的噪声。

2）按噪声随时间的变化可分成稳态噪声、非稳态噪声和脉冲噪声三类。

GBZ 2.2—2007 还对不同类型的噪声的职业暴露限值进行了规定，见表4-6和表4-7。

表4-6　工作场所噪声职业接触限值

接触时间	接触限值/dB（A）	备注
5d/周，8h/d	85	非稳态噪声计算8h等效声级
5d/周，≠8h/d	85	计算8h等效声级
≠5d/周	85	计算40h等效声级

表 4-7　工作场所脉冲噪声职业接触限值

工作日接触脉冲噪声次数（n 次）	声压级峰值/dB（A）
$n \leqslant 100$	140
$100 < n \leqslant 1000$	130
$1000 < n \leqslant 10000$	120

3）噪声对人类的危害是多方面的，其主要表现为对听力的损伤、对人体的生理和心理影响。除对听觉系统的影响外，大量研究证明：噪声对人体的影响是多方面的，如噪声会影响休息和睡眠，并引起神经系统功能紊乱及内分泌紊乱。长期接触噪声可使体内肾上腺分泌增加，使血压上升，进而损害心血管系统。噪声会使人消化液分泌减少、胃蠕动减弱、食欲不振，引起胃溃疡。在高噪声工作环境中作业可使人出现头晕、头痛、失眠、全身乏力、记忆力减退及易怒等症状。研究发现，噪声超过 85dB（A）时会使人感到心烦意乱，无法专心工作，结果导致工作效率降低，错误率和事故率上升。

（2）噪声的防护　根据具体情况采取技术措施，控制或消除噪声源是从根本上解决噪声危害的一种方法；在噪声的传播过程中，应用吸声或消声技术，也可以获得很好的效果。在高校实验室经常可以遇到各种类型的噪声源，由于产生噪声的机理各不相同，所采用的噪声控制技术也不相同。

1）选择低噪声设备，同时在保证教学质量、效率的前提下，选择低噪声的工艺参数。

2）气流噪声是由于气流流动过程中的相互作用或气流和固体介质之间的作用产生的，选择合适的气流参数，减小气流脉动，减小周期性激发力；降低气流速度，减少气流压力突变，以降低湍流噪声；降低高压气体排放压力和速度；安装合适的消声器都可以达到降低噪声的目的。

3）吸声降噪是一种在传播途径上控制噪声强度的方法，其做法通常是在室内墙面或顶棚面安装吸声材料。隔声降噪是常用噪声控制技术。

4）制定合理的标准，将噪声强度限制在一定范围内是防止噪声危害的有效措施。个体防护措施通常被作为最后一道防线用于保护噪声环境中的实验实训人员。

4. 辐射伤害及防护

实验实训的辐射伤害主要包括光辐射、电离辐射、电磁辐射等（电离辐射、电磁辐射有关内容在"第三章 标准主要内容解读——安全"已做阐述）。

（1）光辐射伤害

1）光辐射光谱主要包括可见光（400～780nm）、红外线（780nm～1mm）

和紫外线（100～400nm）等。光辐射的强度与材料、工艺等相关。通常情况下，随着操作温度的升高，紫外线最大辐射量的波长逐渐偏向更短波长方向。这些光辐射对操作人员的眼睛、皮肤会造成急性和慢性的伤害，特别在电弧焊接过程会产生强光、紫外线和红外线等辐射，会对实验实训人员和学生的眼睛和皮肤造成直接威胁。

2）短时间接触焊接产生的强可见光可能引发眼睛短暂失明，其延续时间与入射光的亮度呈正相关，同时与实验实训人员和学生的个体差异相关；强可见光还可能引发视网膜灼伤；长期被强光照射会造成视力下降，并可能在视网膜上形成盲点；经常接触强可见光还能引发畏光等症状。特别是焊接产生的光亮度变化范围很大，焊接电流大小变化引起的可见光亮度变化约有数百上千倍。焊接电弧的可见光亮度远高于肉眼能承受的光亮度，甚至达几千倍以上；其中波长440nm的蓝光是一种高能量的光，极具穿透性，可以穿透晶状体到达视网膜，对视网膜造成光化学损害，加速黄斑区细胞的氧化。蓝光被证明是最具危害性的可见光。

3）眼睛非常容易受到红外线辐射的伤害，因为眼睛的角膜、晶状体等各个组织结构都能很好地吸收红外线。红外线对眼睛的损伤是一个慢性过程，短时间的红外线辐射会刺激眼睛，并可引发操作人员眼热，长期受到红外线辐射将可能引发白内障，引起视网膜灼伤形成了盲点，逐步损害作业者的视力。红外线辐射对眼睛的伤害是不可逆的、永久性的，对眼睛伤害的频谱范围主要集中在近红外线 IRA。此外，红外线辐射的热效应还可能加速皮肤的老化，甚至灼伤皮肤。

4）电弧焊接会产生紫外线（按波长依次分为 UVA、UVB 和 UVC）辐射。

表4-8 是现场采样不同焊接方法紫外线辐射强度，数值均远高于 GBZ 2.2—2007 的规定。关于焊接紫外线 8h 职业接触限值 $\leqslant 0.24\mu W/cm^2$（即 2.4mW/ m^2）的要求，见表4-9，且在引弧时的紫外线辐射强度会更高。调查发现：焊接作业人员的视力低下率明显高于非焊接作业人员，焊工晶状体混浊检出率显著高于非焊工人群；焊工晶状体浑浊检出率随工龄延长呈明显渐进性增高趋势。

表4-8　不同焊接方法的紫外线辐射强度测定结果

焊接方法	焊件	焊接电流/A	紫外线强度/($mW \cdot m^2$)
CO_2气体保护焊	法兰	130	39205.5
钨极氩弧焊	法兰	200	9837.5
焊条电弧焊	钢板	200～350	542.0

表4-9　工作场所紫外线辐射职业接触限值

紫外线光谱分类	8h 职业接触限值	
	辐照度/（μW/cm^2）	照射量/（mJ·cm^2）
中波紫外线（280mm≤λ<315mm）	0.26	3.7
短波紫外线（100mm≤λ<280mm）	0.13	1.8
焊接弧光	0.24	3.5

（2）光辐射的防护　正确进行眼部防护就能够大大降低受伤害程度，甚至能防止90%的眼部意外伤害事件发生。通过采用适当的措施，就能保护作业者并降低伤害的风险。措施如下：

1）在工位周边设置弧光防护屏，减少弧光对其他作业者的影响；焊接防护屏应具有一定的透明度，具备防 UV 辐射、耐火阻燃及耐磨等要求。

2）采用降低反射的内墙材料，减少弧光反射现象。

3）其他人员必须与焊接工位保持足够的距离；如果经常需要近距离作业，必须采用符合标准要求的防护装备。

4）改进作业工艺，采用埋弧焊等工艺，降低弧光对作业者的伤害；埋弧焊作业不仅可以减少焊接弧光对焊工的影响，也可降低其他职业危害因素的影响，并降低劳动强度。

5）使用正确的焊接防护装备。这类装备包括焊接面罩、焊接防护服、焊接防护手套、安全鞋和耳塞或耳罩等。

三、案例

1.［案例4-2］某高校工程训练中心职业健康管理规定

为加强和规范工程训练中心职业健康管理工作，依据《中华人民共和国职业病防治法》《中华人民共和国安全生产法》等有关职业健康的法律法规、标准及相关规定制定本规定。摘录以下：

第一条　工程训练中心职业健康工作坚持"预防为主、防治结合"的方针，依据源头治理、科学防治、精细管理的原则，相关部门协同工作机制，管理工作做到制度化、规范化。

第二条　综合办公室为专职管理部门，指定专员负责工程训练中心的职业健康安全工作。

第三条　设备物资部、教学实训部为协助部门，为员工提供必要的职业健康教育和安全防护用品保障。

第四条　劳动保护措施：

1. 加强机械保养，减少设备不正常运转造成的噪声；对于噪声超标的设备，采用消声器降低噪声，或更新换代。

2. 对经常接触噪声的职工，加强个人防护，佩戴耳塞，消除影响；按照劳动法的要求，做好中心员工的劳动保护装备工作，根据每个工种的人数及劳动性质，由设备物资部负责采购，配备充足而且必要的劳动保护用品。同时加强行政管理，落实劳动保护措施。

第五条　劳动保护装备要符合以下要求：

1. 采购劳动保护用品时，必须审核产品的"生产许可证""产品合格证"和"安全鉴定证"，确保产品的质量和使用安全；对于未列入国家"生产许可证"管理范围的劳动防护用品，按"特种劳动防护用品许可证"制度进行质量管理。

2. 实习指导人员必须分工种、按规定配齐劳动保护用品。进入车间的其他人员必须穿工作服，女同志戴工作帽，闲杂人员不得出入车间。

第六条　女职工保护措施：

1. 禁止安排女职工从事国家规定的第四级体力劳动强度的劳动和其他女职工禁忌从事的劳动；女职工在月经期间，所在单位不得安排其从事国家规定的第三级体力劳动强度的劳动。

2. 不得在女职工怀孕期、产期、哺乳期降低其基本工资，或者解除劳动合同。

3. 怀孕七个月以上（含七个月）的女职工，一般不得安排其从事夜班劳动，在劳动时间内应安排一定的休息时间。

第七条　医疗保护措施：

1. 车间及实训室建立急救点，配备一般的急救用品和普通常见病的医药物品。遇到突发状况，及时处理。

2. 建立工程训练中心各类事故应急预案，发生机械伤害、突发事故时，起动相应应急预案，确保伤员能及时得到处理。

第八条　环境卫生保证措施：

1. 员工办公区域应满足安全、卫生、保温、通风等要求，室内卫生经常清扫，保持地面干净。

2. 车间、实训室、办公区设置垃圾桶（垃圾池），按可回收垃圾、不可回收垃圾、危险废弃物分类存放，使用封闭式容器收集，统一按环保规定运至指定垃圾处理地点统一处理。严禁随地丢弃垃圾。

第九条　职业病防治措施：

1. 工程训练中心定期组织员工进行健康体检，并定期组织健康教育活动。

2. 对于从事特殊工种的教师进行岗前培训，持证上岗，按规定采取防范措施，按规定进行操作。及时发放个人劳动保护用品，并监督检查正确使用。

3. 做好对中心教职工的卫生防病的宣传教育工作，针对季节性流行病、传染病等，要利用各类信息化媒介向中心教职工介绍防病、治病的知识和方法。

第十条　实施检查：

1. 每学期初在中心范围内进行职业健康环境保护检查，由教学实训部、综合办公室、设备物资部及相关人员参加。

2. 根据检查结果，对影响职业健康和环保的行为要限定治理时间、内容、对象和效果，责任人必须按限定时间治理完毕，满足职业健康和环保要求的条件或指标。

2. [案例4-3] 某高校对实验实训教学基地的**PM2.5、噪声、温度**等环境参数进行监测

进行实时监测报警，取得良好效果，如图4-3和图4-4所示。

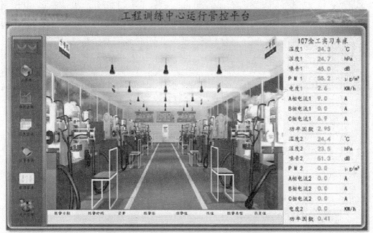

a) 107金工环境监测

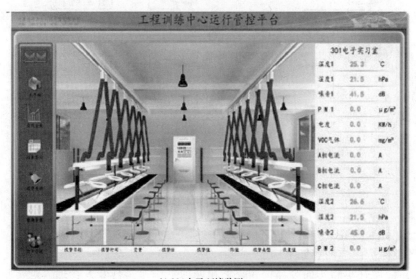

b) 301电子环境监测

图4-3　对PM2.5、噪声、温度进行实时监测报警示意

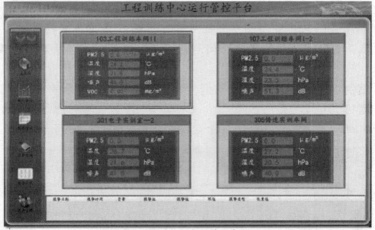

c) 工程训练中心运行管控平台

图4-3　对 PM2.5、噪声、温度进行实时监测报警示意（续）

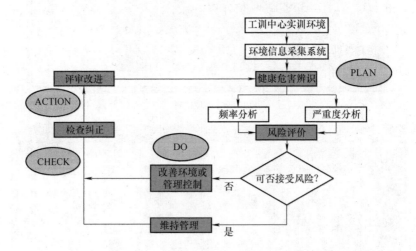

图4-4　某高校实验实训的职业健康安全管理体系示例

第三节　环　境　保　护

一、标准内容

环境保护标准内容如下：

1）应做好实验实训废弃物的收集和处理工作，实行专人管理，对实验废弃物应实行分类收集和存放，做好无害化处理、包装和标识，按要求送往符合规定的暂存地点，并委托有资质的专业机构进行清理、运输和处置。

2）实验实训进行中不能随意排放废气、废液、废渣等，应根据废气、废液、废渣的特点，配置吸收处理和排放设施等，并满足 GB/T 24001 的要求。

二、解读

1. 环境情况亟待改善

2003 年，我国 GDP 仅占世界的 4%，但消耗煤占世界耗煤的 30%，当时已成为世界最大的煤炭消费国，煤炭在我国能源消费构成中约占 68.4%，这种局面预计在短期内不会有根本改变。煤在燃烧过程中排放出大量二氧化碳、二氧化硫、一氧化碳、氮氧化物烟尘及致癌物质等，严重污染了大气。燃煤造成的二氧化硫和烟尘排放量约占其排放总量的 70%，目前燃煤的二氧化硫年排放量约 1500 万 t；烟尘 700 多万 t；酸雨面积已占国土面积的 1/3。我国 1995 年烟尘排放量为 1744 万 t；到 2000 年为 1165 万 t；2001 年为 1059 万 t；2002 年为 1012 万 t。我国烟尘排放量已达到逐年递减，但随着汽车的快速增长，城市的空气污染已由煤烟型向煤烟、机动车尾气混合型发展，污染源由点向面发展，如图 4-5 和图 4-6 所示。我国农村人口众多，由于商品能源短缺，农村能源又大部分燃用生物能源，其数量估计为商品能源的 12%。这种落后的用能方式带来的生物能源的过度消耗，引起森林植被不断减少、水土流失和沙漠化严重及农田有机质下降等问题。燃烧中二氧化硫、二氧化碳、一氧化碳等温室气体的大量排放已造成臭氧层破坏、气候发生变化及全球变暖，对人类生存已构成极大影响，并成为 21 世纪能源领域面临挑战的关键因素。因此，采用先进燃烧技术、改变落后用能方式、强化节能减排及减轻能源消费的增长可给环境保护减轻巨大压力，并改善环境质量。

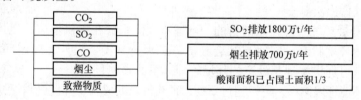

图 4-5　煤燃烧排出大量有害物

　　立足于国内资源，走以煤炭为主、多源化、高效清洁的能源发展道路，在适当提高石油和天然气及水电、核电比例的同时，改变目前煤炭的生产和消费方式，提高能源利用技术水平和利用率，强化节能及

CO	危害血液循环系统，造成机能障碍
Pb	含铅汽油排放出铅化合物随呼吸进入血液，损害神经系统及脑细胞
NO$_x$	造成呼吸系统失调
HC	HC和NO$_x$ 在大气环境中受太阳紫外线照射后生成一种新的污染物——光化学烟雾，会导致呼吸衰竭而死

图 4-6　汽车尾气排放造成污染

加快开发新能源和可再生能源，已成为我国能源结构调整的重点。

　　在能源消费方式上，不断提高煤炭用于发电的洁净技术，提高电力在终端能源消费中的比例；对小型燃煤锅炉在有天然气丰富资源的地区，应鼓励使用天然气进行替代；在无天然气或天然气资源不足的地区应鼓励使用优质洗选加工煤或其他优质能源，并采用先进的节能环保型锅炉，以减少燃煤污染。

因此，积极开展清洁生产、发展循环经济、建设生态工业园是实现可持续发展的重要途径，也是当前节能减排的有效措施。

通过实验实训教学，不断增强学生的工程实践能力，同时必须进一步提升学生环境保护意识。

2. GB/T 24001—2016《环境管理体系　要求及使用指南》实施

2004 年由国家质量监督检验检疫总局、国家标准化管理委员会发布 GB/T 24001—2004《环境管理体系　要求及使用指南》，随着我国经济持续发展，在 2016 年 10 月 13 日由国家质量监督检验检疫总局、国家标准化管理委员会重新发布 GB/T 24001—2016《环境管理体系　要求及使用指南》，定于 2017 年 5 月 1 日实施。

（1）建立环境管理体系的意义　为了既满足当代人的需求，又不损害后代人满足其需求的能力，必须实现环境、社会和经济三者之间的平衡。通过平衡这"三大支柱"实现可持续发展目标。

随着法律法规的日趋严格，以及因污染、资源的低效使用、废物管理不当、气候变化、生态系统退化、生物多样性减少等给环境造成的压力不断增大，社会对可持续发展、信息透明度和社会责任的期望值也发生了变化。

因此，各组织通过实施环境管理体系进行环境管理，以期为"环境支柱"的可持续性做出贡献。

（2）开展环境管理体系的目的　环境管理体系旨在提供框架，以保护环境、响应变化的环境状况；同时与社会经济需求保持平衡。另外，规定环境管理体系的要求，可促进实现其设定的环境管理体系的预期目标。

实施环境管理体系，可以通过下列途径获得长期成功，并促进其可持续发展：

1）预防或减轻不利环境影响以保护环境。

2）减轻环境状况潜在不利影响。

3）帮助组织履行义务。

4）提升环境绩效。

5）运用生命周期观点，控制或影响环境保护的产品和服务的设计、制造、交付、消费和处置的方式，能够防止环境的不利影响造成对人体的伤害等。

6）实施环境友好的市场定位，促进环境状态改善长效机制的形成。

（3）成功因素　环境管理体系的成功实施取决于最高管理者领导下的组织各层次和职能的承诺。组织可利用机遇，尤其是那些具有战略和竞争意义的机遇，积极预防或减轻不利的环境影响，增强有益的环境影响。通过将环境管理融入实验实训教学的业务过程和决策制定过程，与其他业务的优先项协调一致，并将环境管理纳入组织的全面管理体系中，同时建立有效的环境管理体系。

（4）高校实验实训教学过程中实施环境保护的主要任务

1）在强化实验实训教学过程中培养学生的工程实践能力，同时进一步提升学生的环境保护意识。

2）在实验实训教学过程中，一方面不能随意或超标排放废气、废液、废渣等，同时必须配置对废气、废液、废渣吸收和处理的设备设施。

3）做好实验实训固形废物的收集和处置工作。

三、案例

［案例4-4］　某高校工程训练中心废旧物品回收管理的规定（摘录）

第一条　制定本规定的目的是为了节约原材料，降低教学、生产、科研的成本，做到物尽其用。

第二条　本规定适用中心的教学、生产、科研活动所产生的废品件、边角余料、金属碎屑、废旧机床附件、电工电料、各种废刀刃具、合金刀头、报废工装工具及包装物。

第三条　废旧物品应分门别类放在指定地点，严禁混放。

第四条　各部门应定期清理场地，将废料交由库房统一存放。个人不能私自保存。

第五条　库房对有修复价值的废旧物品应单独存放，严禁随意发放回收的废旧物品。领用废旧物品须经有关人员确定经中心领导批准方可。

第六条　处理废旧物品应经中心主管领导批准，做到手续完备方可出售。

工程训练中心废弃物管理制度

为了创造良好的工程训练中心环境，预防环境污染，加强废弃物管理，特制定本规定。

第一条　综合办公室和设备物资部负责本规定的制定和监督检查实施情况。

第二条　各有关部门负责日常废弃物的收集和贮存。

第三条　废弃物的管理：

（1）综合办公室组织工程训练中心各部门进行废弃物分类，制定《工程训练中心废弃物分类处理一览表》，严格按照《工程训练中心废弃物分类处理一览表》分类原则进行。

（2）在生活、办公和实训过程中要注意节约以减少如废纸、废塑料品、包装物等生活垃圾的产生量。

（3）购置废弃物收集桶或设置废弃物堆放场所收集贮存废弃物。

（4）工程训练中心生活垃圾的处置由综合办公室负责安排进行，在运输过程中严禁沿途丢弃、遗撒。

（5）可回收的金属废弃物和纸类废弃物分类盛放、运输，由设备物资部进行处置或回收利用。

（6）危险废弃物由设备物资部委托有处理资质的单位进行处理，并办理"五联单"。

（7）工艺废物如实验、实训用的试块和试样，由教学实训部统一收集后进行集中存放。

（8）废弃物收集桶要严格按规定的品种盛放废品物，做到日产、日清。废弃物收集桶由各部门指派专人监管，存放在固定地点，表面卫生要保持整洁，不得损坏，如有损坏加倍赔偿。

（9）综合办公室依据《工程训练中心废弃物分类处理一览表》，监管中心所有废弃物的处置，设备物资部负责对危险及金属废弃物的处置。

（10）各废弃物堆放区应设立醒目标识，并标明污染物名称。设备物资部负责定期监测各废弃物堆放区情况，发现问题及时整改。

第四条　工程训练中心全体教职工必须严格按照本规定执行。

[案例4-5]　某高校对实验实训教学基地开展废液回收处理和废气按照国家标准排放，取得很好效果

现场及示意图如图4-7和图4-8所示。

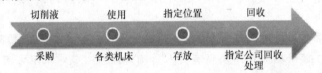

图4-7　废液回收处理示意图

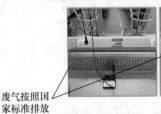

图4-8　废气按国家标准排放

第五章

标准主要内容解读——设备及计量器具管理

高校实验实训教学的设备是高校固定资产的主要组成部分，也是进行教学实验、现代工程技术实习的重要物质基础和重要场所，做好实验实训设备综合管理及计量器具管理，是十分重要的。

本标准的第六部分为设备管理制度、设备完好、设备布局、设备现场放置、设备维护、计量器具定检等内容。

为使我国高校机械类专业实验实训教学基地环境建设达到装备制造业工程科技人才培养要求，通过加强实验实训教学基地设备及计量器具管理，从而提升高校学生工程实践能力。

第一节　设备管理制度

一、标准内容

设备管理制度标准内容如下：应建立和完善实验实训教学基地的设备管理制度，包括设备台账及档案、设备运行、设备维护检修及更新、设备安全事故处理措施等内容。

二、解读

1. 设备管理制度

设备管理制度：一是设备固定资产管理及设备台账、档案等内容，还包括设备资产动态管理、设备价值评估、设备管理系统等相关内容；二是设备使用与维护，主要包含设备完好、设备布局、设备现场放置、设备维护、计量器具定检等内容。

本节将对相关内容展开讲述。

2. 设备固定资产管理

（1）设备固定资产概述

1）固定资产是指使用一年以上，单位价值在规定额度以上，并在使用过程中保持原来物质形态的资产，包括房屋、建筑物、机器设备、器具、工具等。

2）凡不具备固定资产条件的低值易耗品，如专用工具、夹具、模具、工位器具、简易设备、辅助装置、办公用具、仪器仪表等。低值易耗品的具体划分，可以由学校与教育主管部门制定固定资产目录确定。

3）高校对设备固定资产应实行分类归口管理。归口管理部门对分管设备的采购、入库、保管、发放、监督使用、修理和鉴定报废负责；使用单位对在用设备的领入、使用、保管、维护和办理报废手续负责；财会部门对设备的核算、反映并监督合理储备和节约使用负责。

（2）设备固定资产计价

1）设备固定资产的价值表现。每台（套）设备固定资产价值，通常按原始价值（即原值）和净值同时来表现，在特定的情况下可用重置完全价值来表现。

① 原始价值是指学校在投资建造、购置或其他方式取得某台（套）设备固定资产所发生的全部支出。学校应根据固定资产取得方式不同来确定原始价值。

② 净值，又称折余价值或账面净值，指固定资产的原价减去固定资产累计折旧后的净额，它反映固定资产的现存账面价值。

③ 重置完全价值，又称现行成本或重置成本，指按照当前的市场价格和条件，重新购建同样的全新固定资产所需的全部支出。

2）设备固定资产的登记入账。设备固定资产的具体计价内容，是上述三种价值在不同情况下的具体应用，根据有关规定，学校确定其原值，并登记入账。

① 购入的设备固定资产，按照实际支付的买价或售出单位的账面原价、包装费、运杂费和安装成本等记账。

② 自行建造的设备固定资产，按照建造过程中实际发生的全部支出记账。

③ 其他单位投资转入的设备固定资产，按评估确认或者合同、协议约定的价格记账。

④ 融资租入的设备固定资产，按租赁协议确定的设备价格、运输费、保险费、安装调试费等支出记账。

⑤ 在原有设备固定资产基础上进行改建、扩建的固定资产，按原有固定资产账面原价，减去改建、扩建过程中发生的变价收入，加上由于改建、扩建而增加的支出记账。

⑥ 接受捐赠的设备固定资产，按照同类资产的市场价格，或根据所提供的有关凭据记账，接受固定资产时发生的各项费用，计入固定资产价值。

（3）设备固定资产折旧　是指设备固定资产在使用过程中，由于损耗而转移费用的价值。这里的损耗，既包括有形损耗，也包括无形损耗。

设备固定资产的特点之一是在使用寿命期限内，它的服务潜力随着资产的使用逐渐衰竭或消逝，设备固定资产的这一特点决定了学校计提折旧的必要性。由于固定资产在使用过程中会逐渐丧失服务潜力（其原因在于使用中的损耗），所以学校必须在固定资产的有效使用年限内计提一定数额的折旧费用。从这个意义来说，折旧核算是一个成本分配过程，其目的在于将设备固定资产的成本（若有残值，则为扣除残值后的净值）按系统合理方式，在它的估计有效使用期间内进行分摊或重新分配。

（4）设备分类、编号　高校实验实训使用的设备品种繁多，为便于固定资产管理和设备维修管理，学校管理部门对所有设备必须按规定的分类进行资产编号，它是设备基础管理工作的一项重要内容。对在教学活动中占有重要地位的重点设备，应根据规定加以划分，并实施重点管理。

设备分类与资产编号是设备验收移交使用单位后纳入资产管理工作的首要环节，也是资产建账和统计分析的依据。设备分类与编号的工作量大，且不宜随意变更。对一台设备来说，应有图号、型号、出厂号与资产编号等，而它们有着不同的含义和用途。

（5）设备资产管理基础工作　设备资产管理基础工作包括设备台账、设备资产卡片、设备清点登记表、设备档案、设备统计及定期报表等。高校设备管理部门和财会部门均应根据自身管理工作的需要，建立和完善必要的资料，并做好设备资产的基础工作。

[案例 5-1]　某高校设备资产的基础工作

（1）设备台账

1）设备台账是掌握单位设备资产状况，反映各种类型设备拥有量、设备分布及其变动情况的主要依据。一般有两种编排形式：一种是设备分类编号台账，它按类组代号分页，按资产编号顺序排列，可便于新增设备的资产编号和分类分型号的统计；另一种是按高校实验室隶属行政学院顺序排列编制使用单位的设备台账，这种形式便于设备计划管理及年终设备资产清点。以上两种台账分别汇总构成高校设备总台账，可以采用同一表格样式，见表5-1。

表 5-1　设备台账

序号	资产编号	设备名称	型号规格	配套电动机		总重/t	制造厂（国）	制造年月	验收年月	安装地点	分类折旧年限	设备原值/元	进口设备合同号	随机附件数	备注
				台	kW	轮廓尺寸	出厂编号	进厂年月	投产年月						

对动力管线等设备应建立管线编号，并计入设备总台账，以便于设备管理。

2）按照财务管理规定，高校在每年末由财会部门、设备管理部门与使用部门组成设备清点小组，对设备资产进行一次现场清点。要求做到账账相符、账卡物相符；对实物与台账不符的，应查明原因，提出报告进行财务处理。清点后填报设备清点登记表，见表5-2。

表 5-2　设备清点登记表

单位　　　　　　　　　　　　　　　　　　　　　　　　　　　　　年　月　日

序号	资产编号	设备名称	型号规格	配套电动机		制造厂（国）	安装地点	用途		使用情况					资产原值/元	已提折旧/元	备注
				台	kW	出厂编号		教学	非教学	在用	未使用	封存	不需用	租用	改造增值		

（2）设备资产卡片　设备资产卡片是设备资产的凭证，在设备验收移交实验室时，高校设备管理部门和财会部门均应建立设备的固定资产卡片，登记设备的资产编号、固有数据及变动记录，并按使用单位的顺序建立卡片册。随着设备的调动、调拨、新增和报废，卡片位置可以在卡片册内调整、补充或抽出注销。卡片式样见表5-3。

（3）设备档案　设备档案是指设备从设计、制造、购置、安装、使用、维修、改造直至报废的全过程中形成的图样、文字说明、凭证和记录等文件资料，以及通过不断收集、整理、鉴定等工作归档建立的设备档案。这对搞好设备管理工作可发挥重要作用。

表5-3　设备资产卡片

年　月　日　（正面）				
轮廓尺寸：长　宽　高			质量：　　　t	
国别：	制造厂：		出厂编号：	
主要规格			出厂年月	
			投产年月	
	名称	型号：规格	数量	分类折旧年限
附属装置				
资产原值	资金来源	资产所有权	报废时净值	
资产编号	设备名称	型号	精、大、稀设备分类	

（背面）					
用途	名称	型式	功率/kW	转速	备注
电动机					

变　动　记　录

年月	调入单位	调出单位	已提折旧	备　　注

　　高校设备管理部门要为每台设备建立设备档案。对重要进口设备及特种设备等的设备档案，要作为重点项目进行管理。

　　1）设备档案应包括设备前期与设备投产后两个时期积累的资料。

　　① 设备前期部分主要资料有：设备选型和技术经济论证、设备购置合同（副本）、设备购置技术经济分析评价、自制专用设备设计任务书和鉴定书、检验合格证及有关附件、设备说明书及相关图册、设备装箱单及设备开箱检验记录（包括随机备件、附件、工具及文件资料）、进口设备索赔资料（复印件），以及设备安装调试记录、精密检验记录和验收移交书。

　　② 设备投产后主要资料有：设备登记卡片、设备使用初期管理记录、运行记录、安全操作规程、使用单位情况记录、设备故障分析报告、设备事故报告、定期检查和监测记录、定期维护与检修记录、大修任务书与竣工验收记录、设备改装和改造记录、设备封存（启用）单、修理及改造费用记录、设备报废记录，以及其他。

　　2）设备档案管理。设备档案资料按每台单机整理，存放在设备档案袋内，档案编号应与设备编号一致。设备档案袋由学校设备管理部门的设备管理员负责，保存在设备档案柜内，按编号顺序排列，定期进行登记和资料入袋工作。并要求做到：明确设备档案管理的具体负责人；明确纳入设备档案的各项资料的归档路线，包括资料来源和归档时间，交接手续、资料登记等；明确定期登记的内容和负责登记的人员；明确设备档案的借阅管理办法，防止丢失和损坏；明确重点管理的设备档案，并做到资料齐全、登记及时正确。

（4）设备的库存管理　设备的库存管理包括新设备到货入库管理、闲置设备退库管理、设备出库管理及设备仓库管理等。

1）新设备到货入库管理主要掌握以下环节：

① 开箱检查：新设备到货 3 天内，设备仓库必须组织有关人员开箱检查。一般设备由仓库检查员和使用部门会同检查；进口设备及特种设备还要有使用单位和高校设备管理部门的工程技术人员参加，共同开箱检查清点。开箱后，首先取出装箱单，核对随机带来的各种文件、说明书与图纸、工具、附件及备件等数量是否相符；然后察看设备状况，检查有无磕碰损伤、缺少零部件、明显变形、尘沙积水、受潮锈蚀等情况。

② 登记入库：根据检查结果，如实填写《设备开箱检查入库单》，见表5-4，并做好详细记录。

③ 防锈：根据设备防锈状况，对需要经过清洗重新涂防锈油的部位，由仓库保管员负责完成，并钉好包装箱；露天存放时，要加盖防雨装置。

④ 问题查询：对开箱检查中发现的问题，应及时向高校领导反映，并向发货单位和运输部门提出查询，或联系索赔。进口设备的到岸检查与索赔应按合同及有关规定办理。

⑤ 资料保管与到货通知：开箱检查后，仓库检查员应将装箱单、随机文件和技术资料等整理好，交仓库管理员登记保管，以供有关部门查阅，并于设备出库时随设备移交给领用单位。

⑥ 设备安装：设备到高校时，如使用单位现场已具备安装条件，可将设备直接送到使用单位安装，但入库检查及出库手续必须照办。

2）闲置设备退库管理。闲置设备必须符合下列条件，并经设备管理部门办理退库手续后方可退库：属于不需用设备，而不是待报废的设备；经过清洗防锈达到清洁整齐；达到完好要求的设备；附件及档案资料随机入库。对于退库保管的闲置设备，设备管理部门及设备仓库均应专设账目，妥善管理，并积极组织调剂处理。

表5-4　设备开箱检查入库单

检查日期：　　　年　月　日　　　　　　　　　　　　　　　　检查编号：

发送单位及地点				运单号或车皮号			
发货日期		年　月　日		到货日期		年　月　日	
到货箱编号							
每箱体积 $\left(\dfrac{长}{mm}\times\dfrac{宽}{mm}\times\dfrac{高}{mm}\right)$							
每箱标重 /kg	毛						
	净						
制造厂家				合同号			
设备名称				型号规格			
台数				出厂编号			
附件清点	名称	件数	名称		件数	名称	件数
单据文件	装箱单		检验单			合格证件	
	说明书		安装图			备件图	
缺件检查			待处理问题				
技术状况检查			待处理问题				
备注				其他参与人员名单		保管员签字	检查员签字

3）设备出库管理。设备部门在收到设备仓库报送的《设备开箱检查入库单》后，应立即了解使用单位在设备平面布置和安装条件方面的准备情况。只有在具备安装条件时，方可签发设备分配单；使用单位到设备仓库的上级主管部门换取设备出库单，再凭出库单从仓库领取设备。应防止由于无合适的存放地点而放置在通道旁，因这样易被外界撞碰造成损坏，因此，设备管理部门和使用单位都应严格控制设备出库。

新设备到货后，一般应在3个月内完成出库安装投产使用，使设备及早发挥效能。进口设备的安装使用要严格控制在合同规定的索赔期内，以免遭受经济损失。对超过半年尚未出库的设备，设备仓库的主管部门和设备使用部门应查明原因，分清责任，并提出处理意见及报请高校分管领导审批。

4）设备仓库管理要求。

① 设备仓库存放设备时要做到：按类分区，摆放整齐，无积存垃圾杂物，以及经常保持库容清洁整齐。

② 仓库要做好防火、防水等工作。

③ 仓库管理人员要严格执行管理制度，坚持"三不收不发"，即设备质量有问题尚未查清且未经高校主管领导做出决定的，暂不收不发；票据与实物型号规格数量不符未经查明的，暂不收不发；设备出入库手续不齐全或不符合要求的，暂不收不发。要做到账目与实物一致及定期报表准确无误。设备出库开箱后的包装材料要及时收回，并分类保管及加以利用。

④ 保管人员按设备的防锈期向仓库主任提出防锈计划，以便组织人力进行清洗和涂防锈油。

⑤ 设备仓库按月上报设备出库月报，作为注销库存设备台账的依据。

（5）设备资产动态管理 设备资产动态管理是指设备由于闲置封存、移装调拨、借用租赁、报废处理等情况引起设备资产的变动，需要处理和掌握而进行的管理。

[案例5-2] 某高校设备资产动态管理具体工作

（1）设备的封存与处理 闲置设备是指过去已安装验收、投产使用而目前实验室暂时不需要的设备。它在一定时期内不仅不能为教学服务，而且占用场地及消耗维护费用，成了使用及保管单位的负担。对闲置设备的管理办法如下：

1）闲置3个月以上的设备，由使用单位原地封存，填写设备封存申请单，见表5-5，并报送高校设备管理部门与财务会计部门，以便检查设备封存是否符合要求，同时按规定停止计提折旧。

2）对封存的设备应切断电源，放尽油箱；将设备擦拭干净；导轨及光滑表面涂油防锈，覆盖防尘罩；挂牌标明保管人并负责妥善保管。未经设备部门领导批准，任何人不得随意拆卸零部件，以保持完好；所有附属设备、附件及专用工具均应随同主机清点封存，防锈保管。

3）闲置封存1年以上的设备及已确定不需要的设备，由学校分管领导会同设备部门于每年一季度填写闲置设备明细表，见表5-6。经学校分管领导批准进行估价转让。

表 5-5　设备封存申请单

设备编号			设备名称		型号规格		
用途	专用　通用		上次修理类别及日期		封存地点		
封存开始日期			年　月　日	预计启封日期		年　月　日	
申请封存理由							
技术状态							
随机附件							
封存审批		财会部门签收	设备管理部门意见	学校负责人意见			
启封审批							

启用日期及理由

使用申请单位　　　　　　主管　　　　　经办人　　　　年　月　日

　　注：本表一式四份，使用申请单位、设备管理部门、财会部门、学校负责人各一份。

表 5-6　闲置设备明细表

填报单位：　　　　　　　　　　　　　　　　　　　　　　　　　年　月　日

序号	资产编号	设备名称	型号	规格	制造国及厂名	出厂年月	安装年月	使用车间	原值/元	净值/元	技术状况	处理意见	备注

学校分管负责人：　　　　财会部门：　　　　设备管理部门：　　　　填报人：

　　注：本表一式三份，报学校分管负责人一份，设备部门及财会部门各存一份。

　　4）现场封存的设备需要启封使用时，使用单位持原封存申请单，先到设备管理部门和财会部门办理启封手续，再检查启封。

　　5）下列设备不得作为闲置设备处理：在用和备用设备；建设项目的设备；

正在维修或改造的设备；特种设备、抢险救灾设备、经核定封存的所必需的设备；国务院有关部门明文规定淘汰的能耗大、严重污染环境和危害职工人身安全的设备及不许转让和扩散的设备。

（2）设备移装　是指设备在学校内部的调动或安装位置的移动。凡已安装并列入固定资产的设备，实验室不得擅自移位和调动。必须有由原使用单位、调入单位及设备管理部门会签的设备移装调动审定单（见表5-7）和平面布置图（略），并经分管领导批准后方可实施。

表5-7　设备移装调动审定单

年　　月　　日　　　编号

设备编号		设备名称		原安装地点	车间　班组
设备型号		规　　格		移装后地点	车间　班组
移装调动 原　　因					
移装后 平面布置 及有关尺 寸简图					
学校分管 审批领导	设备管理 部门意见	财会部门 意见		移入单位 经办人 主　管	原在单位 经办人 主　管

注：一式四份，原在单位、移入单位、财会部门、设备管理部门各一份。

（3）设备报废　设备由于严重的有形或无形损耗不能继续使用而退役，称为设备报废。设备在使用到一定的寿命年限，其主要性能严重劣化，不能满足教学服务要求且无修复价值，或者在经济上大修不如更新合算的，就应进行报废处理。

1）设备报废的条件。通常情况下，设备具有下列情况之一者，应予适时更新，办理报废手续：已超过规定使用年限的老旧设备，其主要结构和零部件已严重磨损，设备效能达不到工艺最低要求，无法修复或无修复改造价值者；因意外灾害或重大事故受到严重损坏的设备，无法修复使用者；严重影响环保安全，继续使用将会污染环境，引发人身安全事故与危害健康；进行修复改造又不经济者；因教学任务变更而淘汰的设备，不宜修改利用者；按国家能源政策规定应予淘汰的高耗能设备。

2）设备报废审批程序：

① 设备报废审批程序如图5-1和表5-8所示。

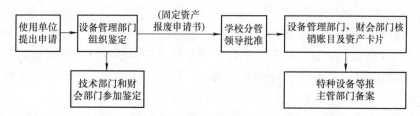

图 5-1 设备报废审批程序

表 5-8 固定资产报废申请书

申请单位		报送日期	年 月 日	申请书编号	
资产编号		资产名称		型号、规格	
制造国、公司		制造年份		投产年份	
使用单位及安放地点		分类折旧年限		已使用年限	
资产原值		已提折旧		总质量	

报废原因、更新设备条件及处理意见

    学校领导：   检查人：   经办人：

设备管理部门意见

领导批示	财务会计部门 固定资产管理专用章
	年 月 日

    注：一式三份，使用单位、学校主管部门与财会部门各一份。

    ② 需要用更新设备替换的拟报废的在用设备，必须在更新设备到货投产后，再办报废手续；之前仍要坚持正常维修管理，保证完成教学任务，但不再进行大修。

    不需要用新设备顶替的或工艺上被淘汰且不能调为他用的拟报废设备，可以随时提出申请，办理报废手续。

    3）报废设备的处理。根据具体情况，报废设备可做如下处理：估价转让给能利用的单位；将可利用的零部件拆卸留用，不能利用的作为原材料或废料处理；按国家规定淘汰的特种设备、高污染、高能耗设备不得转让；处理回收的残值应列入企业更新改造资金，不得挪作他用。

    （4）设备价值评估 是指学校固定资产设备产权交易的一种经济活动，它是资产评估的一部分。

1）资产评估：

① 资产评估的含义：它是指对资产价格的评定和估计，即通过对资产某一时点价值的估算，从而确定其价值（价格）的经济活动。资产评估主要由五个方面组成，即资产评估的主体、客体、特定目的、程序和标准。

② 资产评估的目的：它是为了正确反映资产价值及其变动，保证资产耗损得到及时的补偿，维护资产所有者和经营者的合法权益，实现资产的优化配置和管理。评估目的主要有以下四个方面：建立中外合资经营或合作的公司；股份制经营兼并、合并等；承包经营与租赁经营；其他经济行为（抵押贷款、破产清算、经济担保、参加保险、抵股出售、经营机制转换等）。

③ 资产评估对象：它是指被评估的资产，即资产评估的客体。

2）设备价值评估的原则。设备价值评估应遵循资产评估的基本原则，它是规范评估行为和业务的准则。

① 评估的工作原则：a. 独立性原则；b. 客观性原则；c. 科学性原则；d. 专业性原则。

② 评估的经济原则：a. 功效性原则；b. 替代原则；c. 预期原则；d. 持续经营原则；e. 公开市场原则。

3）设备价值评估的特点。设备价值评估除具备资产评估的一般性原则外，还具有以下特点：

① 设备资产在学校总资产中占有一定的比重，因此设备价值评估在整个资产评估中占有重要地位。

② 特别是重型、稀有、高精度成套设备及进口设备比其他固定资产的技术含量高，对这些设备的评估要以技术检测为基础，并参照国内外技术市场价格信息。

③ 设备资产在使用过程中，不仅会产生有形磨损，而且还产生无形磨损，对有些设备尤为突出，对此要进行充分调查和技术经济分析。

（5）建立设备管理系统

[案例5-3]　根据设备管理现状及需求，某高校建立了以设备状态监测数据为支撑的设备管理系统，帮助学校建立全生命周期的设备管理工作平台

该系统有别于其他设备管理系统，它直接支持底层的各种离线及在线监测仪器，包括点检仪、频谱分析仪、在线监测站及最新的无线监测仪器，并可与ERP、MES等管理信息化系统和自动化系统实现数据交换。通过收集设备状态数据，记录并管理设备运行的相关历史数据，再通过对设备状态数据的分析给出状态报警信息；结合设备故障数据、其他相关运行数据来指导设备可靠性维护与检修工作的实施和相关备品备件的优化采购及为优化检修提供技术支撑，

从而在保证设备安全、稳定和可靠运行的基础上，最大限度地降低设备的运行维护成本。其设备管理系统如图 5-2 所示。

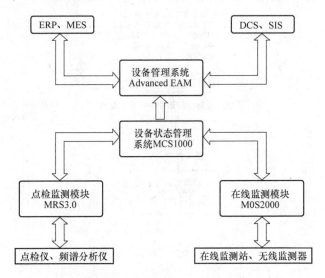

图 5-2　设备管理系统

设备管理系统的功能：

1）实现设备状态管理的信息化。设备通过在线监测与点检监测的信息纳入计算机管理，实现设备状态的信息化管理；且设备管理系统可与 ERP 等管理信息化系统实现信息的交换与共享，以解决信息化系统缺少基础状态数据的难题。

2）实现重要设备的智能预知维修，即可以最有效地实现重要设备状态受控、状态预知维修及设备监测，如图 5-3 所示。

3）实现设备管理的标准化和规范化。建立设备完好标准化管理体系，借助系统提供的综合点检仪和 ID"纽扣"，可以使现场管理标准化和有序化，以解决现场工作管理难的问题。

4）强化数据分析。借助系统提供的丰富的状态分析工具和智能辅助诊断功能对设备状态进行诊断，从而实现对设备状态的准确掌握，为实现优化检修提供技术支撑。

5）规范异常处理。根据设备状态数据产生的报警及异常信息，对设备进行相应处理，并对处理结果进行跟踪监测；进行技术积累，以提高整体的设备检修技术水平和管理水平。

6）规范维修作业流程。设备检修计划的编制、计划的审核、委托单的产生、检修结果的记录、备件的更换、材料的消耗等，通过本系统都可规范地实现。

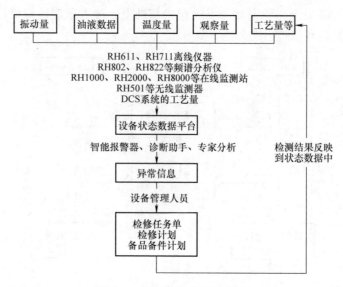

图 5-3　实现设备监测示意图

7）规范设备基础数据管理。设备管理除了要了解设备当前状态，还必须了解设备的历史状态，包括设备图样、安装调试数据、技术资料、点检履历、检修与备件更换履历、故障数据等，从而为检修策略的优化提供翔实、可靠的数据。

三、案例

[**案例 5-4**]　**某大学项目招标采购制度**（摘录）

一、招标采购管理办法

第一章　总则

第一条　为加强对招标采购的管理与监督，进一步规范采购程序，维护学校的合法权益，根据《中华人民共和国政府采购法》《中华人民共和国政府采购法实施条例》《天津市财政局关于印发天津市 2016 年政府集中采购目录和采购限额标准的通知》（津财采〔2015〕67 号）、《市教委转发关于进一步做好政府采购信息公开工作的意见的通知》（津教委财〔2016〕3 号）等法律法规并结合我校的实际情况制定本办法。

第二条　本办法所指需要进行招标管理的项目，是指以合同方式有偿取得货物、工程和服务的行为，包括购买、租赁、委托、雇佣等。

第三条　学校招标采购管理工作应当遵循公开、公平、公正、择优和诚实信用的原则。

第四条　学校各单位（部门）招标采购项目，必须通过相关主管部门论证、审批，待经费来源落实后方可实施。

第五条　学校各项目主管部门应加强采购工作的管理，项目负责人提前提交采购计划，压缩采购批次，降低采购成本，提高工作效率。

第六条　凡达到规定采购限额标准的，必须按照本办法进行招标采购，任何单位和个人不得将应招标采购的项目化整为零或以其他方式规避招标。

第七条　学校使用的财政性资金（包括上级财政拨款、专项科研经费、自筹资金、捐赠资金等其他经费），经批准采购的项目，均适用于本办法。

第二章　组织机构和职责

第八条　学校国有资产及校园经济管理处（以下简称"校国资处"）统一管理招标采购工作。招标采购管理方面的主要内容包括：

（一）解读政策法规，建立完善管理制度；

（二）审核各单位（部门）的采购需求，汇总上报采购计划；

（三）根据采购的项目、金额、经费来源等，合理确定采购方式；

（四）审定招标文件、协助签订中标合同；

（五）对各单位（部门）的采购合同进行备案；

（六）按上级要求汇总采购数据，统计并填报政府采购信息；

（七）组织成立校内评标小组，成员由校国资处、审计处、财务处及用户代表组成，由监察室委托派出人员任招标监督人；

（八）配合基建处开展基建服务项目的招标采购工作。

第九条　学校基建处负责进行相关工程建设项目在建委建设工程招标管理站进行基本建设和工程维修等招标采购工作。

第十条　项目主管部门的主要职责：

（一）根据项目的性质，按照学校的相关规定，组织并做好项目的考察、论证、审批等前期准备工作；

（二）在校国资处"资产管理数字化平台"上提交采购计划，同时提供相关的技术条款、参数要求等详细内容，由该单位（部门）负责人确认；

（三）协助编制、确认招标文件和合同文本；

（四）选派代表参与项目招标现场评审；

（五）组织项目合同的审查与签订，监督合同执行；

（六）组织项目验收，及时做好固定资产统计；

（七）验收合格后两周内完成项目的付款工作等。

第十一条　建立招标采购工作监督机制。学校设立招标工作监督小组，监督小组由监察室、财务处、审计处组成，负责对招标采购工作的相关环节进行监督。监察室负责对政府采购整个环节的合法性、合规性、合理性进行全过程监督并受理有关投诉，并对500万元以上大宗项目的招标采购实施现场监督；财务处负责落实项目预算和资金到位的情况；审计处负责相关项目的过程跟踪审计和结算审计。

第三章 招标采购的范围及限额标准

第十二条 我校招标采购的具体内容包括：

（一）用于教学、科研的仪器设备及其消耗品；

（二）用于行政办公和管理工作的仪器设备及其消耗品；

（三）用于教学、科研和行政办公的各类家具；

（四）用于总承包项目以外的学校基本建设的服务项目；

（五）用于全校后勤保障服务的其他项目。

第十三条 凡属于政府集中采购目录以内或政府采购限额标准以上的货物、服务和工程项目，严格按照天津市政府采购相关要求进行集中招标采购。

第十四条 属于政府集中采购目录以外、采购限额标准以下的项目，根据项目情况分别采取委托社会代理机构招标、校内组织招标和用户自行询价采购等三种方式进行。

第十五条 对于政府集中采购目录以外、采购限额标准以下的如下范围内项目，一般情况下应委托社会代理机构招标。

（一）货物类采购：单件1万元以上（含1万元）或购置总金额5万元以上、限额以下的货物类项目，由各单位（部门）提交采购计划，由校国资处委托社会招标机构进行招标采购。

（二）服务类采购：集采目录外且单笔5万元以上（含5万元）、限额以下的服务类项目，由各单位（部门）提交采购计划，由校国资处委托社会招投标机构进行招标采购。

（三）土木维修和小型建安工程类采购：单笔10万元（含10万元）以上、限额以下的土木维修和小型建安工程类项目，由各单位（部门）提交采购计划，由校国资处委托社会招标机构进行招标采购。

第十六条 上述三类集采目录以外、限额以下的项目在特殊情况下经主管校长批准，也可由校内评标小组实施招标。

第十七条 根据天津市相关规定，对允许学校自行采购的项目，各单位（部门）仍须在采购管理平台提交采购计划，按照校国资处依照额度指定的采购方式实施采购。

（一）货物类单件1万元以下或购置总额5万元以下、集中采购目录外的项目，一般情况下应优先采用市财政局搭建的电子商城采购方式实施采购；如电子商城无此商品，可以由项目管理部门自行询价采购并将相关说明及报价形成文档资料备查，同时双方签订购销合同。

（二）集采目录外且单笔5万元以下服务类的项目，由项目管理部门根据审计意见自行询价采购并将相关说明及报价形成文档资料交校国资处、审计处确认后，双方签订服务协议。

（三）土木维修和小型建安工程类单笔 10 万元以下的项目，校国资处可委托后勤处组织校内招标，但招标合同仍按统一规范由校国资处审定并对外签订。

第四章　合同管理

第十八条　校国资处负责组织学校政府采购合同的签订。项目负责人对合同内容、项目清单等内容审核无误后签字，交校国资处履行校签合同手续。

第十九条　经批准由项目单位（部门）自行采购的 5 万元以下的项目，该单位（部门）对采购结果、合同签订与履约负责。

第二十条　合同的执行由校国资处负责监管，项目单位（部门）负责具体实施。项目单位（部门）落实合同的执行，并依据合同对采购项目进行验收。

第二十一条　项目单位（部门）或供应商中一方出现违反合同行为，另一方须将违约相关情况以书面形式上报校国资处，由校国资处移交有关部门依法依规处置。

第二十二条　对于已验收合格的货物类采购项目，项目单位（部门）须按照学校账务管理相关规定，及时办理固定资产入固手续，做到合同清单与资产账目、实物相符。

第五章　招标采购管理工作程序

第二十三条　项目单位一般应在开标前至少 45 天，在校国资处"资产管理数字化平台"上提交采购计划，同时提供相关的技术条款、参数要求等详细内容，由该单位（部门）负责人确认。新的立项须同时提供书面立项申请及学校主管领导审批意见。

第二十四条　校国资处招标采购项目按下列程序实施：

（一）审查、受理招标申请，确定招标方式；

（二）按照要求上报采购计划；

（三）待计划批准后通知相关部门做好招标工作；

（四）审定招标文件；

（五）审查合同并负责合同备案；

（六）集中采购项目的销账与报账工作。

第二十五条　项目单位（部门）配合校国资处在中标通知书发出之日起 20 日内，按照招标文件与中标单位签订书面合同。

第二十六条　学校所有招标采购项目，财务处应根据采购合同和相关财务管理制度付款。

第六章　监督检查

第二十七条　招标工作监督小组负责对学校招标采购活动进行监督检查。招标工作监督小组对学校招标采购活动进行监督检查时，相关当事人应当如实反映情况，提供有关材料。

第二十八条　对重大的招标项目组织考察竞标单位时，原则上应有监督人员参加。

第二十九条　校国资处应建立健全内部监督与管理制度，明确岗位职责和招标采购的执行程序，规范招标流程，形成相互监督、相互制约的工作机制。

第三十条　任何单位和个人均有权对学校招标采购活动中的违纪违规行为进行投诉和检举，相关部门应依照各自职责及时处理。

第三十一条　参与学校招标采购活动的工作人员必须认真遵守国家法律法规和学校有关规章制度，自觉接受审计、监察、财务等部门的监督检查。有下列违规违纪行为的，学校将依法依规予以追责；情节严重并构成违法或犯罪的，移交司法机关依法追究其法律责任。

（一）不按规定程序进行招标或业务谈判，徇私舞弊，干扰采购工作正常秩序的。

（二）与投标者或供货单位相互串通，高估冒算，有意多付货款的。

（三）不认真履职，购进的货物属于以次充好、假冒伪劣的。

（四）采购过程中，接受供货方贵重礼品、回扣或各种形式的好处费而不上缴的。

第三十二条　采购单位（部门）或个人有下列行为的，由校国资处上报纪检监察机构依法依规进行责任追究。

（一）未执行本《办法》，违规自行采购或先购置后申报的。

（二）参与采购工作过程中，为了个人利益而干扰执行采购的。

（三）不按时验收货物，给学校造成损失的；验收把关不严，错过索赔期再发现仪器设备达不到规定的技术指标，并且无法弥补的。

第七章　附则

第三十三条　本办法未涉及的事宜，按照国家和天津市有关法规和文件执行。

第三十四条　本办法由校国资处负责解释。

第三十五条　本办法自公布之日起施行，原《××××大学物资集中采购实施细则》（×××国资〔2005〕8号），同时废止。

二、工程训练中心物资采购流程管理规定

为了提高中心采购效率、明确岗位职责、有效降低采购成本，进一步规范物资采购流程，加强与各部门间的配合，特制定本制度。

第一条　物资请购及其规定

1. 物资请购的定义

物资请购是指某人或者某部门根据工作需要确定一种或几种物料，但目前仓库没有或存量不足时，按照规定的格式填写一份要求获得这些物料的单子的整个过程。

2. 物资请购单的要素

完整的物资请购单应包括以下要素：

（1）申购的部门；

（2）采购的物品名；

（3）采购的物品规格型号；

（4）采购数量、单位；

（5）请购人；

（6）采购的用途；

（7）采购如有特殊需要请备注；

（8）采购单复核人；

（9）负责人审批签字；

3. 物资请购单及其提报规定

（1）物资请购单应按照要素填写完整、清晰，经由仓库管理人员确认无库存，中心领导审核批准后由物资采购部门安排采购；

（2）对于单价低于1000元（不含1000元）的物资，采购人员优先从网上寻找合适供应商，为提高效率申请人员可以推荐网上采购地址；如无法找到或送货较困难的物资，可以与线下供应商联系采购；

（3）对于单价高于1000元（含1000元）的物资，执行×××大学物资采购流程，由采购人员在《××××大学资产管理数字化平台》上提交采购申请，由校国资处确定采购途径；

（4）如果是单一采购来源或者甲方指定采购厂家及品牌的产品，采购申请人员必须做出书面说明，并请专家进行论证。

第二条　物资请购单的接收及分发规定

1. 采购计划的接收要点

（1）采购人员在接收物资请购单时应检查物资请购单的填写是否按照规定填写完整、清晰，检查物资请购单是否经过仓库管理人员确认库存状态，中心领导审批；

（2）接收物资请购单应遵循名称规格等不完整清晰不采购，库存已超储积压物资不采购的原则。

2. 物资请购单的分发规定

（1）对于物资请购单采购部按照人员分工和岗位职责进行分工处理；

（2）对于紧急采购计划项目应优先处理；

（3）无法于采购要求时间办妥的应通知申请部门，并将最早供货时间通知申请部门。

第三条　询价、比价及其规定

1. 采购人员应认真审阅物资请购单的品名、规格、数量、名称，了解其技术要求，遇到问题应及时的与申请人员沟通。

2. 属于相同类型或属性近似的产品应整理、归类集中打包采购。

3. 所有采购项目尽量通过网上采购平台选择，至少比较三家以上产品，确定质优价低的产品。

4. 除固定资产外，单次采购金额在1000元以上的所有项目都应要求至少三家以上供应商参与比价采购，比价项目应至少邀请三家以上单位参与。

5. 采购物资单价超过1000元（含1000元），如采取询价自采方式采购，至少选取三家设备供应商，分别提供报价单选定供应商，将询价比价确定供应商过程形成文字材料；如采取招标方式，应依照要求填写《项目需求书》，校国资处安排招标事宜。

6. 采购人员须对线下供应商的供应能力、交货时间及产品或服务质量进行确认。

第四条　合同签订及其规定

网上采购物资无须提供合同。线下供应商采购物资，当采购总金额超过1000元时，须与供应商签订合同，审查通过后，加盖中心合同章后方可生效。

第五条　合同执行

已签订合同由采购人员负责跟进，由设备采购部负责人进行监督，如出现问题，采购部应及时提出建议或补救措施，并及时与供应商沟通。

第六条　材料质检及入库

1. 中心所有的生产材料、低值耐用品均应及时入库，办理入库手续。

2. 中心设备采购后直接由使用人或保管人领用验收。

3. 入库前，采购人员与仓库保管员依照《物资采购验证标准》对入库物资基本质量进行检验。

4. 对不合格产品，采购员及时退货或换货。

5. 对于材料或设备使用后发生的质量问题，使用人员应及时反馈至物资采购部，由物资采购部根据入库时间与供货商沟通保修或维修事项。

物资采购管理流程，如图5-4、图5-5、图5-6所示。

三、工程训练中心设备资产管理制度

第一条　为了加强固定资产的管理，掌握固定资产的构成与使用情况，确保中心财产不受损失，特制定本制度。

第二条　本制度适用于中心所属的所有固定资产管理。

第三条　本制度由设备物资部制定并颁布执行。

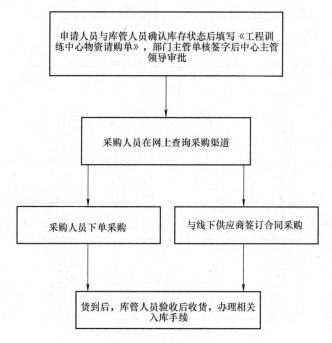

图 5-4　物资采购流程（1）
价值低于 200 元和价值高于 200 元（含 200 元）且低于 1000 元的物资采购流程

第四条　为了更好地利用固定资产，实行固定资产归口管理，加强对固定资产的维修与保养，建立岗位责任制和操作规范，按照集中领导、归口管理的原则以固定资产的类别确定分工管理如下：

1. 设备物资部作为设备资产的主管部门，应建立健全设备资产的台账。

2. 中心机器设备全部由设备物资部门归口管理。

3. 设备物资部负责中心的生产车间设备的购置、安装、修理和使用管理，以及其他仪器仪表的购置、修理和使用管理。

4. 设备物资部负责中心的通用电子计算机、打印机、复印机等办公机器及附属设备购置、安装、维护和使用管理。

第五条　资产使用管理

1. 仪器设备的使用（操作）者应为中心人员，非中心人员使用（操作）仪器设备须经中心领导同意并通知仪器设备管理人员。

2. 仪器设备使用（操作）中心人员应严格按照仪器设备操作规范进行，并做好仪器设备的清洁及环境卫生等工作。

3. 中心管理的仪器设备优先满足中心教学任务，仪器设备使用按照教学计划进行安排。

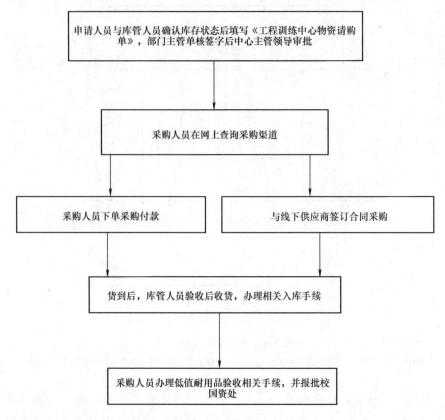

图 5-5 物资采购流程（2）

单件价值高于 1000 元（含 1000 元）的物资和各类办公家具采购流程

4. 中心教师承担的指导学生学科竞赛、创新创业等活动所需使用仪器设备，按照中心相关规定执行。

5. 中心教师承担的科研项目所需使用仪器设备，按照中心相关规定执行。并按照学校及中心相关规定填写仪器设备使用记录。

6. 使用仪器设备须提前填写《工程训练中心仪器设备使用申请表》，经中心分管领导签字同意后方可使用。

7. 使用（操作）仪器设备的人员须遵守学校及中心的管理规定，并按时填写点检表等。

第六条 固定资产的采购、验收

1. 由于教学、科技与服务需要，采购固定资产必须提前向设备物资部提出申请，填写《工程训练中心物资请购单》经中心主任签字批准后，由设备物资部采购人员在×××大学数字化资产管理平台上，提交采购申请。

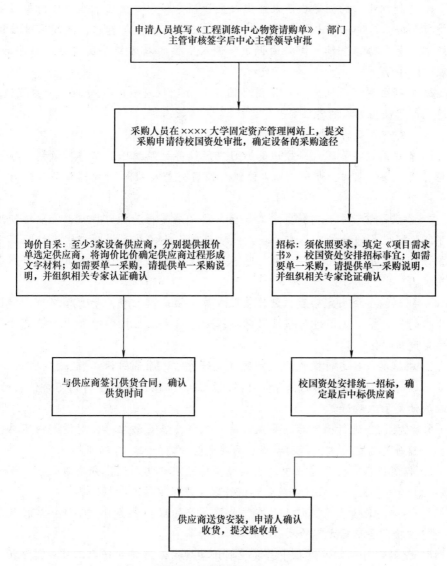

申请人员填写《工程训练中心物资请购单》，部门主管审核签字后中心主管领导审批

采购人员在××××大学固定资产管理网站上，提交采购申请待校国资处审批，确定设备的采购途径

询价自采：至少3家设备供应商，分别提供报价单选定供应商，将询价比价确定供应商过程形成文字材料；如需要单一采购，请提供单一采购说明，并组织相关专家认证确认

招标：须依照要求，填写《项目需求书》，校国资处安排招标事宜；如需要单一采购，请提供单一采购说明，并组织相关专家论证确认

与供应商签订供货合同，确认供货时间

校国资处安排统一招标，确定最后中标供应商

供应商送货安装，申请人确认收货，提交验收单

图5-6 物资采购流程（3）

　　2. 依照《招标采购管理暂行办法》，校国资处确定设备物资的采购途径，并安排相应的采购流程。

　　3. 新购设备到货后，由相关责任人开箱检查、验收，设备安装完毕后填《固定资产验收单》报校国资处审批。校国资处根据《固定资产验收单》提供固定资产标签，并交由设备管理人员张贴。

　　第七条　固定资产的调拨与转移

1. 凡列入中心的固定资产未经中心主管领导和中心主任批准，任何单位不得擅自调拨、转移、借出和出售。中心内部设备的调拨与转移，必须通过校国资处办理资产转移手续，同时由调出、调入单位的双方领导及经办人签字后，办理转账手续。

2. 未经主管部门同意，各使用部门无权办理设备转移及处理，一经发现，将追究部门及经办人的责任。

第八条 设备的维护与维修

1. 各仪器设备管理人必须认真抓好仪器设备的维护保养工作，做到定期检查与督促，每学期初、期中、期末依照《设备完好标准》对仪器设备的完好率进行检查。

2. 各设备管理人员对所负责的仪器设备必须掌握其操作规程，能熟练使用并了解仪器设备的性能、基本原理，能按仪器设备的使用说明书认真做好日常维护保养工作并能处理常规故障，对不负责任者应给予批评教育直至处罚或调整岗位。

3. 仪器设备使用完毕后，设备管理人员必须认真检查，如有损坏应按学校和中心的有关管理规定进行报修或赔偿；如有遗失，应按学校和中心的有关管理规定进行赔偿。

4. 机械类设备进行操作后，要及时做好清洁、涂油防锈工作，按机床说明书要求的时间定期做全面的保养并更换润滑油，如该设备一个月内不再使用的，应在涂油处用纸封好。

5. 电类设备进行操作后，要做好清洁工作，盖好防尘罩，对近期内不再使用的，应每月通电一次，梅雨季节每两周通电加热一次。

6. 仪器设备在使用过程中发生故障，首先应查明原因，分清责任后，填写《设备维修记录表》上报设备物资部，并联系维保单位进行维修。

7. 各部门负责人及工作人员在接收修复好的仪器设备时，必须按其性能指标进行检验，合格后方可验收。

8. 仪器设备在维修过程中若发现因未按规定做好维护保养工作或因维护保养不当造成损坏的，按学校及中心的相应规定进行处理。

第九条 固定资产的报废与封存

1. 中心的固定资产报废处理时，须使用部门提出申请，填写《设备报废申请》，由设备物资部审核，工程训练中心主任批准后上报校国资处，办理报废相关手续。

2. 凡符合下列条件可申请报废：

（1）超过使用年限、主要结构陈旧、精度低劣、生产率低、耗能高且不能改造利用的。

（2）不能动迁的设备，因改造或工艺布置改变必须拆除的；腐蚀严重无法修复或继续使用要发生危险的。

（3）绝缘老化失效、性能低劣无修复价值的。

（4）因事故或其他自然灾害，使设备遭受损坏无修复价值的。

（5）凡经批准报废的固定资产不能继续使用，主管部门与使用部门要及时作价处理。处理后的固定资产由校国资处和使用部门一起办理固定资产的报废手续。

第十条　设备安全事故处理

1. 教师应加强对学生的安全教育，严格遵守设备使用安全操作规程，教学实训部人员要深入车间现场检查规程执行情况，发现问题及时解决，消除不安全因素。

2. 指导教师应加强工作责任心，操作人员不仅要保证本机的安全，而且要保证协同作业人员的安全。

3. 学生必须听从指导人员的指挥，认真操作。

4. 事故发生后，指导人应立即停止设备的运转，保持事故现场，及时报告教学实训部主管、设备主管人员和中心主任，领导应立即会同有关部门和人员前往事故现场，如涉及人身安全或有扩大事故损失情况，应先组织力量进行抢救，并启动相应的应急处理预案。

5. 对已发生的事故，中心要组织有关人员进行调查分析，并详细记录事故发生的时间、现状、过程、损失情况，计算损失价值和修复天数，以便确定事故性质、等级。

6. 发生事故的设备管理人员应在五日内填报《设备事故报告》上报教学实训部和设备物资部，重大事故应在24h内上报学校，然后再补送《设备事故报告》，任何人不得隐瞒不报，如发现有隐瞒不报，要追究责任严肃处理。

四、工程训练中心库房管理制度

第一条　库房管理要以教学、科研、生产服务为目标，要防火、防盗。

第二条　材料物品、元器件、工具、量具、仪器、仪表等必须分类管理，排列放置整齐，要有明显标记，便于取用。

第三条　库房内要保持清洁。

第四条　原材料、工具、仪器等出入库手续完全，要有详细的入库单和使用记录，发现质量规格不符合质量要求的杜绝入库。

第五条　工具、量具、仪器、仪表等的入库和使用要有记录。

第六条　定期对库存材料物品进行盘点清查，做到账物相符。

五、工程训练中心物资用品领用规定

第一条　领用各类物资用品依据中心的教学、生产、科研任务的实际需要经主管领导的批示方可领用。

第二条 领用人须填写出库单，注明所用物资的规格、型号、材质、数量、单价，确认后签字。列入工具卡管理的办卡登记；列入消耗品类的填写登记表（卡）。集体作业的须指定专人领用保管。

第三条 贵重原材料及精密量具仪表、机床附件数控刀具或未列入计划的须经中心主管领导批准方可领用。

第四条 实行以旧（废）换新回收制度，工具卡管理物品交一领一，消耗品交废领新。原材料补料须经有关人员同意并按有关手续办理。

第五条 低值易耗的辅料及劳保用品按规定的时间领用。凡属危险品，如煤油、机油、油漆、稀料、各种气体及化学品等，领用人员应注意安全使用、保管，严禁跑、冒、滴、漏。

第六条 严禁冒领、多领、代领。未经许可不准动用室内外存放的物资；未经允许不得进入库房逗留。

第二节 设备完好

一、标准内容

设备完好标准内容如下：应建立和完善设备完好标准及设备完好定期检查制度。在用设备完好率应保持在90％以上，其中应保证每台在用特种设备完好。同时参阅由中国机械工程学会在2018年10月发布的团体标准T/CMES 40001—2018《设备完好标准》，将有效推动实验实训设备管理水平的提升。

二、解读

1. 设备的正确使用和精心维护是设备管理工作中的重要环节

设备使用期限的长短、效率和工作精度的高低固然取决于设备本身的结构和精度性能，但在很大程度上也取决于它的使用和维护情况。正确使用设备可以保持设备的良好技术状态，防止发生非正常磨损和避免突发性故障的发生，以及延长其使用寿命，提高其使用效率。而精心维护设备则起着对设备的"保健"作用，可改善其技术状态、延缓劣化进程、消灭隐患于萌芽状态，从而保障设备的安全运行提高教学质量。为此，必须明确高校实验实训教学设备使用人员对设备使用维护的责任与工作内容，建立必要的规章制度以确保设备使用维护各项措施的贯彻执行。

设备的使用和维护工作包括执行设备完好标准、设备使用基本要求、设备维护等内容。

2. 执行设备完好标准

设备的技术状态是指设备所具有的工作能力，包括性能、精度、效率、运动参数、安全、环保、能源消耗等所处的状态及其变化情况。设备是为满足某种对象的工艺要求或为完成项目的预定功能而配备的，其技术状态良好与否直接关系到实验实训教学计划指标能否顺利实现。这不仅体现着它在作业活动中存在的价值与对教学工作保证程度，而且是教学人员正常进行的基础工作。设备在使用过程中，由于工作性质、工作条件及环境等因素的影响，使其所确定的功能和技术状态将不断发生变化且会有所降低或劣化。为延缓劣化过程及预防和减少故障发生，除应由操作人员严格执行操作维护规程、正确合理使用设备外，还必须加强对设备使用与维护管理，定期进行设备完好状态检查，并采取必要措施。

（1）设备技术状态完好标准　设备完好是指设备处于达到要求的技术状态。对设备完好有以下要求：

1）设备性能良好，即设备精度能稳定地满足教学活动要求，且运转时无超温、超压现象。

2）设备运转正常，零部件齐全，安全防护装置良好，磨损、腐蚀程度不超过规定的技术标准，控制系统、检测仪器及仪表和液压润滑系统工作正常，且安全可靠。

3）原材料、燃料、动能、润滑油料等消耗正常，基本无漏油、漏水、漏气（汽）、漏电现象，外表清洁整齐。

依据设备完好标准应能对设备做出定量分析和评价。这些标准由学校主管部门根据总的要求结合实验室设备特点制定，并将其作为检查设备完好的统一尺度。

（2）制定设备完好标准细则　设备技术状态完好标准，应尽可能以确切数据表示，以具有可比价值和便于评定。执行时会遇到许多具体问题，故具体确定设备完好状态时，可参照下述实施细则执行：

1）精度、性能满足工艺要求。机床按说明书规定的出厂标准，检查主要精度项目，其传动精度、运动精度、定位精度均应稳定可靠，满足工艺要求。

2）各传动系统运转正常，变速齐全：

① 设备运行时（包括液压传动）无异常冲击、振动、噪声和爬行现象。

② 主传动和进给运动变速齐全，各级速度运转正常、平稳、无异响。

③ 液压系统各元件动作灵敏可靠，系统压力符合要求。

3）各操作系统灵敏可靠。

4）润滑系统装置齐全、功效良好，如润滑系统、液压元件、过滤器、油嘴、油杯、油管、油线等应完整无损、清洁、畅通；表示油位的油标、油窗要清晰醒目，能观察出油位或润滑油滴入情况。

5）电气系统装置齐全、管线完整、动作灵敏、运行可靠。

6）滑动部位运转正常，各滑动部件无严重拉、研、碰伤。

7）机床整洁要求：① 机床各导轨、丝杠、滑动接触面清洁，无油垢积灰，罩壳内及机身外表无积垢、锈蚀和"黄袍"；② 润滑油箱、油池或液压油箱内清洁，油质符合要求。

8）无漏油、漏水、漏气现象。

9）零部件完整，随机附件齐全。即随机附件齐全，账物相符，保管妥善，无锈蚀、损伤；机床上手柄、手球、螺钉、盖板无短缺，标牌完整清洁。

10）安全防护装置齐全可靠，即各种安全防护装置如传动带、齿轮、砂轮的罩壳、保险销、防尘罩等配备齐全、固定可靠；接地装置可靠，其他电气保护装置完好。

对于其他各类设备，可参照上述实施细则，制定其完好标准检查实施细则。总的要求应尽可能采用定量的数据，这样能较客观地反映设备完好情况。

3. 设备的考核和完好率的计算

设备的技术状态完好程度以"设备完好率"指标进行考核，其目的在于促进加强设备管理，经常保持设备处于完好状态，保证教学活动的正常进行。主要设备完好率的计算公式如下：

$$主要设备完好率 = \frac{主要设备完好台数}{主要设备总台数} \times 100\%$$

主要设备包括备用、封存和在修的设备，但不包括尚未投入生产、由基建部门或其他部门代管的设备。完好设备台数是指经检查符合完好标准的设备台数。凡完好标准中的主要项目，有一项不合格即为不完好设备，能立即整改者仍算合格，但应做详细记录。

完好设备台数应是逐台检查的结果，不得采用抽查和估计的方法推算。

4. 设备使用基本要求

（1）正确使用设备措施 设备在负荷下运转并发挥其规定功能的过程，即为使用过程。设备在使用过程中，由于受到各种力的作用和环境条件、使用方法、工作持续时间长短等影响，其技术状态发生变化从而工作能力逐渐降低。要控制这一时期的技术状态变化，延缓设备工作能力下降的进程，除应创造适合设备工作的环境条件外，更主要是采用正确合理的使用方法、精心维护设备，而这些措施都要由设备操作者来执行。设备操作者直接使用设备，最先接触和感受设备工作能力的变化情况。因此，正确使用设备是控制设备技术状态变化和延缓其工作能力下降的首要条件。

正确使用设备的主要措施是：制定设备使用程序、制定设备安全操作规程、建立设备使用责任制及建立设备维护制度。

（2）设备使用程序

1）新操作者在独立使用设备前，必须经过对设备的结构性能、安全操作、维护要求等方面的技术知识教育和实际操作与基本功的培训。

2）应有计划地、定期对操作者进行技术培训教育，以提高其对设备使用及维护的能力。学生进入实验室进行教学实践活动，特别是参与操作设备的教学活动，必须首先要进行短期培训，让学生了解设备基本结构，了解安全操作规程，确保学生安全操作，杜绝事故的发生。

3）经过相应技术训练的操作者，要进行技术知识和使用维护知识的考试，合格者颁发操作证后方可独立使用设备。

（3）执行设备使用维护管理制度。这个制度首先要求抓好设备操作的基本功培训，包括"三好""四会"和操作的"五项纪律"等。

1）设备使用的"三好"要求：①管好设备；②用好设备；③修好设备。

2）操作者的"四会"要求：① 会使用；② 会维护；③ 会检查；④ 会排除故障。

3）设备操作者的"五项纪律"：① 实行凭操作证使用设备，遵守安全操作规程；② 经常保持设备整洁，按规定加油，保证合理润滑。③ 遵守交接班制度；④ 管好工具、附件，不得遗失；⑤ 发现异常立即停车检查，自己不能处理的问题应及时通知有关人员检查处理。

（4）设备安全操作规程（略）

（5）做好设备维护保养工作（略）

（6）设备运行管理　当实验实训教学基地某些设备实行多班时，或设备运行时要更换指导人员时，做好交接班工作。

三、案例

1. ［案例5-5］典型设备完好标准（摘录于本标准中资料性附录 D）

D.1　金属切削机床完好标准

完好标准检查得分达到85分及以上，即为完好设备。

第5项、10项为主要项目，10个项目每项10分，共计100分，如主要项目不合格即为不完好设备。

适用范围：车床、铣床、磨床、钻床、镗床、刻线机、拉床、插床、齿轮及螺纹加工机床、切断机床、超声波及电加工机床等（其他同类设备可参照执行，下同）。

表 D.1 金属切削机床完好标准

序号	项目	内容	定分	考核得分
1	机床性能满足要求	(1) 机床性能均能满足教学要求 (2) 加工工件质量达到教学图样表面粗糙度等要求	10	
2	传动系统运转正常，变速功能齐全	(1) 设备在运行时无异常冲击、振动、爬行、窜动、噪声和超温、超压现象 (2) 各档变速正常、灵活、可靠、齐全	10	
3	操作系统动作灵敏、可靠	(1) 操纵手柄工作时，无绑压配重等附加物 (2) 各刻度盘调节准确可靠	10	
4	润滑系统装置齐全完好管线整齐，油路畅通，运行可靠	(1) 油嘴、油眼、油杯应逐个检查，只有两处以上漏缺或堵塞现象又不能现场整改者，视为不合格 (2) 油路、液压泵应运转（在可能情况下）检查其畅通情况，凡油路不畅或液压泵运转不良，经过现场整改符合要求，可视为合格 (3) 油线、油毡齐全清洁，装置合理，油标醒目，油窗清晰，刻线正确	10	
5	电气系统装置齐全，管线完整，运行可靠	(1) 开关容量合理，触头符合要求 (2) 接触器容量合理，触头符合要求 (3) 保护系统（短路、过载、限位等）均符合要求 (4) 电动机驱动机构符合要求 (5) 控制及测量信号仪表和装置符合要求 (6) 设备应可靠接地或接零	10	
6	无漏油、漏水、漏气现象	(1) 设备无漏油现象 (2) 各冷却循环系统无渗漏现象 (3) 气动装置的阀及接头无漏气现象	10	
7	机床内外清洁，无油垢、无严重锈蚀	(1) 各传动面、导轨面、接触面无严重锈蚀，无油垢积灰，外壳表面清洁 (2) 各油箱油质符合要求，并检查换油记录是否符合规定	10	
8	滑动部位运动正常，各滑动部分及零件无严重拉、研、碰伤	(1) 导轨及锥孔拉、研、碰伤不得超过规定标准 (2) 凡拉、研、碰伤经过修复达到规定要求的，可列为合格	10	
9	部件完整	(1) 随机部件齐全，功能正常，妥善保管，维护良好 (2) 机床上操作杆、螺钉、盖板无短缺，标牌完整清晰	10	
10	安全防护装置	安全防护装置齐全可靠	10	
	小计		100	

注：1. 各项考核，按每小项计算分值。
　　2. 完好设备为85分及以上，低于85分为不完好设备（以下各类设备完好标准评分要求相同）。
　　3. 现场整改在1天之内完成，仍可给分。

D.2 锻压设备完好标准

完好标准检查得分达到85分及以上，即为完好设备。

第5项、10项为主要项目，10个项目每项10分，共计100分，如主要项目不合格即为不完好设备。

适用范围：锻锤、锻造机、轧机、冲压机、平板机、弯板机、弯管机、整形机、冷镦机等。

表 D.2 锻压设备完好标准

序号	项目	内容	定分	考核得分
1	加工能力	加工能力能满足教学要求	10	
2	传动系统	各传动系统运转正常，变速齐全	10	
3	润滑系统	润滑系统装置齐全，管路完整，润滑良好，油质符合要求	10	
4	操作系统	各操作系统动作灵敏可靠，各指示刻度准确	10	
5	电气系统	电气系统装置齐全，管线完整，性能灵敏，运行可靠	10	
6	滑动部位	滑动部位运动正常，各滑动部位及零件无严重拉、研、碰伤	10	
7	清洁	设备内外清洁，无黄袍，无油垢，无锈蚀	10	
8	无泄漏	基本无漏油、漏水、漏气现象	10	
9	附件完整	零部件完整，随机附件基本齐全，保管妥善	10	
10	防护装置	安全防护装置齐全，运行可靠	10	
小计			100	

D.3 铸造设备完好标准

完好标准检查得分达到85分及以上，即为完好设备。

第5项为主要项目，6个项目共计100分，如主要项目不合格即为不完好设备。

适用范围：造型机、抛砂机、造芯机、混砂机、落砂机、抛丸机、喷砂机等。

表 D.3 铸造设备完好标准

序号	项目	内容	定分	考核得分
1	性能	设备性能良好，能满足教学要求	20	
2	运转	设备运转正常，操作控制系统完整可靠	20	
3	装置	电气、安全、防护、防尘装置齐全有效	20	
4	清洁	设备内外整洁，零部件及各滑动面无严重磨损，滑动、导轨面无锈蚀	20	
5	无泄漏	基本无漏水、漏气、漏砂现象	10	
6	润滑	润滑装置齐全，效果良好	10	
小计			100	

D.4 热处理加热炉（电）完好标准

完好标准检查得分达到85分及以上即为完好设备。

表 D.4 热处理加热炉（电）完好标准

序号	内容	定分	考核得分
1	加热炉功能满足教学需要（检查冷态电阻，误差不大于10%）	15	
2	操作机构、传动机构运行正常，润滑良好；箱体（炉壳）无严重锈蚀	20	
3	炉内砌体完整，无严重烧蚀和裂纹	20	
4	（1）电源开关、接触器、继电器、变压器完好，运行正常 （2）炉体金属外壳、电气柜接地（零）良好，防护装置与联锁装置良好	20	
5	测温装置、计量仪表齐全，指示正确，定期校验	15	
6	保温措施好，炉体表面温度一般不得超过60℃，设备整洁，无积灰	10	
	小计	100	

D.5 交流电焊机完好标准

完好标准检查得分达到85分及以上即为完好设备。

表 D.5 交流电焊机完好标准

序号	项目	内容	定分	考核得分
1	设备 （50分）	（1）主要功能满足教学需要	20	
		（2）焊接变压器的一次线圈与二次线圈之间、绕组线圈与外壳之间绝缘电阻不得小于1MΩ，有定期测试记录	20	
		（3）主要部件完整无缺，性能符合要求	10	
2	运行 （20分）	（1）一次、二次接线端子无严重烧损现象	10	
		（2）设备内外整洁，油漆良好	10	
3	安全 （30分）	（1）一次、二次接线处有屏护罩	20	
		（2）设备接地（零）良好	10	
		小计	100	

D.6 焊接（切割）设备完好标准

完好标准检查得分达到85分及以上即为完好设备。

表 D.6 焊接（切割）设备完好标准

序号	内容	定分	考核得分
1	主要功能满足教学需要	25	
2	电源操作，控制等装置齐全，灵敏可靠	30	
3	（1）设备运转正常，机组部件完好（变压器、电刷、二次回路之接点等），温度不超过规定值 （2）绝缘强度及安全、保护装置符合技术要求，接地良好	25	
4	设备的通风、散热、冷却和液压系统齐全完整，效果良好	10	
5	设备内外清洁、润滑良好，无漏水、漏电或漏油现象	10	
	小计	100	

D.7 空压机完好标准

完好标准检查得分达到85分及以上即为完好设备。

表 D.7 空压机完好标准

序号	内容	定分	考核得分
1	(1) 排气量、工作压力等参数均达到教学要求，附属设备齐全，运转平稳，声响正常 (2) 气缸无锈蚀和严重拉伤、磨损，表面清洁，封闭良好	15	
2	安全阀安装符合规范，定期进行校验。安全阀动作灵敏可靠（包括储气罐的安全阀）	15	
3	(1) 过滤器效果好，油压不低于0.98MPa（1kgf/cm²），注油器供油正常，按规定使用润滑油，定期更换；耗油量不超过规定数值 (2) 有十字头结构的空压机，润滑油温度不超过60℃；无十字头的不超过70℃	15	
4	(1) 冷却进水温度一般不超过25℃，二级缸排气温度不超过160℃ (2) 冷却装置完好，排水温度一般不超过50℃（在满负荷情况下）；同时有断水保护装置	15	
5	(1) 电动机配备合理，有失电压、失励保护措施，运行正常（温升和声响正常），并定期进行检查 (2) 电气装置（控制柜）齐全、可靠，电气仪表指示正确 (3) 电气线路安全可靠，有接地或接零的保护措施 (4) 传动带罩等防护装置齐全、可靠	15	
6	(1) 各种管道选用、安装合理，色标分明 (2) 排污管使用达到要求，做好废油回收工作 (3) 储气罐材质、焊接、安装、使用符合 TSG 21—2016《固定式压力容器安全监察规程》要求，定期进行检验并做好记录	15	
7	(1) 无漏气、漏水、漏油现象 (2) 设备清洁、无积灰、无油垢 (3) 压缩机噪声不超过 GB/T 28001 的规定	10	
	小计	100	

注：1. 空压机的噪声级是当空压机满负荷运转时，在自由声场中距空压机表面1m，距地面1.5m 的若干测点上测得的 A 声级算术平均值。按规定，作业场所的工作地点的噪声标准不超过85dB（A）。

2. 空压机传动机构润滑油油温的测量，应在其相应部位装置有温度表或设有测温处。一级气缸排气压、二级气缸排气压、储气罐气压、空压机传动机构润滑油油压的测量，应在其相应部位装有压力表。

3. 空压机与储气罐之间须装止回阀；压缩机与止回阀之间须装放散管；储气罐上须装设安全阀；储气罐与供气总管之间应装切断阀门。

4. 本表适用于活塞式空压机，其他类型空压机可参考本表执行。

D.8 通风机完好标准（含通风系统）

完好标准检查得分达到 85 分及以上即为完好设备。

表 D.8 通风机完好标准（含通风系统）

序号	内容	定分	考核得分
1	技术性能、运行参数（风量、风压、效率等）达到教学要求	15	
2	运行正常，设备无异常振动及异常声响（噪声不超过 GB/T 28001 及 JB/T 8690 的规定）	15	
3	选型合理，适合工艺需要	15	
4	风机外表无严重磨损及腐蚀，无漏风现象	15	
5	（1）电器及控制系统完好，保护接地符合要求 （2）电动机无严重超负荷、超温现象	15	
6	润滑装置、冷却装置符合规定要求，运行正常	15	
7	风管、水冷却管道布局合理，外观整洁	10	
	小计	100	

D.9 空调柜（恒温设备）完好标准

完好标准检查得分达到 85 分及以上即为完好设备。

表 D.9 空调柜（恒温设备）完好标准

序号	内容	定分	考核得分
1	技术性能、运行参数满足教学要求	15	
2	通风系统、冷却系统布置合理，运行参数不超过规定值（压力、温度、湿度等）	15	
3	主机系统运行正常，无异常声响，运行时噪声不超过 GB/T 28001 的规定	20	
4	各阀门、管系（膨胀阀等）齐全、可靠，无堵塞及泄漏现象，过滤装置符合要求	20	
5	自控装置运行可靠，各仪表指示数值正确，并定期进行校验，安全附件完好	20	
6	设备外表整洁，油漆明亮	10	
	小计	100	

2.［案例 5-6］某高校设备完好标准及定期检查制度（摘录）

（1）设备完好标准及定期检查制度

为了加强对工程训练中心设备的管理，掌握工程训练中心的设备状态与使用情况，特制定本制度。

第一条 设备完好标准是设备处于完好技术状态的检查依据，也是计算设备完好率的基础与前提。

第二条 工程训练中心教学、科研、科技服务相关的已安装的各类设备。

不包括尚未安装及由基建部门或物资部门代管的设备。

第三条 设备完好标准的通用原则:

1. 设备性能良好,如动力设备的出力能够达到原设计的标准(或领导机关批准的标准),机械设备精度能够满足生产工艺的要求,设备运转无超温、超压现象。

2. 设备运转正常,零部件齐全,没有较大的缺陷,磨损腐蚀程度不超过规定的技术标准,主要的计量仪器、仪表和润滑系统正常。

3. 原材料、燃料、油料等消耗正常,没有漏油、漏气、漏电等现象。

第四条 工程训练中心针对不同的设备,建立不同的设备完好标准。

第五条 在计算设备完好台数时,不得用抽查折合的方法推算,而必须反映每台设备的实际情况。

第六条 设备完好率(%) = 主要设备完好台数/全部仪器设备台数×100%

第七条 中心每学期期初、期中、期末,以及设备维修完成后组织检查一次设备完好状况,由车间(或实训室)负责人、设备管理人员参加检查评定。

第八条 设备完好标准检查得分达到85分及以上,即为完好设备。

第九条 设备完好标准检查得分小于85分,设备管理人员须对设备进行检修整改,无法自行完成的,须将《设备维修申请表》提交设备物资部,进行维修。

第十条 工程训练中心在用设备完好率应保持90%以上,其中在用特种设备应每台完好。

(2)数控机床完好标准

设备编号: 填表人: 日期:

序号	项目	内容	定分	考核得分
1	机床精度、性能满足要求	(1)机床精度、性能均能满足教学要求 (2)加工工件质量达到图样表面粗糙度、几何精度等要求	10	
2	传动系统运转正常,变速齐全	(1)机床运转时,不得有明显振动、不规则冲击和异常噪声 (2)主传动和进给运动调速在规定范围内运转正常 (3)机床主轴轴承达到稳定温度时,主轴轴承的温度和温升均应符合标准	10	
3	数字控制装置	(1)数字控制装置各组成部分保持完整,功能齐全、性能稳定,工作状态良好 (2)装置内部清洁,布线整齐,线路无老化,各线路标志明显	10	

（续）

序号	项目	内容	定分	考核得分
4	润滑系统装置齐全完好管线整齐，油路畅通，运行可靠	（1）液压系统各元件动作灵敏、可靠，各部压力符合要求 （2）润滑系统各装置完整无缺，管路齐全清洁，油路畅通，润滑部位油质油量应符合规定要求 （3）油位的标志醒目，油位清晰，润滑油注入显示正常	10	
5	驱动装置	（1）伺服驱动装置各元件保持完整，性能稳定，工作可靠，符合机床工作要求 （2）装置内部清洁，布线整齐，线路无老化，各线路标志明显	10	
6	无漏油、漏水、漏气现象	（1）设备无漏油现象 （2）各冷却循环水路系统无渗漏现象 （3）气动装置各阀及接头无漏气现象	10	
7	机床内外清洁，无油垢、无锈蚀	（1）各传动面、导轨面、接触面无严重锈蚀，无油垢积灰，外壳各面清洁 （2）各油箱油质符合要求，并检查换油记录是否符合规定	10	
8	滑动部位运动正常，各滑动部分及零件无严重拉、研、碰伤	（1）导轨及锥孔拉、研、碰伤不得超过规定标准 （2）凡拉、研、碰伤经过修复，可列为合格	10	
9	辅助装置	齐全完好、功能正常、运动（转）可靠、符合工作要求	10	
10	部件完整	（1）安全装置齐全可靠 （2）防护装置齐全可靠	10	
		小计	100	

（3）金相磨抛机完好标准

设备编号：　　　　　　　填表人：　　　日期：

序号	项目	内容	定分	考核得分
1	外观	（1）金相磨抛机放置在稳固的水平桌面上 （2）外表无污损 （3）旋钮开关正常 （4）电源线绝缘层完好，接地线连接可靠	20	

（续）

序号	项目	内容	定分	考核得分
2	进出水管路	（1）进水管与进水口之间水密性良好 （2）排水口位置高于排水管 （3）转盘底部及排水管内部无污物，以工作状态水量使用时排水通畅	20	
3	进水嘴	（1）转盘水龙头开闭流畅，无漏水现象 （2）水龙头可自由绕轴旋转调节水流位置	20	
4	运行状态	（1）转盘转动无明显圆周晃动和端面圆跳动 （2）电动机无明显噪声和振动	20	
5	转盘	（1）转盘表面光洁无锈蚀 （2）套圈能压紧砂纸及抛光布	20	
		小计	100	

（4）金相切割机完好标准

设备编号：　　　　　填表人：　　　　日期：

序号	项目	内容	定分	考核得分
1	外观	（1）切割机外观无明显污渍和锈蚀 （2）防护罩壳完整，铰链启闭顺畅，与机体密闭良好 （3）电源线无破损，内部接线连接牢固	20	
2	进出水	（1）进水口与进水管无滴漏现象 （2）出水口高于出水管 （3）砂轮下方水槽和出水管内无污物，在冷却水正常流量下排水顺畅	20	
3	砂轮	（1）砂轮无破损，表面无裂纹，砂轮与电动机轴安装紧固，表面无裂纹缺损，敲击砂轮表面声音沉闷 （2）面向砂轮表面且电动机位于砂轮背面时旋向为顺时针，砂轮转动时电动机无明显噪声和振动	20	
4	夹具	（1）夹具表面无杂物锈蚀，防护罩完好，旋转夹具手柄可夹紧或松开试样 （2）夹具通过定位机构能在切割前后保证试样不与砂轮接触，安全装卸试样	10	
5	冷却	冷却水管出水通畅，水管及开关无明显滴漏，可准确对准切割位置进行冷却	10	
6	工具	配套工具包括单头扳手2把，内六角扳手1把	10	
7	安全防护	防护眼镜和防噪声耳塞齐全	10	
		小计	100	

（5）显微镜完好标准

设备编号：　　　　　　　填表人：　　　　　日期：

序号	项目	内容	定分	考核得分
1	外观	（1）显微镜外表无明显划痕和损伤 （2）载物台表面平整光洁，样品夹能夹紧载物板 （3）横向纵向移动机构及调节旋钮运转连贯平稳，能调节试样位置实现对中	10	
2	物镜	（1）显微镜物镜镜片表面无划痕污渍 （2）物镜转换器能切换不同物镜且保证定位准确 （3）物镜松紧调节手轮转动流畅，能保证成像清晰	15	
3	目镜	（1）显微镜目镜镜片表面无划痕污渍 （2）手握双目镜绕轴转动能调节观测瞳距 （3）转动目镜调节环能保证成像清晰	15	
4	灯箱	（1）灯箱散热孔内无积尘和异物 （2）灯箱外部与四周障碍物距离大于10cm （3）电源接通后照明稳定，能通过调光手轮正常调节视场亮度	10	
5	视场光栅	视场光栅拉杆推入状态时，通过目镜可观察光栅成像在视场中央，如不在中心位置，能通过调节视场光栅调中螺钉进行对中	10	
6	灯光中心	灯光中心须在视场中心，如不在中心位置，能通过调节卤素灯调节螺钉进行对中	10	
7	光路切换	光路切换在最左侧可以同时为目镜和摄像装置提供光线，在最右侧只为目镜提供光线	10	
8	照相装置	（1）照相装置采光、照相功能正常，借助校准标尺能进行测量校准 （2）分析软件可对图像进行尺寸、组织分析	10	
9	配件	显微镜配件、附件及备件齐全，软件锁和光盘保管妥善可正常使用	10	
		小计	100	

（6）硬度计完好标准

设备编号：　　　　　　　填表人：　　　　日期：

序号	项目	内容	定分	考核得分
1	使用环境	（1）硬度计工作室温18~28℃之间，相对湿度不大于65% （2）周边无振动和腐蚀性环境 （3）有配套的防尘套	10	
2	外观	（1）硬度计外观光洁无污渍锈蚀，使用水平仪检测基座为水平状态 （2）上盖安装牢固无变形，机构部件无缺损，仪器配件、附件及备件与装箱单对应	10	
3	显微镜	（1）机构调整旋钮功能正常 （2）镜片无破损和划伤 （3）能保证清晰成像并辅助进行尺寸测量	10	
4	电源	电源接通时，对应的内外照明灯及投影屏能稳定点亮	10	
5	投影屏	投影屏刻度显示清晰稳定，读数准确	10	
6	升降丝杠及工作台	（1）升降丝杠表面润滑充分 （2）旋转手轮时工作台升降平稳无振动 （3）丝杠外安装有防护罩，防护罩须低于支承平面	10	
7	砝码	（1）砝码数量齐全，外表无污损，编号清晰 （2）吊杆托架固定牢靠，可稳定承载全部砝码	10	
8	缓冲器	（1）缓冲器内油量合适，推拉加卸（试验力）手柄无空吸声 （2）外表无多余溢出油渍	10	
9	加载速度	按说明书所述2.6内容进行硬度计加载速度检测，调节缓冲器调节手轮，主试验力加载时间2~8s	10	
10	测量精度	硬度计测量标准试样块的洛氏硬度、维氏硬度和布氏硬度的测量精度符合说明书要求	10	
		小计	100	

（7）虚拟焊接设备完好标准

设备编号：　　　　　　　填表人：　　　　日期：

序号	项目	内容	定分	考核得分
1	学生机	触摸屏显示清晰，触摸功能灵敏准确，控制面板旋钮能正确调整焊接参数，并对应在触摸屏上同步显示	20	
2	教师机	管理软件运行正常，能对学生机的任务、课程和操作者进行管理，其屏幕影像能同步投影	20	

（续）

序号	项目	内容	定分	考核得分
3	头盔显示器	能正确与学生机、教师机同步通信，电量保持充足，显示器成像清晰稳定，头盔能适应不同佩戴者并保证佩戴舒适稳固	20	
4	操作支架	仿真焊件配备齐全，支架能支持平焊、横焊、立焊、仰焊及其他任意位置的虚拟仿真焊接操作，移动顺畅，定位准确	20	
5	仿真焊枪	支持电弧焊、氩弧焊和气保焊三种焊接方法，能正确快速与学生机连接，并可通过自身定位装置和头盔显示器的传感器配合进行正确快速识别，在学生机屏幕和头盔显示器中同步显示虚拟现实场景	20	
		小计	100	

第三节　设 备 布 局

一、标准内容

设备布局标准内容如下：为确保操作安全，实验室设备（包括设备与墙柱）安全间距一般不小于0.5m；工程训练中心机械加工设备（包括设备与墙柱）安全间距一般不小于0.7m，其中大型设备（包括设备与墙柱）安全间距一般不小于1m。台式增材制造设备、激光加工设备等可根据需要安排设备布局。

对分组形式的教学，为保证实验实训效果，各台（套）设备布局应确保组内每位学生的合理操作空间。

二、解读

1. 整体发展速度快

由于近年大学扩大招生，在校学生数量不断增加，为了进一步搞好教学及实践活动，各高校的基础实验室、专业基础实验室和专业实验室从设备数量上明显增加。各高校为实验实训购进大量先进的设备，特别是高端进口设备数量的增加，以及相当部分高校重新建造实验大楼，这都为提高高校实验实训等级水平打下了良好基础。

随着国际科技的迅速发展，各种高科技新成果不断地应用在设备上，使设备现代化水平迅速提高，且正在朝着高速化、精密化、电子化、自动化等方向发展。由于装备水平不断提升，对实验实训设备合理布局、设备安全间距、学生实验的合理操作空间等提出了新的要求。

2. 设备合理布局工作还须加强

高校学生数量不断增长，但实验实训设备的增长幅度却不及学生的增长幅度，因而在实验实训教学使用上安排难度增大。一方面一台设备在进行教学活动时，旁边围着十几个学生，很难达到实验教学活动的预期效果；另一方面设备运行和停用时段不均，如有时一台设备每天安排12h，连续运行1~2个月；有时连续1~2个月设备无教学实践活动。这样，给设备维护保养和提高教学活动质量带来很大困难；同时由于实验室设备开开停停，对设备性能影响很大，形成了许多不安全因素。

3. 高校实验实训设备布局规范化，确保实验实训安全运行的要求

由于高校实验实训服务对象是学生，而且每次实验室教学活动内容又不一样，特别是很多学生第一次进入实验实训环节接受学习教育，为了提高教学效果，高校实验实训各项管理必须起到示范作用。通过实验实训标准化、规范化管理，才能确保实验实训教学安全运行。

总之，实验实训设备布局合理性、安全性、科学性，既保证了教学效果，同时也对实验实训设备安全运行起到了保证作用；更重要的是增强了学生工程实践意识。

三、案例

[案例5-7]　某高校实验室实景

某高校实验实训设备的合理布局，对提高实验实训的教学效果起到很好作用，实验室实景如图5-7~图5-12所示。

图5-7　电工实验室设备布局示意

图 5-8　工程训练中心焊接实训场地布局示意

图 5-9　气动实验室设备布局示意

图 5-10　工程训练中心工程实训 – 车间设备布局示意

图 5-11　机电综合实验室布局示意

图 5-12　CAD/CAMP 实验室布局示意

第四节　设备现场设置

一、标准内容

设备现场设置标准内容如下：设备应设置管理标牌，显示设备资产编号、名称、功能、主要技术参数、管理责任人等内容。设备安全操作规程、操作指导书应放置在设备上或设备周围等便于学习、执行和检查的位置；对待修、停用设备应设置明显标识。

二、解读

1）因高校实验实训教学实验项目要求越来越高，在实验项目中使用的设备种类越来越多，而且涉及面广，为了确保实验实训教学效果及设备设施安全可靠运行，所以设备现场设置的管理越来越重要。

2）高校实验实训主要是为强化学生工程实践能力而设置的，特别在学生进入大学一年左右，就会安排其进入学校工程训练中心进行实训项目，所以做好设备现场设置管理，会起到一个很好的示范作用，同时为实验实训的安全可靠运行打下良好基础。

3）设备现场设置主要强调设备应设置管理标牌；设备安全操作规程及操作指导书；对待修、停用设备应设置明显的标识三方面内容。

三、案例

[案例5-8]　某高校实验室现场设置

掌握高校实验实训设备现场设置情况对提高学生工程实践能力意识可起到一个很大的示范作用，实验室标识如图5-13~图5-16所示。

图5-13　设备状态管理标识示意

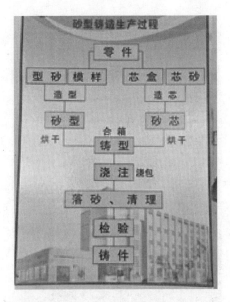

图 5-14　砂型铸造生产过程标识示意

图 5-15　硬度计安全操作规程标识示意

图 5-16　安全操作规程标识示意

第五节　设备维护

一、标准内容

设备维护标准内容如下：做好设备日常维护保养、润滑和定期检修工作，并保存设备运行和维护记录。

二、解读

设备维护工作主要包括设备日常维护和定期检修，检测检验仪器仪表应用、设备润滑工作等。

1. 设备维护

（1）设备维护重要性　设备的维护是为了保持设备的正常技术状态、延长其使用寿命必须进行的日常工作，也是操作者（或负责指导老师，以下类同）的主要责任之一。设备维护工作做好了，可以减少故障损失和维修费用，因此，必须重视和加强这方面的管理工作，如图 5-17 所示。

（2）设备维护的四项要求　设备维护必须满足的四项要求是：

1）整齐，是指工具、工件、附件放置整齐，设备零部件及安全防护装置齐全，线路、管道完整。

2）清洁，是指设备内外清洁，无黄袍；各滑动面、丝杠、齿条等无黑油

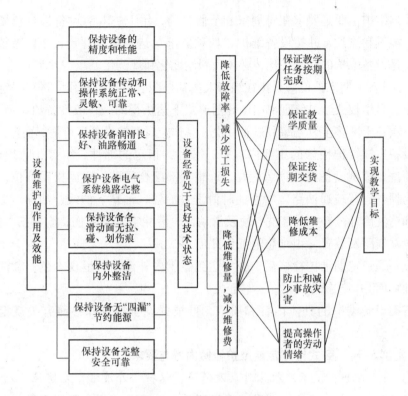

图 5-17　设备维护的效能

污，无碰伤；各部位不漏油、不漏水、不漏气、不漏电；切削垃圾清扫干净。

3）润滑，是指按时加油、换油，油质符合要求，油壶、油枪、油杯、油嘴齐全，油毡、油线清洁，油标明亮，油路畅通。

4）安全，是指实行定人定机和交接班制度；熟悉设备结构，遵守操作维护规程，合理使用，精心维护，监测异状，不出事故。

（3）设备维护的类别及内容　设备维护工作分为日常维护保养和定期维护检修两类。

1）设备日常维护保养包括每天维护和周末维护两种，由操作者负责进行。每天维护要求操作者在作业时必须做到：① 对设备各部进行检查，并按规定加油润滑；确认正常后才能起动设备；② 设备运行要严格按操作维护规程，正确使用设备，注意观察其运行情况，发现异常要及时处理，操作者不能排除的故障应通知维修员及时进行检修，并在"故障修理单"上做好检修记录；③ 作业结束前用大约 15min 时间认真清扫、擦拭设备，并将设备状况记录在交接班簿上，办理交接班手续。

周末维护主要是要求在每周末和节假日前，用 1~2h 对设备进行较彻底的清扫、擦拭和涂油，并按设备维护"四项要求"进行检查评定，予以考核。日常维护是设备维护的基础工作，必须做到制度化和规范化。

2）设备定期维护检修是指在维修人员辅导配合下，由操作者进行的定期维护工作，是学校或学院管理部门以计划形式下达执行的。一般设备约 3~6 个月进行一次；干磨多尘设备每月进行一次，其作业时间按设备运行情况而定。

设备定期维护检修的主要内容是：①拆卸指定的部件、箱盖及防护罩等，彻底清洗、擦拭设备内外；②检查、调整各部配合间隙，紧固松动部位，更换个别易损件；③疏通油路，增添油时清洗过滤器、油毡、油线、油标，更换冷却液和清洗冷却液箱；④清洗导轨及滑动面，清除毛刺及划伤；⑤清扫、检查、调整电器线路及装置（由维修电工负责）。

设备通过定期维护检修后，必须达到：①内外清洁，呈现本色；②油路畅通，油标明亮；③操作灵活，运转正常。

各类设备维护的具体内容和要求，可根据设备特点和参照有关规定要求制定。

[案例5-9]　卧式镗床定期维护检修内容与要求

1）外部维护：①清洗机床外表及罩壳，保持内外清洁，无锈蚀，无黄袍；②清洗丝杠、光杠、齿条；③补齐和紧固手球、手柄、螺钉、螺母等机件，保持机床完整。

2）主轴箱：①检查、清洗主轴箱夹紧拉杆、平旋盘及调整楔铁；②检查平衡锤钢丝绳紧固情况。

3）工作台及导轨：①清洗工作台，调整挡铁及楔铁间隙；②擦洗全部导轨，清除毛刺。

4）后立柱：清洗后轴承座、丝杠，调整楔铁间隙。

5）润滑系统：①清洗油毡、油线，做到油路、油孔畅通，油杯、油嘴齐全，油标醒目明亮；②清洗过滤器，油质、油量符合要求；③清洗冷却装置，更换变质冷却液。

6）电器装置：①擦拭电器箱、电动机，检查线路装置；②电器装置固定整齐。

2. 检测检验仪器仪表应用

通过对设备故障的信息或伴随着设备故障而出现的现象，如温度、压力、振动、噪声、润滑油变化状态，对各种性能指标的检测检验和记录数据资料进行科学分析，能对运行中设备了解当时的技术状态，并查明产生故障的部位和原因，或预报、预测有关设备异常、劣化或故障趋势，以及做出相应对策。

在高校实验实训的各种设备，因教学实验工作的需求，往往处于断断续续的工作状态。正是这种间歇运行，可能造成设备损坏、故障及磨损更为严重，所以通过应用检测检验仪器仪表及时了解设备的技术状态，对高校实验实训的设备维护管理显得更为重要。

近年来，国内市场出现了各种规格、功能、精度的专业或综合的诊断检测检验仪器仪表和组合系统，为高校实验室设备维护故障诊断、在线或离线监测、监控设备状态提供了良好的服务，并已取得明显的效果。

检测检验仪器仪表一般可分为多功能仪器仪表、产品组合检测检验仪器仪表，以及专业仪器仪表等。

（1）多功能仪器仪表　如多功能分析仪，它是集脉冲、振动分析、数据采集、趋势分析于一身的多功能分析仪器，可以进行温度测量、转速测量，如图 5-18 所示。

1）先进冲击脉冲技术是能成功地对设备传动部件进行监测的技术，冲击脉冲传感器采用独特的机械滤波（32kHz），从而可以检测出不平衡、不对中、松动等低频信号，而不受其他振动信号的影响。采用冲击脉冲频谱方法分析减速器问题，很容易分清是齿轮问题还是轴承问题。

图 5-18　多功能分析仪外形

2）可靠的振动分析功能，可以检测振动速度、加速度和位移，按规定所有指定的设备等级和报警限值均在菜单之中。

3）采用精确轴对中模块，运用独特的线扫描激光技术，可进行设备的水平和垂直方向对中；采用动平衡模块，检测单面或双面转子平衡，操作更加容易；具备起停车分析与锤击试验功能，可作为根源分析的工具。从而展示设备结构振动特征、共振频率和临界速率表象。

4）可容纳所有生产设备的运行状况数据；直观查看设备当前状态，图解评估清晰并可拓展多种功能，客户可根据需求选择。

（2）产品组合检（监）测检验仪器仪表

1）轴承故障分析仪，这是目前最成熟的滚动轴承故障分析仪，不但能定性，而且能定量判断轴承故障的原因，可实现不停机故障检测。根据取得的值，构成不同的模态，分析轴承故障的原因，如缺油、磨损缺陷等。现场使用十分方便。该故障分析仪有 T 型、A 型等，如图 5-19 所示。

图 5-19　轴承故障分析仪

2）电动机在线综合监测系统：

① 特性：通过在线监测的电流电压数据，诊断电源品质、电压与电流谐波、定子电气与机械故障、转子故障、气隙故障、轴承故障、对中与平衡故障、驱动装置故障等。小巧的手持式设计、自动化操作，可供现场使用。

② 智能监测：交流电动机转子故障分析、交流电动机转子气隙与磁偏心分析、交流电动机定子分析、耦合与负载机械特性诊断（对中、平衡、轴承、齿轮、松动等）变频装置故障分析、直流调速系统故障分析、同步电动机诊断、直流电动机电枢诊断、直流电动机励磁绕组诊断、电源供电品质分析、谐波与功率分析。

③ 具体操作：在控制柜（可在 PT/CT 上）接三相电压夹头与三相电流连接；仪器简单，通过按键进行数据存储；蓝牙无线技术，将数据上传到计算机；输入电动机铭牌数据；自动分析得出结论，并打印报告。

（3）专业仪器仪表

1）振动类：

① 袖珍测振仪。袖珍型设计，结实、便携、可靠，十分适合现场点检使用。可测量振动位移、速度、加速度、高频加速度四种参数。

② 经济型现场动平衡仪。在原始安装状态下可直接在设备上测量平衡等功能，简单、快速方便。可用于各类转子的现场平衡测量。

2）油液类：

① 数字式油品检测仪。可现场检测油中水分和总碱值（TBN）等；使用黏度检测套件，比对新旧油品的黏度得出油品黏度的变化，可进行定性分析；还可定性检测油品中的盐分及不溶物。

② 快速油黏度计。将采样油与封装于参考管内的已知黏度的油样做比较，无须任何计算，黏度直接在表上读取（误差 ±5%）。适用于各种液压油、润滑油，测定范围：0 ~ 400cSt，40℃；两种推荐读数范围为 8 ~ 200cSt 和 20 ~ 400cSt。

③ 现场油质检测仪。可现场快速检测各项污染物，如金属颗粒、氧化物、水、防冻液、汽油、酸等，给出定性定量的结果。可决定油品是否仍可使用或

需要更换，对各种油品进行快速检测，避免了所有油品送实验室进行检测，省时省力。该仪器广泛用于各种关键设备，如压缩机、发动机、齿轮箱、工程机械及其他各种机械设备。

3）厚度类：

① 经济型超声测厚仪，技术参数见表5-9。

表5-9　经济型超声测厚仪技术参数

项目	数据	项目	数据
显示方法	四位液晶数字	低电压指示	有
测量方法	超声波	接触显示	显示
测量频率	5MHz	电源	5号电池，两节
显示精度	0.1mm	外形尺寸	124mm×67mm×30mm
测量范围	1.2~255mm	温度	10~40℃
声速调节	500~9990m/s	湿度	20%~90%
误差	±0.1mm，（±1%H+1）mm（H为被测物厚度）	质量	240g

② 超声腐蚀厚度测试仪，可进行所有金属、陶瓷、玻璃及大多数硬质塑料甚至橡胶等材质的厚度测量，最高分辨力达0.001mm。技术参数见表5-10。

表5-10　超声腐蚀厚度测试仪技术参数

订货号	M0425LT	M0445N	M0425M	M04007	M0425M-MMX
量程（测厚模式）/mm	1.0~150.0	1.0~200.0	0.6~150.0	0.15~25.4	0.63~500
测量方式	测厚	测厚	测厚、扫描	测厚	测厚、扫描
分辨力/mm	0.04	0.01	0.01	0.001	0.01
声速/（m/s）	2000~10000	1000~12000	2000~10000	1250~10000	1250~10000
适用材质	钢材	钢材	多种材质	多种材质	多种材质
适用环境			防水		防水
适用温度/℃	50	50	选件高温探头343	50	选件高温探头343

4）温度类：

① 三点激光寻点型测温仪，能明确圈定测试目标，适合中、远距离小目标的测试。广泛用于设备预知维修及高压设备安全监测，如汽车、设备维护等，其技术参数见表5-11。

表 5-11　三点激光寻点型测温仪技术参数

型号	基 本 型	扩 展 型
订货号	T02M×2	T02M×4E
测试范围	−32～900℃	
精度	±0.75% 或 ±1℃	
分辨力	0.1℃	
响应时间	250ms	
电源	两节 5 号电池	
发射率	0.1～1.0（可调）	
视场角	60:1	
高值报警	√	√
低值报警		√
最小/最大		√
差值/平均值		√

② 加强型红外热像仪，属于高性价比的热像仪，专为设备检测检查而设计。热像仪技术在设备检测检验工作执行中具有广泛的推广基础，是目前推进设备安全运行、可靠检测的首选产品。还有专为电气安全及设备故障诊断而定制的产品，有点分析、面分析、线分析，有网格分析、测点数据库、柱状图分析。特别适用于电气和机械设备与热相关目标的预知维修；检查电气设备，如电动机、控制柜等运行状况；检查蒸汽管道接头、阀门故障状况及管道的热保护情况；检查容器泄漏等。

5）功能类：

① 超声检测仪，BM211B 数字超声检测仪能够快速便捷、无损伤、精确地进行工件内部多种缺陷，如裂纹、焊缝、气孔、砂眼、夹杂、折叠等的检测、定位、评估及诊断，广泛应用于电力、石化、锅炉及压力容器、航空航天、铁路交通、汽车、机械等领域。

② 激光转速表，具有多种转速测量功能，可分别进行转速、线速等测量。正常转速：3～99999r/min，最大可达 500000r/min。对于接近测量有危险，保护装置难进入的场合，特别有效。

③ 袖珍型硬度计，这是目前最小巧、灵便的硬度测试仪器，已广泛应用于各行业及各种环境，如金属材料加工、机械制造、汽车等领域。特别适用于重型的铸锻件、轧辊、压力容器等设备的无损检测。

④ 便携式工业用电子视频内窥镜，主要用于实施检查零件的松动/振动、表面裂纹/锈蚀情况、焊接质量、交错孔加工误差、孔隙、阻塞或磨损等。

⑤ 便携式超声波流量计，利用频差法准确测量管道内流体的流量、流速的工具。广泛应用于泵性能测试、流体实验系统、润滑油、自来水的流量勘查等。

3. 设备润滑管理

设备润滑是设备维护工作的重要环节。设备缺油或油脂变质，会导致设备故障甚至破坏设备的精度和功能。搞好设备润滑工作，对于减少故障、保障生产顺利进行、减少机件磨损、延长使用寿命，都有着重要的作用。

由于高校教学实验实训活动的特点，各种设备停歇时间不一，所以搞好设备润滑显得更为重要。特别对在实验实训中的高速运转设备，还应每月进行10～20min 的运转，以及开机前检查设备各润滑点情况是否符合要求；设备运转时，检查润滑装置工作是否正常；停机后，检查和排除润滑装置故障与异常情况。

设备润滑管理主要包括设备润滑管理工作、设备用油润滑技术、润滑材料质量鉴别、设备润滑治漏技术、润滑油添加剂技术等。

（1）设备润滑管理工作 为使设备润滑工作有章可循，高校实验实训应建立和健全设备润滑管理制度。润滑管理制度如下：

1）供应部门根据学校设备部门提出的年度、季度润滑材料申请计划，如期按牌号、数量、质量采购供应。

2）进校油品一定要经学校或专业单位化验部门检验其主要质量指标，合格后方可发放使用。对不合格油品，要求供应厂家退换或采取技术处理措施。

3）完善各项润滑管理工作制度，如润滑人员的职责、入校油品的质量检验、废油回收与再生利用及治理漏油等。

4）编制润滑工作所需的各种基础管理资料。如各种型号设备的润滑卡片、油箱储油量定额、润滑油消耗定额、设备换油周期、油品代用的技术资料等，以指导操作人员做好设备润滑工作。

5）按润滑"五定"要求，搞好在用设备的润滑工作。

6）做好设备润滑状态的定期检查与监测，及时采取改善措施，完善润滑装置；防止油料变质；治理漏油，消除油料浪费。

7）组织废油的回收与再生利用工作。

8）入库油料必须专桶专用、标明牌号、分类贮存，转桶时应过滤；露天存放时，采取措施以防止雨水和杂质进入桶内。

9）润滑材料在库存放 1 年以上者，应送化验部门重检验油品质量，未取得合格证的油品禁止发放使用，并应及时采取技术处理措施。

润滑材料管理工作程序示意图如图5-20所示。

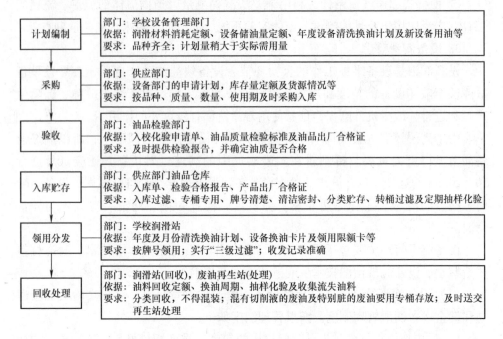

图5-20　润滑材料管理工作程序示意图

10）学校润滑站按照任务分工，负责各种油料的收发保管、废油的回收再生与利用、切削液等工艺用油液的配制与发放。

11）实验实训旋转类型设备数量较多的，一般要建立学校润滑站或委托专业润滑公司做好设备润滑工作。

（2）润滑"五定"与"三过滤"　设备润滑"五定"与"三过滤"是总结多年来润滑技术管理的实践经验提出的。它把日常润滑技术管理工作规范化、制度化及内容精练化。实施设备润滑"五定"与"三过滤"工作，是搞好设备润滑工作的重要保证。其内容如下。

1）润滑"五定"，是指：a. 定点，确定每台设备的润滑部位和润滑点，并保持其清洁与完整无损，以及实施定点给油。b. 定质，按照润滑图表规定的油脂牌号用油，且润滑材料及掺配油品须经检验合格，以及润滑装置和加油器具保持清洁。c. 定量，在保证良好润滑的基础上，实行日常耗油量定量换油，并做好废油回收退库，以及治理设备漏油及防止浪费。d. 定期，按照润滑图表或卡片规定的周期加油、添油和清洗换油，对贮油量大的油箱按规定时间抽（油）

样化验，并视油质状况确定清洗换油或循环过滤，以及下次抽验或换油时间。

e. 定人，按润滑图表上的规定，明确操作员和润滑员对设备日常加油、添油和清洗换油的分工，各负其责、互相监督，并确定取样送检人员。

2）"三过滤"，亦称"三级过滤"，是为了减少油液中的杂质含量，防止尘屑等杂质随油进入设备而采取的措施。包括：a. 入库过滤，油液经运输入库泵入油罐贮存时要经过过滤。b. 发放过滤，油液发放注入润滑容器时要经过过滤。c. 加油过滤，油液加入设备贮油部位时要经过过滤。

（3）切削液管理制度

1）切削液等工艺用油液的选用及消耗定额由实验室主管部门确定，并对其配制方法及质量进行定期检查鉴定，以及从技术管理上对润滑工作做好相关指导。

2）要严格按照工艺规程配制切削液等工艺用油液，保质、保量、保供应实验所需。凡质量不合格及贮存变质者不得发放，以免影响产品加工质量和腐蚀机床。

3）使用者要定期更换切削液，清理贮液箱，不使用变质及会使机床、工件发生锈蚀的工艺用油液。

4）做好工艺用油液的回收处理工作，防止浪费和污染环境。

（4）废油回收及再生管理制度

1）为节约能源、防止污染环境，用油单位更换下来和收集起来的各种废旧油料，必须全部回收，不得流失、抛弃、烧掉或倒入下水道。

2）学校设备管理部门负责集中管理回收的废油，按规定交石油公司相关部门。有条件成立废油再生站的由再生站负责对回收的废油进行再生加工，制成质量符合技术标准的合格油，不合格者不准使用。

3）各用油单位回收的废油应严格按下列要求处理：a. 回收的废油必须除去明显的水分和杂物；b. 不同种类的废油应分别回收保管；c. 污染程度不同的废油或混有冷却液的废油，应分别回收保管，以利于再生；d. 废旧的专用油及精密机床的特种油，应单独回收；e. 废油和混杂油应分别回收；f. 贮存废油的油桶要盖好，防止灰尘及水混入油内；g. 废油桶应有明显的标志，仅作为贮存废油专用，不应与新油桶混用；h. 废油回收及再生场地要保持清洁整齐，做好防火安全工作。收发要有记录单据，并按用油单位每月定期汇总，以及上报有关部门。

（5）设备用油润滑技术

1）设备用油现状。根据美国机械工程学会在《依靠摩擦润滑节能策略》一书中的介绍，美国每年从润滑方面获得的经济效益达 600 亿美元；英国每年从润滑成果推广应用中获得 5 亿英镑。据统计 70% ~ 85% 的液压元件失效是由于油品污染引起的。瑞典 SKF 公司研究表明，将润滑脂中的微粒控制在 2 ~ 5μm 以内，轴承的使用寿命将延长 10 ~ 50 倍。

目前我国每 1000 美元 GDP 消耗一次性能源折标煤为日本的 5.6 倍，润滑油消耗量为日本的 3.79 倍。搞好润滑管理工作，我国每年可节约 500 亿元人民币。

尽管润滑油的支出仅是设备维修费用的 3%，但实践证明设备使用寿命很大程度上取决于润滑条件。80% 的零件损坏是由于异常磨损引起的，60% 的设备故障由于不良润滑引起。如著名 SKF 轴承公司研究指出，54% 的轴承失效是由于不良润滑引起的。

2）发展趋势。多年来润滑技术取得很大进展，高效、节能、环保是今后润滑研究的发展方向，也是金属磨损表面技术的重要发展方向。随着经济发展，许多高性能润滑油品逐渐进入市场，为润滑技术发展带来很好的条件，共同认识到高性能润滑油品将为用户带来更大的效益。

① 薄膜润滑。随着制造技术的发展，流体润滑设计膜厚正在不断减小以满足高性能的要求。当滑动表面间的润滑膜厚达到纳米级或接近分子级时，在弹性流体润滑和边界润滑之间会出现一种新的润滑状态：薄膜润滑。薄膜润滑的一个特性是时间效应，如在静态的接触区内的润滑膜厚度随时间基本不变；在高速情况下，膜厚度随时间增加而略有降低；在低速情况下，膜厚度随时间增加而不断增加。

② 高温固体润滑。高温固体润滑主要体现在两个方面：高温固体润滑剂和高温自润滑材料。常用的高温固体润滑剂主要有金属和一些氧化物、氟化物、无机含氧酸盐，如钼酸盐、钨酸盐等；另外，还有一些硫化物，如 Pbs、CrxSy 也可作为高温固体润滑剂。高温自润滑材料即可在 1000℃ 以上使用，以 Ta、W、Mo、Nb 等为合金基通过粉末冶金热压法进行制作的复合材料。

③ 绿色润滑油。绿色润滑油是指润滑油不但能满足设备工况要求，而且其油及其耗损产物对生态环境不造成危害。针对绿色润滑油的研究工作主要集中在基础油和添加剂上。就摩擦技术而言，绿色润滑油及其添加剂，必须满足油品的性能规格要求；而从环境保护的角度出发，它们必须具有生物可降解性和较小的生态毒性累积性。

④ 纳米润滑材料。纳米材料本身具有表面积大、高扩散性、易烧结性、熔点降低、硬度增大等特点，将纳米材料应用于润滑体系中，不但可以在摩擦表面形成一层易剪切的薄膜，降低摩擦因数，而且可以对摩擦金属表面进行一定程度的填补和修复。

[案例5-10]　润滑油和液压油的选用

1. 润滑油的选用

机床主轴轴承的润滑油选用见表5-12；导轨的润滑油选用见表5-13；齿轮传动的润滑油选用见表5-14。

表5-12　机床主轴轴承的润滑油选用

轴承类型	配合间隙/mm	工作状态	推荐用润滑油	
			种类	黏度范围/(mm²/s)(40℃)
滑动轴承	0.004~0.010	工作温度10~60℃	L-FC 主轴油 L-FD 主轴油	2~3
	0.01~0.02			5
	0.02~0.10			7~10
静压轴承	0.02~0.10	工作温度10~60℃ 主轴与轴承被压力油隔离开	L-FC 主轴油 L-HL 液压油	10~32
		工作温度10~60℃压力润滑	L-HL 液压油 L-HM 液压油	10~68

表5-13　导轨的润滑油选用

导轨类型		工作状态	推荐用润滑油	
			种类	黏度范围/(mm²/s)(40℃)
水平	滑动导轨	轻负荷 p<10MPa, v<0.5m/s	L-AN 全损耗系统用油	32~46
		中负荷 p=10~40MPa	L-HL 液压油	46~100
		重负荷 p>40MPa	L-G 导轨油	68~150
	静压导轨	压力润滑	L-HL 液压油	32~46
	滚动导轨	浸油润滑	L-HL 液压油	46~68
垂直	滑动导轨	压力润滑	L-AN 全损耗系统用油 L-HL 液压油	46~68

表5-14　齿轮传动的润滑油选用表

负荷		工作温度/℃	应用	推荐用润滑油	
级别	p/MPa			种类	黏度范围/(mm²/s)(40℃)
轻负荷	<350	10~60	一般齿轮传动，如机床及轻工机械齿轮传动	L-AN 全损耗系统用油	10~100
	350~500			L-HL 液压油 L-FC 主轴油 L-CKB 工业齿轮油	32~150

（续）

负荷		工作温度/℃	应用	推荐用润滑油	
级别	p/MPa			种类	黏度范围/(mm²/s)(40℃)
中负荷	500 ~ 750	10 ~ 80	有冲击的齿轮传动	L - CKB 工业齿轮油	100 ~ 320
	750 ~ 1100			L - CKC 中负荷极压齿轮油	150 ~ 680
重负荷	>1100	10 ~ 90	矿山、冶金重负荷齿轮箱	L - CKD 重负荷极压齿轮油	220 ~ 1000
				L - CKE 蜗轮蜗杆油	
		-20 ~ 90	汽车齿轮箱	GL - 3、GL - 4、GL - 5 车辆齿轮油	(100℃) 4.1 ~ 41

2. 液压用油选用

1）液压系统对工作液的技术要求：液压系统使用的工作液既是传递动力的介质，又是液压元件的润滑剂。通常选用精制矿物油、合成油配制的各类液压油，也可以使用其他石油产品、合成液或水基乳化液等。

2）液压油的选用：液压系统用油主要取决于液压泵的结构、工作温度、工作压力和环境等条件。

一般液压系统用油黏度为 $10 \sim 150 mm^2/s$（40℃）。按泵的类型推荐使用的液压油黏度范围见表5-15。根据工作环境与工作压力选择液压油见表5-16。

表5-15　使用液压油的黏度范围　　[单位：mm²/s(40℃)]

泵的类型		油的工作温度/℃	黏度
叶片泵	压力≤7MPa	30 ~ 50	40 ~ 70
	压力>7MPa	50 ~ 70	55 ~ 90
螺杆泵		30 ~ 50	40 ~ 80
齿轮泵		30 ~ 70	65 ~ 165
柱塞泵	径向	30 ~ 50	65 ~ 200
	轴向	40	70 ~ 150

3）液压系统用油的净化。液压油的洁净度对液压系统的性能影响很大，油中的机械杂质会堵塞阀孔和油路引起系统动作失灵，还会造成液压泵轴承、柱塞、叶片、齿轮的擦伤。因此，性能良好的液压系统都装有不同类型的过滤器，对油液实施净化，以保证液压系统工作正常。

表 5-16　根据工作环境与工作压力选择液压油

压力/MPa	低中压 <8	中高压 = 8~16		高压 >16
环境温度/℃	<50	<50	50~80	8~100
室内液压设备	L—HH L—HL	L—HL L—HM	L—HM	L—HM
寒区室外设备	L—HR	L—HV L—HS	L—HV L—HS	L—HV L—HS
地下、水上设备	L—HL	L—HL L—HM	L—HL L—HM	L—HM
高温近火环境的设备	L—HFAE L—HFAS	L—HFB L—HFC	L—HFDR	L—HFDR

三、案例

[案例 5-11]　某高校工程训练中心仪器设备维护保养及报修制度（摘录）

第一条　凡列入中心固定资产的各种仪器设备及低值易耗品的各类器材，均属中心的仪器设备的维护保养范围。

第二条　各部门负责人必须认真抓好仪器设备的维护保养工作，做到定期检查与督促，保证仪器设备的利用率和完好率。

第三条　各部门的工作人员对所负责的仪器设备必须掌握其操作规程，能熟练使用并了解仪器设备的性能、基本原理，能按仪器设备的使用说明书认真做好日常维护保养工作，并能处理常规故障，对不负责任者应给予批评教育、处罚或调整岗位。

第四条　仪器设备使用完毕后，各部门的工作人员必须认真检查，如有损坏应按学校和中心的有关管理规定进行报修或赔偿；如有遗失，应按学校和中心的有关管理规定进行赔偿。

第五条　对机械类设备，进行操作后，要及时做好清洁、涂油防锈工作，按机床说明书要求的时间定期做全面的保养并更换润滑油，如该设备一个月内不再使用的，应在涂油处用纸封好。

第六条　对电类设备，进行操作后，要做好清洁工作，盖好防尘罩；对近期内不再使用的，在应在每月通电一次，在梅雨季节应每两周通电加热一次。

第七条　如果仪器设备在使用过程中发生故障，首先应查明原因，分清责任后再按学校及中心的有关规定进行上报维修。

第八条　各部门负责人及工作人员在接收修复好的仪器设备时，必须按其性能指标进行验收，合格后方可收下。

第九条　仪器设备在维修过程中若发现因未按规定做好维护保养工作或因

维护保养不当造成损坏的，应按学校及中心的相应规定进行处理。

附：　　　　　　　　　　　**设备维修记录表**

No：

设备名称		设备编号	
型号规格		使用部门	

故障发生时间和现象：

申报人：　　年　月　日

维修记录：

维修人：　　年　月　日

验收记录：

验收人：　　年　月　日

[案例 5-12]　数控加工中心设备维保要点

近年来高校实验实训的数控加工中心等高端设备越来越多，但相对来讲开动工时较少,因而为了确保设备的性能和实用价值,做好数控加工中心设备维保显得更有意义。

数控加工中心是一种综合应用了计算机技术、自动控制技术、自动检测技术、精密机械设计和制造等先进技术的高新技术产物,是技术密集程度及自动化程度都很高的、典型的机电一体化产品。与普通机床相比,加工中心不仅具有零件加工精度高、生产效率高、产品质量稳定、自动化程度高的特点,而且它还可以完成普通机床难以完成或根本不能加工的复杂曲面的零件加工。加工中心是否能达到加工精度高、提高生产效率的目标,这不仅取决于加工中心本身的精度和性能,在很大程度上也取决于对加工中心进行的维护和保养,且加工中心的结构特点决定了它与普通设备在维护、保养方面存在很大的差别。只有正确做好对设备的维护、保养工作,才可以延长其元器件的使用寿命、延长机械部件的磨损周期,防止意外恶性事故的发生,确保加工中心长时间稳定运行;也才能充分发挥加工中心的加工优势,达到加工中心的技术性能及确保其安全可靠运行。因此,加工中心的维护与保养非常重要,必须高度重视。对维护过程中发现的故障隐患应及时清除,避免停机待修,从而延长设备平均无故障时间,增加可利用率。

(1)加工中心日常保养 预防性维护的关键是加强日常保养,主要的保养工作有下列内容:

1)日检及维护:如图5-21所示,其主要项目包括液压系统、主轴润滑系统、导轨润滑系统、冷却系统、气压系统。日检就是根据各系统的正常情况进行检测,如当进行主轴润滑系统的过程检测时,电源灯应亮、液压泵应正常运转;若电源灯不亮,则应保持主轴停止状态,与工程师联系进行维修。

图 5-21 日检及维护

2）月检及维护：

① 主要项目包括机床零件、主轴润滑系统，应该对其进行正确的检查，特别是对机床加工处要清除铁屑，进行外部杂物清扫。

② 对电源和空气干燥器进行检查。电源电压在正常情况下达到额定电压规定值及频率50Hz，如有异常要对其进行测量、调整。空气干燥器应该定期拆卸，然后进行清洗、装配。

3）季检及维护：

① 对加工中心床身进行检查，主要看加工中心精度、加工中心水平基准是否符合规定要求。

② 对加工中心的液压系统、主轴润滑系统及X轴进行检查，如出现问题，应该更换新油，然后进行清洗工作。

4）油压系统异常现象的原因与处理，如当液压泵不喷油、压力不正常、有噪声等现象出现时，应了解主要原因及相应的解决方法。对油压系统故障主要应从三个方面加以考虑：

① 液压泵不喷油，主要原因可能有油箱内液面低、液压泵反转、转速过低、油黏度过高、油温低、过滤器堵塞、吸油管配管容积过大、进油口处吸入空气、轴和转子有破损处等。对主要原因相应的解决方法有注满油并确认标牌；当液压泵反转时变更过来等。

② 压力不正常，即压力过高或过低。其主要原因也是多方面的，如压力设定不适当、压力调节阀线圈动作不良、压力表不正常、液压系统有泄漏等。相应的解决方法有按规定压力设置拆开清洗，换一个合格的压力表，对各系统依次检查等。

③ 噪声超标，噪声主要是由液压泵和阀产生的。阀噪声超标，原因是流量超过了额定标准，应该适当调整流量；液压泵噪声超标，原因是多方面的，如油的黏度高、油温低，解决方法为适当升高油温；若油中有气泡时，应放出系统中的空气等。

（2）加工中心机械部分的维护保养　加工中心机械部分的维护保养主要包括主轴部件、进给传动机构、导轨等的维护与保养。

1）主轴部件的维护保养。主轴部件是加工中心机械部分中的重要组成部件，主要由主轴、轴承、主轴准停装置、自动夹紧装置等组成。主轴部件的润滑、冷却与密封是加工中心使用和维护过程中值得重视的几个问题。

① 良好的润滑效果，可以降低轴承的工作温度和延长使用寿命，为此在操作使用中要注意到：低速时，采用油脂、油液循环润滑；高速时采用油雾、油气润滑。但是，在采用油脂润滑时，主轴轴承的封入量通常为轴承空间容积的10%，切忌随意填满。因为油脂过多，会加剧主轴发热。对于油液循环润滑，

在操作中要做到每天检查主轴润滑恒温油箱，并查看油量是否充足。

为了保证主轴有良好的润滑，减少摩擦发热，同时又能把主轴组件的热量带走，通常采用循环式润滑系统；用液压泵强力供油润滑，使用油温控制器控制油箱油液温度。加工中心主轴轴承采用高级油脂封存方式润滑，每加 1 次油脂可以使用 7~10 年。

常见主轴润滑方式有油气润滑和喷注润滑。油气润滑方式近似于油雾润滑方式，但油雾润滑方式是连续供给油雾，而油气润滑是定时、定量地把油雾送进轴承空隙中，这样既实现了油雾润滑，又避免了油雾太多而污染周围环境；喷注润滑方式是用较大流量的恒温油（每个轴承 3~4L/min）喷注到主轴轴承上，以达到润滑、冷却的目的。要以较大流量喷注润滑油，必须靠排油泵强制排油，而不是自然回流。同时，还要采用专用的大容量高精度恒温油箱，把油温变动控制在 ±0.5℃。

② 主轴部件的冷却主要是以减少轴承发热及有效控制热源为主。

③ 主轴部件的密封不仅要防止灰尘、屑末和切削液进入主轴部件，还要防止润滑油的泄漏。主轴部件的密封有接触式和非接触式两种。对于采用接触式密封的，要注意检查其磨耗、破损和老化程度；对于采用非接触式密封的，为了防止泄漏，重要的是保证回油能够尽快排掉，并保证回油孔的通畅。

2）进给传动机构的维护保养。进给传动机构的机电部件主要有伺服电动机及检测元件、减速机构、滚珠丝杠副、轴承、运动部件（工作台、主轴箱、立柱等），应主要对滚珠丝杠副的维护与保养工作做好。

① 滚珠丝杠副轴向间隙的调整。滚珠丝杠副除了对本身单一方向的进给运动精度有要求外，对轴向间隙也有严格的要求，以保证反向传动精度。因此，在操作使用中要注意由于滚珠丝杠副的磨损而导致的轴向间隙，可采用调整法加以消除。

② 双螺母垫片式消隙，如图 5-22 所示。调整方法：改变调整螺母 3 垫片的厚度，使螺母 2 相对于螺母 1 产生轴向位移。在双螺母间加垫片的形式可由专业生产厂根据用户要求事先调整好预紧力，使用时装卸非常方便。此法能较准确调整预紧量，结构简单、刚度好、工作可靠。

③ 双螺母螺纹式消隙，如图 5-22 所示。调整方法：转动调整圆螺母 1，使其产生轴向位移。即利用螺母上的外螺纹，通过圆螺母，调整两个螺母的相对轴向位置实现预紧；调整好后用锁紧螺母 2 锁紧。此法结构简单，调

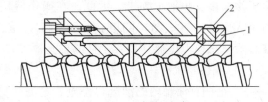

图 5-22 双螺母消隙
1—圆螺母 2—锁紧螺母

整方便，轨道磨损时可随时进行调整。

④ 滚珠丝杠副的密封与润滑的日常检查。滚珠丝杠副的密封与润滑的日常检查是在操作使用中要注意的问题。对于滚珠丝杠副的密封，要注重检查密封圈和防护套，以防止灰尘和杂质进入滚珠丝杠副；对于丝杠、螺母的润滑；如果采用油脂，则定期润滑；如果使用润滑油，则要经常通过注油孔注油。

3）加工中心导轨的维护保养，导轨的维护保养主要是导轨润滑和导轨防护。

① 导轨的润滑。导轨润滑的目的是减少摩擦阻力和摩擦磨损，以避免低速爬行和降低高温时的温升。对滑动导轨，采用润滑油润滑；对滚动导轨，采用润滑油或者润滑脂润滑均可。导轨的油润滑一般采用自动润滑，操作使用中要注意检查自动润滑系统中的分流阀，如果它发生故障则会造成导轨不能自动润滑。此外，必须做到每天检查导轨润滑油箱的油量，如果油量不够，则应及时添加；同时要注意检查润滑液压泵是否能够定时起动和停止。

② 导轨的防护。在使用中要注意防止切屑、磨粒或切削液散落在导轨面上，否则会引起导轨的磨损加剧、擦伤和锈蚀。为此，要注意导轨防护装置的日常检查，以保证对导轨的防护。

4）回转工作台的维护保养。加工中心的圆周进给运动一般由回转工作台来实现；而对于加工中心，回转工作台已成为一个不可缺少的部件。因此，在操作使用中要注意严格按照回转工作台的使用说明书要求和操作规程正确操作使用。还应特别注意回转工作台转动机构和导轨的润滑。

（3）加工中心辅助装置的维护保养　加工中心辅助装置的维护保养主要包括数控分度头、自动换刀装置、液压系统、气压系统的维护与保养。

1）数控分度头的维护保养。数控分度头按照 CNC 装置的指令做回转分度或者连续回转进给运动，使数控机床能够完成指定的加工精度。因此，在操作使用中要注意严格按照数控分度头的使用说明书要求和操作规程正确操作使用。

2）自动换刀装置的维护保养。自动换刀装置具有根据加工工艺要求自动更换所需刀具的功能，以帮助数控机床节省操作时间，并满足在一次安装中完成多工序、多工步加工要求。因此，在操作使用中要注意经常检查自动换刀装置各组成部分的机械结构的运转是否正常、是否有异常现象、润滑是否良好等，并且要注意换刀可靠性和安全性的检查。

3）液压系统的维护保养：

① 定期对油箱内的油进行检查、过滤、更换；检查冷却器和加热器的工作性能及控制油温。

② 定期检查更换密封件，防止液压系统泄漏。

③ 定期检查清洗或更换液压件、滤芯，定期检查清洗油箱和管路。

④ 严格执行日常点检制度，检查系统的泄漏、噪声、振动、压力、温度等是否正常。

4）气压系统的维护保养：

① 选用合适的过滤器，清除压缩空气中的杂质和水分。

② 检查系统中油雾器的供油量，保证有适量的润滑油润滑气动元件，以防止生锈、磨损造成气体泄漏和气动元件动作失灵。

③ 保持气动系统的密封性，定期检查更换密封件。

④ 定期检查清洗或更换气动元件、滤芯。

（4）数控系统的使用维护　数控系统是加工中心电气控制系统核心。每台加工中心数控系统运行一定时间后，某些元器件难免出现一些损坏或故障。为了尽可能地延长元器件的使用寿命，防止各种故障特别是恶性事故的发生，就必须对数控系统进行日常维护和保养，主要包括数控系统的检查和数控系统的日常维护。

1）数控系统检查。

① 数控系统通电前的检查：a. 数控装置内的各个印制电路板安装是否紧固，各个插头有无松动；b. 数控装置与外界之间的连接电缆是否按使用手册的规定正确而可靠地连接；c. 交流输入电源的连接是否符合 CNC 装置规定的要求；d. 数控装置中各种硬件的设定是否符合要求。

② 数控系统通电后的检查：a. 数控装置中各个风扇是否正常运转；b. 各个印制电路板或模块上的直流电源是否正常、参数是否在允许的波动范围之内；c. 数控装置的各种参数（包括系统参数、PLC 参数等），应根据随产品所带的说明书一一予以确认；d. 当数控装置与加工中心联机通电时，应在接通电源的同时，做好按压紧急停止按钮的准备，以备出现紧急情况时随时切断电源；e. 用手动以低速移动各个轴，观察加工中心移动方向的显示是否正确；然后让各轴碰到各个方向的超程开关，以检查超程限位是否有效及数控装置是否在超程时发出报警；f. 进行几次返回加工中心基准点的动作，以检查加工中心是否有返回基准点功能及每次返回基准点的位置是否完全一致；g. 按照加工中心所用的数控装置使用说明书，用手动或编制程序的方法来检查数控系统所具备的主要功能，如定位、各种插补、自动加速/减速、各种补偿、固定循环等功能。

2）数控系统的日常维护。

① 根据不同数控设备的性能特点，制定严格的数控系统日常维护的规章制度，并且在使用和操作中严格执行。

② 应尽量少开启数控柜和电控柜的门。由于加工环境的空气可能会含有油雾、漂浮的灰尘甚至金属粉末，一旦散落在数控装置内的印制电路板或电子器件上，容易引起元器件绝缘电阻下降，并导致元器件及印制电路板的损坏。因此，除非进行必要的调整和维修，否则不允许加工时敞开柜门。

③ 定时清理数控装置的散热通风系统。应每天检查数控装置上各个冷却风扇工作是否正常。视工作环境的状况，每半年或每季度检查 1 次风道过滤器是否有堵塞现象，如过滤网上灰尘积聚过多应及时清理，否则会引起数控装置内温度过高（一般 ≤60℃），致使数控系统不能可靠工作，或发生过热报警现象。

④ 定期检查和更换直流电动机电刷。直流电动机电刷的过度磨损将会影响电动机的性能，甚至造成电动机损坏。因此应对电动机电刷进行定期检查和更换，检查周期随加工中心使用的频繁度而异，一般每半年或 1 年检查 1 次。

⑤ 经常监视数控装置使用的电网电压。数控装置通常允许电网电压在额定值的 ±（10% ~15%）的范围内波动，如果超出此范围就会造成系统不能正常工作，甚至会引起数控系统内的电子部件损坏。为此，需要经常监视数控装置使用的电网电压。

⑥ 存储器使用的电池要定期更换。存储器如采用 CMOS RAM 器件，为了在数控系统不通电期间能保持存储的内容，设有可充电电池维持电路。在正常电源供电时，由 +5V 电源经一个二极管向 CMOS RAM 供电，同时对可充电电池进行充电；当电源停电时，则改由电池供电维持 CMOS RAM 信息。在一般情况下，即使电池仍未失效，也应每年更换 1 次，以便确保系统能正常工作。电池的更换应在 CND 装置通电状态下进行。

⑦ 备用印制电路板的维护。印制电路板长期不用是很容易出故障的。因此，对于已购置的备用印制电路板应定期装到数控装置上通电运行一段时间，以防损坏。

⑧ 数控系统长期不用时的保养。为提高系统的利用率和减少系统的故障率，数控机床长期闲置不用是不可取的。若数控系统处在长期闲置的情况下，必须注意以下两点：a. 要经常给系统通电，特别是在环境温度较高的梅雨季节更是如此。应在加工中心锁住不动的情况下，让系统空运行，并利用电气元件本身的发热来驱散装置内的潮气，保证电子元件性能的稳定可靠。在空气湿度较大的地区，经常通电是降低故障率的一个有效措施。b. 如果加工中心的进给轴和主轴采用直流电动机来驱动，应将电刷从直流电动机中取出，以免由于化学腐蚀作用使换向器表面腐蚀造成换向性能变差，或导致整台电动机损坏。

（5）加工中心强电系统的维护保养　加工中心电气控制系统除了CNC装置（包括主轴驱动和进给驱动的伺服系统）外，还包括强电系统。强电系统主要是由普通交流电动机的驱动和加工中心电器逻辑控制装置PLC及操作盘等部分构成，极强电系统中主要注重普通继电接触器控制系统和PLC可编程控制器的维护与保养。

1）普通继电接触器控制系统的维护与保养。经济型加工中心一般都采用普通继电接触器控制系统。其维护与保养工作主要是防止强电柜中的接触器、继电器产生强电磁干扰。加工中心的强电柜中的接触器、继电器等电磁部件均是CNC系统的干扰源。由于交流接触器及交流电动机的频繁起动、停止时，其电磁感应现象会使CNC系统控制电路中产生尖峰或波涌等噪声，干扰了系统的正常工作，因此一定要对这些电磁干扰采取措施予以消除。如对于交流接触器线圈，可在其两端或交流电动机的三相输入端并联RC网络来抑制这些电器产生的干扰噪声。此外，要注意防止接触器、继电器触头的氧化和触头的接触不良等。

2）PLC可编程控制器的维护与保养。PLC可编程控制器也是加工中心上重要的电气控制部分。加工中心强电系统除了对辅助运动和辅助动作控制外，还包括对保护开关、各种行程和极限开关的控制。PLC可编程控制器可代替加工中心上强电控制系统中的大部分电气控制部分，从而实现对主轴、换刀、润滑、冷却、液压、气动等系统的逻辑控制。PLC可编程控制器与数控装置合为一体时则构成了内装式PLC，而位于数控装置以外时则构成了独立式PLC。由于PLC的结构组成与数控装置有相似之处，所以其维护与保养可参照数控装置的维护与保养。

第六节　计量器具定检

一、标准内容

计量器具定检标准内容如下：应向学生讲授量具、压力仪表等计量器具检测检验基本知识，并开展量具、压力仪表等常用计量器具的定期检测检验工作。

二、解读

（1）计量器具定检　它是保证计量器具准确可靠的重要措施。负责实验实训的计量人员与使用计量器具的使用者应相互配合，及时地完成在设备设施上配备的计量器具和实验实训项目中使用的计量器具的定检工作，使之在定检或校准周期内不出现超差情况。

（2）实验实训教学基地使用的计量器具　它们主要是对长度、质量、温度、电压、电流、压力等物理量进行测定。做好计量器具定检工作，是实验实训教学基地管理中一项重要的工作。做好计量器具定检工作，一方面保证实验实训教学项目实验数据可靠性、准确性，从而提升了教学的效果；另一方面通过向学生讲授质量、压力仪表等计量器具检测检验基本知识，使学生初步掌握计量器具的使用、管理、定检及维护要求，从而提升学生工程实践能力。

（3）计量器具定检工作具体内容

1）建立和完善计量器具管理制度。

2）进一步健全计量器具技术档案，建立计量器具定检表。

3）强化对各种计量器具使用、维护、保养的培训教育。

4）进一步建立和完善计量器具卡片、定检记录、维修记录等。

5）对实验实训教学基地的特种设备、液压设备使用的压力仪表，特别是中压与高压的压力仪表，必须明确责任人，做好压力仪表定检工作。

三、案例

[案例5-13]　某高校实验实训教学基地计量器具管理

1）某高校实验实训教学基地建立的设备及计量器具管理体系，如图5-23所示。

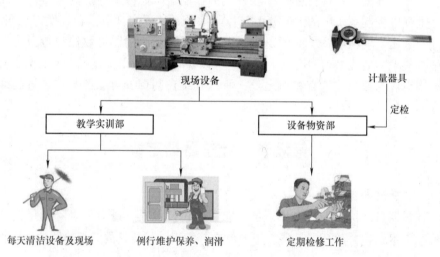

图5-23　实验实训教学基地设备及计量器具管理体系（示意）

2）某高校工程训练中心计量器具定检制度（摘录）

第一条　计量器具的定检是保证计量器具准确可靠的重要措施，计量人员和计量器具的使用者都应相互配合，及时地完成，以保证测量设备在定检或校准周期内不出现超差。

第二条　适用于工程训练中心各类测量设备（强检设备除外）计量确认间

隔的规定和调整。

第三条　所有计量器具和配套设备都要建立台账并由计量室存档保管。

第四条　计量室管理人员对工程训练中心计量器具和配套设备进行汇总，并编制周期定检计划。

第五条　计量室管理人员要对所送检的计量器具或配套设备进行检测。

第六条　定检合格的计量器具，由计量组负责贴定检合格标记并下发使用单位。

第七条　计量器具的使用人员要按时送检、检验，对没有按期送检的计量器具要说明原因，确因特殊原因不能按时送检的要做好记录。

第八条　没有正当原因不按期送检也不封存、停止或报废的计量器具，由计量室管理人员报请设备物资部处理。对不按时送检及随意更改周期定检计划的人员一并上报设备物资部。

附：　　　　　　　　工程训练中心计量器具定检表

序号	设备名称	设备编号	使用工种	校准日期	校准人员	校准周期

第七节　实验实训特种设备管理

2013 年 6 月 29 日颁布的《中华人民共和国特种设备安全法》（以下简称《特种设备安全法》）自 2014 年 1 月 1 日起已实施。这标志着我国特种设备安全工作向科学化、法制化方向又迈进了一大步，这也是我国在设备管理方面第一部法律文件。

高校实验实训教学基地特种设备数量和种类较少。由于特种设备运行中易燃易爆，并常伴有有毒有害物质的产生，所以了解掌握及确保特种设备安全运行是十分重要的。本节主要从特种设备综合管理、压力容器管理、气瓶管理、起重设备管理，以及压力管道、电梯管理等方面进行详细阐述。

一、特种设备综合管理

1. 法律保障特种设备安全运行

近年来，随着我国经济的快速发展，特种设备数量也在迅速增加。特种设备本身所具有的危险性与迅猛增长的数量因素双重叠加，使得特种设备安全形势更加复杂和严峻。《特种设备安全法》的出台，必将为特种设备的安全运行提供更加有效的法制保障。

从以往发生的特种设备安全事故看，大多是由于单位安全管理不善、安全责任不落实导致的。《特种设备安全法》规定由特种设备生产、经营、使用单位承担安全主体责任，因此，必须不断提高高校各级人员的安全意识，增强使用人员的自我保护能力。在使用或者操作特种设备时，必须遵守安全操作规程，且学生必须服从实验室管理人员指挥和安排。

2. 特种设备管理范围

特种设备是指涉及生命安全、危险性较大的设备，《特种设备安全法》规定：特种设备是指锅炉、压力容器（含气瓶）、压力管道、电梯、起重机械、客运索道、大型游乐设施和场（厂）内专用机动车辆。

1）锅炉　是指利用各种燃料、电或者其他能源，将所盛装的液体加热到一定的参数，并对外输出热能的设备，如承压蒸汽锅炉、承压热水锅炉、有机热载体锅炉。

2）压力容器　是指盛装气体或者液体，并承载一定压力的密闭设备。如固定式容器和移动式容器，如气瓶、氧舱等。

3）压力管道　是指利用一定的压力，用于输送气体或者液体的管状设备。

4）电梯　是指动力驱动，利用沿刚性导轨运行的箱体或者沿固定线路运行的梯级（踏步），进行升降或者平行运送人、货物的机电设备，包括载人（货）电梯、自动扶梯、自动人行道等。

5）起重机械　是指用于垂直升降或者垂直升降并水平移动重物的机电设备。

6）客运索道　是指动力驱动，利用柔性绳索牵引箱体等运载工具运送人员的机电设备，包括客运架空索道、客运缆车、客运拖牵索道等。

7）大型游乐设施　是指用于经营目的，承载乘客游乐的设施，其范围规定为设计最大运行线速度大于或者等于2m/s，或者运行高度距地面高于或者等于2m的载人大型游乐设施。

8）场（厂）内专用机动车辆　是指除道路交通、农用车辆以外，仅在工厂厂区、旅游景区、游乐场所等特定区域使用的专用机动车辆。

特种设备还包括其所用的材料、附属的安全附件、安全保护装置和与安全保护装置相关的设施。图5-24所示为特种设备管理范围。

2018年底我国特种设备总量已达1394.35万台，在工业和高校教学活动中发挥着很大作用。但我国特种设备事故率仍然较高，总体上是工业发达国家的2~4倍。一些设备事故多发的势头仍未得以根本扭转，重大事故时有发生，安全形势依然严峻。原因如安全监察检验工作定位不够清晰，单位（企业）主体责任落实不够到位，单位诚信和社会安全意识还比较薄弱；监管体制改革有待深化，工作体系有待完善，方式方法还欠科学，检验资源配置效率有待提高，

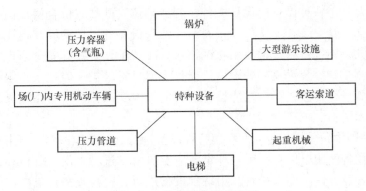

图 5-24 特种设备管理范围

监管效能有待增强。故与国际先进水平相比,我国特种设备安全与节能工作在法制、科技、管理等诸多方面还存在较大差距。

3. 特种设备使用登记

1) 特种设备使用单位应当使用符合安全技术规范要求的特种设备。特种设备在投入使用前,使用单位应当核对特种设备出厂时附带的相关文件;特种设备出厂时,应当附有安全技术规范要求的设计文件、产品质量合格证明、安装及使用维修说明、监督检验证明等。

2) 特种设备在投入使用前或者投入使用后 30 日内,其使用单位应当向直辖市或者设区的市的特种设备安全监督检验管理部门登记,如图 5-25 所示。登记标志应当置于或者附着于该特种设备的显著位置。

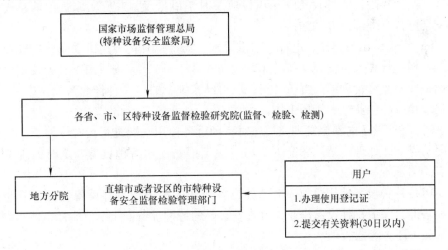

图 5-25 特种设备使用登记示意图

3) 特种设备使用单位应当建立特种设备安全技术档案。安全技术档案应包括以下内容：①特种设备的设计文件、制造单位、产品质量合格证明、使用维护说明等文件及安装技术文件和资料；②特种设备的定期检验和定期自行检查的记录；③特种设备的日常使用状况记录；④特种设备及其安全附件、安全保护装置、测量调控装置及有关附属仪器仪表的日常维护保养记录；⑤特种设备运行故障和事故记录；⑥高耗能特种设备的能效测试报告、能耗状况记录及节能改造技术资料。

4）特种设备使用单位应对在用特种设备进行日常维护保养，并定期自行检查。特种设备使用单位对在用特种设备应至少每月进行1次自行检查，并进行记录。特种设备使用单位在对在用特种设备进行自行检查和日常维护保养时发现异常情况的，应及时处理。特种设备使用单位应对在用特种设备的安全附件、安全保护装置、测量调控装置及有关附属仪器仪表进行定期检验、检修，并做出记录。

5）特种设备使用单位应按照安全技术规范的定期检验要求，在安全检验合格有效期届满前1个月向特种设备检验检测机构提出定期检验要求。检验检测机构接到定期检验要求后，应按照安全技术规范的要求及时进行安全性能检验和能效测试。未经定期检验或者不合格的特种设备，不得继续使用。

6）特种设备出现故障或者发生异常情况，使用单位应对其进行全面检查，消除事故隐患后方可重新投入使用。特种设备不符合能效指标的，特种设备使用单位应采取相应措施进行整改。

7）特种设备存在严重事故隐患，无改造、维修价值，或者超过安全技术规范规定使用年限，特种设备使用单位应及时予以报废，并应向原登记的特种设备安全监督管理部门办理注销。

8）锅炉、压力容器、电梯、起重机械、场（厂）内专用机动车辆的作业人员及其相关管理人员（以下统称特种设备作业人员），应按照国家有关规定经特种设备安全监督管理部门考核合格，取得国家统一的《特种作业人员证书》，方可从事相应的作业或者管理工作。

9）特种设备的安全管理人员应对特种设备使用状况进行经常性检查，发现问题的应立即处理。情况紧急时，可以决定停止使用特种设备并及时报告本单位有关负责人。

10）特种设备使用单位应对特种设备作业人员进行特种设备安全、节能教育和培训，保证特种设备作业人员具备必要的特种设备安全、节能知识。

二、压力容器管理

搞好在用压力容器管理，是确保安全生产的重要条件。压力容器是具有爆炸危险、有压力（密闭）的特种设备，为了确保安全运行，必须加强压力容器的统计建档、安装使用、维护保养、状态检测、定期检验、报废更新等环节的管理。

1. 压力容器的基本知识

（1）概述　从广义上讲，凡承受流体压力的密闭容器均可称为压力容器。但容器的容积有大小，流体的压力也有高低，以及介质也不同。

（2）压力容器的分类

1）按工作压力分类，可分为：

① 低压容器：0.1MPa（1kgf/cm^2）$\leqslant p < 1.60\text{MPa}$（$16\text{kgf/cm}^2$）。

② 中压容器：1.6MPa（16kgf/cm^2）$\leqslant p < 10.0\text{MPa}$（$100\text{kgf/cm}^2$）。

③ 高压容器：10.0MPa（100kgf/cm^2）$\leqslant p < 100.0\text{MPa}$（$1000\text{kgf/cm}^2$）。

④ 超高压容器：$p \geqslant 100.0\text{MPa}$（$1000\text{kgf/cm}^2$）。

2）按生产工艺过程的用途分类，可分为：

① 反应容器：用来完成介质的物理、化学反应的容器，如反应器、发生器、高压釜、合成塔等。

② 换热容器：用来完成介质的热量交换的容器，如余热锅炉、热交换器、冷却器、冷凝器、蒸发器、加热器等。

③ 分离容器：用来完成介质的流体压力平衡和气体净化分离等的容器，如分离器、过滤器、洗涤器等。

④ 储运容器：用来盛装生产和生活用的气体、液体及液化气等的容器，如各种型号的储罐、储槽、槽车等。

2. 压力容器结构

压力容器最基本的结构是一个密闭的壳体，受压容器最适宜的形状应为球形。但球形容器并不能普遍取代其他类型的容器。中、低压容器大多数是圆筒形。卧式压力容器如图 5-26 所示，一般由筒体、封头、法兰、密封元件、接管、支座等六个部分组成。图 5-27 所示为典型压力容器储槽。

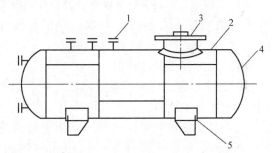

图 5-26　卧式压力容器

1—接管　2—筒体　3—人孔法兰　4—封头　5—支座

3. 压力容器的状态管理

加强压力容器管理，是确保安全生产的重要措施。

（1）学校主管部门的职责

1）贯彻执行国家质量检验检疫总局颁发的有关压力容器安全技术监察规程、规范及标准。

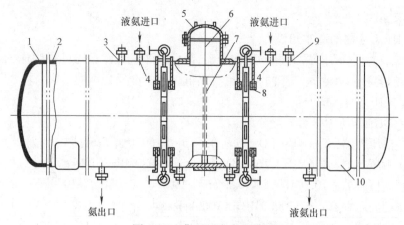

图 5-27　典型压力容器储槽

1—封头　2—槽体　3—弛放气出口　4—液氨进口　5—人孔盖
6—人孔　7—隔板　8—玻璃板　9—安全阀接口　10—支撑板

2）参与压力容器安装、验收及试运行工作，监督检查压力容器的运行、维护和安全装置的检验工作。根据压力容器的检验周期，组织编制年度检验计划并负责组织实施。

3）负责组织压力容器的检修、改造、检验及报废等技术和审查工作。

4）负责压力容器的登记、建档及技术资料的管理和统计报表工作。

5）参加压力容器事故的调查、分析和上报工作，并提出处理意见和改造措施。

6）负责对压力容器的检验、焊接和操作人员进行安全技术培训和技术考核。

（2）压力容器设备管理

1）建立和健全压力容器技术档案和登记卡片，并确保其正确性。其内容包括：a. 原始技术资料，如设计计算书、总图、各主要受压元件的强度计算资料；b. 压力容器的制造质量说明书；c. 压力容器的操作工艺条件，如压力、温度及其波动范围，介质及其特性；d. 压力容器的使用情况及使用条件变更记录；e. 压力容器的检验和检修记录，其中包括每次检验的日期、内容及结果；f. 水压试验情况，发现的缺陷及检修情况等。

2）做好压力容器的定期检验工作。首先要拟订检验方案，并提出检验所需的仪器与器材、人员，对检验中发现的问题，应提出处理方法及改进意见等。

3）压力容器的检修焊接工作必须由经考试合格的焊工担任。

4）建立和健全安全操作规程。为了保证压力容器的安全合理使用，使用单位要根据生产工艺要求的技术特性，制定安全操作规程。其内容包括：a. 压力容器最高工作压力和温度；b. 起动、停止的操作程序和注意事项；c. 压力容器的正常操作方法；d. 运行中的主要检查项目与部位，异常现象的判断和应急措施；e. 压力容器停用时的检查和维护要求。

每个操作人员必须严格执行安全操作规程，使压力容器在运行中保持压力平衡、温度平稳，不得超压、超温运行。当压力容器的压力超过规定数值而安全泄压装置又不动作时，应立即采取措施切断介质源。对于用水冷却的容器，如水源中断，应立即停车。

5）加强压力容器的状态管理，其内容包括：a. 建立岗位责任制。要求操作人员熟悉本岗位压力容器的技术特性、设备结构、工艺指标、可能发生的事故和应采取的措施。压力容器的操作人员必须经过安全技术学习和岗位操作训练，并经考核合格才能独立进行操作。b. 加强巡回检查，即应认真进行对安全阀、压力表及防爆膜等安全附件的巡回检查。时刻观察压力容器的运行压力和温度，加载和卸载的速度不要过快；对高温或低温下运行的压力容器应缓慢加热或缓慢冷却。尽量减少压力容器的开停次数。c. 定期对压力容器开展完好标准检查。

（3）强化压力容器安全可靠运行　由于压力容器结构特殊、类型复杂、操作条件苛刻，导致发生事故的可能性较大。与其他设备不同，压力容器发生事故时，不仅本身遭到破坏，往往还会诱发一系列恶性事故，给国民经济和人民生命财产造成重大损失，因此压力容器的安全、环保、能耗问题应特别重视。

由于压力容器运行中有各自的特性，且工艺流程不同，都会有其特定的操作程序和方法，一般按开机准备、打开阀门、起动电源、调整工况、正常运行和停机程序等进行。

1）压力容器严禁超温、超压运行。由于压力容器允许使用的温度、压力、流量及介质充装量等参数是根据工艺设计要求和在保证安全生产的前提下制定的，在设计压力和设计温度范围内操作压力容器可确保运行安全。反之，如果压力容器超载、超温、超压运行，就会造成压力容器的承受能力不足，因而可能导致爆炸事故发生。

2）工艺参数的安全控制。压力容器在运行中，由于压力、温度、介质腐蚀等复杂因素的综合作用，必定会产生异常情况或某部分的缺陷，而压力容器往往参与系统运行中对工艺参数的安全控制，故应尽量减少或避免出现异常情况或缺陷。工艺参数是指温度、压力、流量、液位及物料配比等。具体如下：

① 温度安全控制。温度过高可能会导致剧烈反应而使压力突增，可能造成压力容器爆炸，或反应物的分解着火等。同时，过高的温度会使压力容器材料的力学性能（屈服强度等）减弱，承载能力下降或压力容器变形。温度过低还会使某些物料冻结，造成管路堵塞或破裂，致使易燃物泄漏而发生火灾和爆炸。

② 投料控制。a. 投料顺序控制；b. 投料量控制，对于放热反应的装置，投料量与速度不能超过设备的传热能力，否则，物料温度将会急剧升高，引起物

料分解或突沸而发生事故；c. 加料温度如果过低，往往造成物料积累过量，温度一旦适宜便会加剧反应，加之热量不能及时导出，温度及压力都会超过正常指标，从而造成事故。

③ 压力、温度的波动控制。

3）精心操作，严格遵守安全操作规程、工艺操作规程，应做到平稳操作，即运行期间保持载荷的相对稳定。

4）加强异常情况应急处理。在用的压力容器，随着压力容器内介质的反应及其他条件的影响，往往会出现异常情况，如停电、停水、停气或发生火灾等，需要实验管理人员及时进行调节和处理，以保证生产运行的顺利进行。实验实训人员在压力容器运行期间，应执行巡回检查制度对其进行检查。检查内容包括工艺条件、设备状况及安全装置等方面。在工艺条件方面主要检查操作条件，如操作压力、操作温度、液位；储罐等压力容器运行状态是否处在安全操作规程规定的范围内等；那些影响压力容器安全（如产生腐蚀、压力升高等）的方面是否符合要求。

实验实训人员在进行巡回检查时，应随身携带检查工具，如扳手、检测专用仪器仪表，沿着固定的检查路线和检查点仔细观察阀门、机泵、管线及压力容器各部位，查看其运转是否正常，各个连接部位是否有跑冒滴漏现象。巡回检查要定时、定点、定路线。

5）认真填写操作记录。操作记录是生产操作过程中的原始记录，它对保证设备运行质量、安全生产至关重要。操作人员必须注意观察压力容器内介质压力及温度的变化，同时及时、准确、真实记录压力容器实际运行状况的相关参数。

（4）压力容器维护保养　压力容器维护保养工作的目的是提高设备完好率，使压力容器能保持在完好状态下运行，提高使用效率，延长使用寿命，以及保证运行安全。

1）保持压力容器完好的防腐层。对于工作介质对容器本体材料有腐蚀性的压力容器，常采用防腐层来防止介质对容器的腐蚀，如涂漆、喷镀或电镀和加衬里等。如果防腐层损坏，工作介质将直接接触容器壁而产生腐蚀。要保持防腐层完好无损，应经常检查防腐层有无自行脱落，或在装料和安装容器内部附件时是否被刮落或撞坏。还要注意检查衬里是否开裂，或焊缝处是否有渗漏现象。一旦发现压力容器防腐层损坏时，应及时修补，达到要求后才能继续使用。

2）消除产生化学腐蚀的因素。有些压力容器的工作介质，只在某些特定条件下才会对容器本体材料产生化学腐蚀，所以要尽力消除这些能引起压力容器化学腐蚀的因素。如盛装氧气的压力容器，常因氧气中带有较多的水分而在容器底部积水，造成水和氧气交界面严重腐蚀。要防止这种局部腐蚀，最好是使用经过干燥的氧气，或者在容器运行过程中经常排放容器的积水。碳钢容器的"碱脆"都是产生于不正常条件（包括设备、工艺条件）下碱液的浓缩和富集，因此介质中含有稀碱液的压力容器，必须采取措施消除有可能产生稀碱液浓缩的条件。

在压力容器运行过程中，要消灭压力容器的跑冒滴漏现象。跑冒滴漏不仅浪费原料和能源及污染工作环境，还常常造成压力容器设备的腐蚀，严重时还会引起容器损坏。

（5）加强压力容器在停用期间的维护　对于长期或临时停用的压力容器，也应加强维护保养工作。实践证明，许多压力容器事故恰恰是忽略了在停止运行期间的维护而造成的。

（6）压力容器安全附件的维护保养　为防止压力容器因操作失误或发生意外超温及超压事故，压力容器通常根据其工艺特性的需要装有安全附件。安全附件的种类较多，需要合理安装，其中安全阀和压力表是压力容器最常用的安全附件。应使安全附件经常处于完好状态，且保持准确可靠、灵敏好用。

① 压力表要定期校验，校验周期不低于 6 个月，校验后的压力表应贴上合格证并铅封。压力表有下列情况之一时，应停止使用并更换：a. 有限止钉的压力表，在无压力时，指针不能回到限止钉处；b. 无限止钉压力表，在无压力时，指针距零位的数值超过了压力表的允许误差；c. 表盘封面玻璃破裂或表盘刻度模糊不清；d. 封印损坏或超过校验有效期限；e. 表内弹簧管泄漏或压力表指针松动；f. 压力表指针断裂或外壳腐蚀严重；g. 其他影响压力表准确指示的缺陷。

② 安全阀应保持洁净，防止阀体或弹簧等被油垢或脏物粘满或锈蚀，防止安全阀的排放管被油垢或其他异物堵塞和冬季积水冻结。发现安全阀有渗漏迹象时，应及时进行更换或检修，禁止用增加载荷的方法（如加大弹簧的压缩量）来减少或消除安全阀的泄漏。为了防止安全阀的阀瓣和阀座被气体中的油垢、水垢或结晶物等粘住或堵塞，用于空气、水蒸气及带有黏性物质而排放时又不会造成危害的气体的安全阀，应定期做手提排气试验。试验时应缓慢操作，轻轻地将提升扳手（弹簧式安全阀）或重锤慢慢举起，听见阀内有气体排出声时再慢慢放下；不允许将提升扳手或重锤迅速提起又突然放下，以免阀瓣在阀座上剧烈振动，冲击损坏安全阀的密封面。安全阀必须实行定期校验，包括清洗、研磨和压力调整校正。安全阀的定期校验每年至少进行一次，拆卸进行校验有困难时应采取现场校验（在线校验）。安全阀校验人员应具有安全阀的基本知识，熟悉并能执行安全阀校验方面的有关规程、标准及持证上岗。校验工作应有详细记录，校验合格的安全阀应加装铅封。对在用压力容器安全阀进行现场校验和压力调整时，使用单位主管压力容器安全的技术人员和具有相应资格的检验人员应到校验现场确认。安全阀有下列情况之一时，应停止使用并更换：

安全阀的阀芯和阀座密封不严且无法修复；安全阀的阀芯与阀座粘死或弹簧严重腐蚀、生锈。

4. 压力容器破坏形式

压力容器是工业生产中常用的且比较容易发生事故的特种设备。当压力容器发生事故时，不仅本身遭到破坏，而且还会危及人身生命及破坏其他设备或房屋。为防止破坏事故的发生，首先必须了解它的破坏机理，掌握它发生破坏的规律，才能采取正确的防止措施和避免事故的方法。

压力容器破坏通常有延性破坏、脆性破坏、疲劳破坏、蠕变破坏和腐蚀破坏等，如图 5-28 所示。

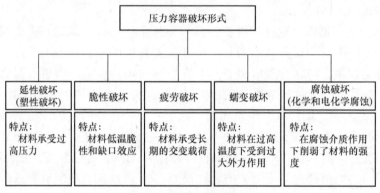

图 5-28　压力容器破坏形式示意

（1）压力容器延性破坏　主要产生原因如下：a. 盛装液化气体的储罐、气瓶，因充装过量，在温度升高的情况下液体汽化体积迅速膨胀，使压力容器的内压大幅度升高。b. 压力容器的安全装置（安全阀、压力表等）不全、不灵，再加上操作失误，使压力容器压力急剧增高。c. 压力容器长期放置不用、维护不良，致使压力容器发生大面积腐蚀、壁厚减薄、强度减弱。

压力容器发生延性破裂是由于超压而引起的，那么压力容器在试压和使用过程中就应该严禁超压，并严格按照有关规定进行压力试验与操作。同时，也应保证仪器仪表的状况良好与灵敏；按规定安装合适的安全泄压装置，并保证其灵敏可靠；严格防止液化气容器超量装载；加强对压力容器的维护与检查；发现器壁腐蚀、减薄、变形，应立即停止使用。

（2）压力容器的脆性破坏　绝大多数的压力容器脆性破坏发生在材料的屈服强度以下，破坏时没有或有很少的塑性变形。有的压力容器在脆裂后，将碎片拼接起来，测量其周长与原来相比没有明显的变化；破裂的断口齐平并与主应力方向垂直，断面呈晶粒状；在较厚的断面中，常出现人字形纹路。当介质为气体或液化气体时，压力容器一般都裂成碎块或有碎块飞出，且破坏大多数在温度较低的情况下或在进行水压试验时发生。脆性破坏往往在一瞬间发生断裂，并以极快的速度扩展。

主要产生原因及措施：脆性破坏是由材料的低温脆性和缺口效应引起的。为避免压力容器发生这类事故的主要措施：其一选择在工作温度下仍具有足够韧性的材料来制造压力容器；其二在制造时要采取严格的工艺措施，避免降低材料的断裂韧度，防止裂纹的产生；其三采用有效的无损检测方法，并及时发现和消除裂纹。

同时，也应该看到温度对材料影响是很大的，尤其是低温时压力容器脆性破坏的可能性很大，所以压力容器在温度较低或温度多次发生突变时发生脆性破坏的事例较多。

（3）压力容器的疲劳破坏　疲劳破坏一般是材料经过长期的交变载荷后，在比较低的应力状态下，没有明显的塑性变形而突然发生的损坏。疲劳破坏一般是从应力集中的地方开始，即在容易产生峰值应力的开孔、接管、转角及支撑部位处。当材料受到交变应力超过屈服强度时，能逐渐产生微小裂纹，裂纹两端在交变应力作用下不断扩展，最后导致压力容器的破坏，但一般不产生脆性破坏那样的脆断碎片。

防止疲劳破坏的措施：为防止压力容器产生疲劳破坏这类事故，除在运行中尽量避免不必要的频繁加压、卸压和悬殊的温度变化等不利因素外，更重要的还在于设计压力容器时应采取适当的措施，并应以材料的持久极限作为设计依据，合理选用这些压力容器的许用应力。大多数压力容器的载荷变化次数应有效控制（一般不超过1000次），使其造成的疲劳破坏可能性尽量减少。

总之，根据疲劳破坏产生的机理及特征，防止疲劳破坏主要在于设计中应尽量减少应力集中，采用合理的结构和制造工艺，以及选用合适的抗疲劳材料。同时，在使用中也尽量减少不必要的加压、卸压或严格控制压力及温度的波动。

（4）压力容器的蠕变破坏　压力容器的蠕变破坏是材料在高于一定温度下受到外力作用，即使内部的应力小于屈服强度，也会随时间的增长而缓慢产生塑性变形，即蠕变破坏。产生蠕变的材料，其金相组织有明显的变化，如晶粒粗大、珠光体的球化等，有时还会出现蠕变的晶界裂纹。碳钢温度超过350℃、低合金钢温度超过400℃时就有可能发生蠕变。当压力容器发生蠕变破坏时，具有比较明显的塑性变形，变形量的大小视材料的塑性而定。

防止蠕变破坏的措施：a. 根据压力容器的使用温度，来选用合适的材料。b. 对压力容器进行焊接及冷加工时，为不影响材料的抗蠕变性能，应采取措施防止材料产生晶间裂纹。c. 运行中必须防止压力容器局部过热。

压力容器蠕变破坏虽较少见，但对高温容器仍不可忽视，特别在选材和结构设计两个方面都需慎重考虑，以避免压力容器发生蠕变破坏。在制造压力容器时，切不要降低材料抗蠕变性能来凑合迁就选用；在使用时也应注意避免超过使用温度及局部过热。

（5）压力容器的腐蚀破坏　一般可分为化学腐蚀和电化学腐蚀两大类。从腐蚀的形式上则可分为均匀腐蚀、局部腐蚀（非均匀腐蚀）、晶间腐蚀、应力腐蚀、冲蚀、缝隙腐蚀、氢腐蚀等多种形式。腐蚀把金属壳体的强度削弱到一定程度时，就会造成压力容器的腐蚀破坏，以致发生爆炸和火灾事故。

各种腐蚀的原因和形态虽不相同，但都是受腐蚀介质、应力、材料的影响所致，故防止腐蚀的基本点在于针对不同贮存介质选用最佳耐蚀材料；在设计、制造过程中设法降低应力水平和应力集中；采取能降低介质腐蚀性的各种措施，使压力容器能够安全运行，确保生产正常进行。

[案例5-14]　压力容器应力腐蚀破坏事故

1）事故概况：2013年9月某单位在用压力容器（材质为奥氏体不锈钢，压力容器内为高温高压氯溶液）由于腐蚀破坏造成高温高压介质外泄，使现场人员2人死亡，12人重伤（工业性中毒）。

2）事故调查：

① 断口判断。断口平齐，少部分呈现塑性撕裂痕迹，破裂方向与主应力方向垂直，有明显裂纹源并呈灰黑色；同时有明显裂纹扩展区，其断口呈人字纹，这是典型应力腐蚀开裂的结果。

② 断口的微观形态表现为晶间断裂形态，晶间上有撕裂脊，呈现干裂状态，说明应力腐蚀时间已较长。

3）事故分析：

① 应力腐蚀破坏是应力与腐蚀介质协同作用下引起的金属断裂现象。金属材料的腐蚀有多种，按腐蚀机理可分为化学腐蚀和电化学腐蚀；按腐蚀部位和破坏现象，可分为孔蚀、均匀腐蚀、缝隙腐蚀、晶间腐蚀、应力腐蚀、腐蚀疲劳等。在压力容器的腐蚀中，应力腐蚀及其造成的材料破裂是最常见、危害最大的一种。

② 金属构件在应力和特定的腐蚀性介质共同作用下，被腐蚀并导致脆性破坏的现象，称为应力腐蚀破坏。金属构件的应力腐蚀，一般要具备两个条件：一是金属与环境介质的特殊组合，即某一种金属只有在某一类介质中，并且还必须在某些特定的条件下，才有可能产生应力腐蚀；二是承受拉应力，包括构件在运行过程中产生的拉应力和制造加工过程中所留下的残余应力、焊接应力、冷加工变形应力等。

③ 产生应力腐蚀的环境总是存在特定腐蚀介质，这种腐蚀介质一般都很弱，每种材料只对某些介质敏感，而这种介质对其他材料可能没有明显作用，如黄铜在氨气中、不锈钢在具有氯离子的介质中容易发生应力腐蚀；但反过来不锈

钢对氨气、黄铜对氯离子就不敏感。常用工业材料容易产生应力腐蚀的介质见表5-17,一般只有合金才产生应力腐蚀,而纯金属不会产生这种现象;且合金也只有在拉应力与特定腐蚀介质联合作用下才会产生应力腐蚀。应力腐蚀是一个电化学腐蚀过程,包括应力腐蚀裂纹的萌生、稳定扩展、失稳扩展等阶段,失稳扩展即造成应力腐蚀破坏。

④ 氯离子对奥氏体不锈钢容器的应力腐蚀,无论是高浓度的氯离子,还是高温、高压水中微量的氯离子,均可对奥氏体不锈钢造成应力腐蚀。应力腐蚀裂纹常产生在焊缝附近,最终造成容器破坏。

表5-17 常用工业材料容易产生应力腐蚀的介质

材料	特定腐蚀介质
碳钢	氢氧化钠溶液、氯溶液、硝酸盐水溶液、H_2S 水溶液、海水、海洋大气与工业大气
奥氏体不锈钢	氯化物水溶液、海水、海洋大气、高温水、潮湿空气(湿度90%)、热 NaCl 溶液、H_2S 水溶液、严重污染的工业大气
马氏体不锈钢	海水、工业大气、酸性硫化物
航空用高强度合金钢	海洋大气、氯化物、硫酸、硝酸、磷酸
铜合金	水蒸气、湿 H_2S、氨溶液
铝合金	湿空气、NaCl 水溶液、海水、工业大气、海洋大气

4)结论意见:该压力容器长期在拉应力、残余应力、焊接应力作用下盛装高温、高压氯溶液,导致发生了应力腐蚀破坏的事故。

5)预防措施:a. 选用合适的材料,尽量避开材料与敏感介质的匹配。b. 在结构设计及布置中避免过大的局部应力产生。c. 采用涂层或衬里,把腐蚀性介质与容器承压壳体隔离,并防止涂层或衬里在使用中被损坏。d. 制造中采用成熟合理的焊接工艺及装配成形工艺,并进行必要合理的热处理,消除焊接残余应力及其他内应力。

5. 压力容器定期检验

压力容器一旦损坏或爆炸,会造成经济损失和人员伤亡。加强对压力容器的检验是防止爆炸、保证安全运行的重要措施之一,如图5-29所示。

(1)开展定期检验的原因

1)压力容器使用温度和压力波动变化大,同时频繁加载,会使压力容器器壁受到较大的交变应力,并在压力容器应力集中处产生疲劳裂纹。

2)压力容器内的工作介质有许多是具有腐蚀性的,腐蚀可以使压力容器的器壁减薄或使压力容器的材料组织遭到破坏,降低原有的力学性能,以致压力容器不能承受规定的工作压力。进行定期检验可及时发现这些腐蚀现象。

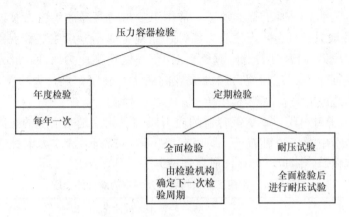

图 5-29　压力容器检验要求

3）压力容器停用时，封存维护保养不当，以及制造中的一些加工缺陷和残余应力都是产生事故的隐患。

4）由于种种因素，制造质量符合规范的压力容器使用一段时间后都会产生缺陷，而这些缺陷如不及时消除将有可能酿成事故。只有通过对压力容器进行定期检验，才能及早发现并消除缺陷。

5）通过定期检验可以判断压力容器是否能安全可靠地使用到下一个检验周期。如果发现存在某些潜在危险的缺陷和问题，则应进行消除和采取一定措施，以改善压力容器的安全状况。

总之，压力容器定期检验的实质就是掌握每台压力容器存在的缺陷，了解压力容器的安全技术状况，保证其安全可靠运行。

（2）定期检验

1）报检。使用单位应当于压力容器定期检验有效期届满前 1 个月向特种设备检验机构提出定期检验要求。检验机构接到定期检验要求后，应当及时进行检验。

2）检验机构与人员。检验机构应当严格按照核准的检验范围从事压力容器的定期检验工作，检验人员应当取得相应的特种设备检验人员证书。检验机构应当接受质量技术监督部门的监督，并且对压力容器定期检验结论的正确性负责。

3）定期检验周期。定期检验是指在压力容器停机时进行的检验和安全状况等级评定。压力容器一般应当于投用后 3 年内进行首次定期检验。下次的检验周期，由检验机构根据压力容器的安全状况等级，并按照要求确定。

4）定期检验的内容。检验人员应当根据压力容器的使用情况、失效模式制订检验方案。定期检验的方法以宏观检查、壁厚测定、表面无损检测为主，必要时可以采用超声检测、射线检测、硬度测定、金相检验、材质分析、涡流检测、强度校核或者应力测定、耐压试验、声发射检测、气密性试验等。

5）做好压力容器定期检验记录，定期检验记录见表5-18。

表5-18　压力容器定期检验记录（样表）

压力容器定期检验记录

日期	检验内容、结果及处理意见：											填写人
	外部检验	内外部表面检查	壁厚测定	无损检测	化学成分分析	硬度测定	金相分析	安全附件	耐压试验	气密性试验	安全等级	

注：附检验方案、检验记录（检验单位签章）。

（3）压力容器的年度检验　压力容器的年度检验包括使用单位压力容器安全管理情况检查、压力容器本体及运行状况检查和压力容器安全附件检验等。检查方法以宏观检查为主，必要时进行测厚、壁温检验和腐蚀介质含量测定、真空度测试等。

1）年度检验前，使用单位应当做好以下各项准备工作：a. 压力容器外表面和环境的清理；b. 根据现场检验的需要，做好现场照明、登高防护、局部拆除保温层等配合工作，必要时配备合格的防噪声、防尘、防有毒有害气体等防护用品；c. 准备好压力容器技术档案资料、运行记录、使用介质中有害杂质记录；d. 准备好压力容器安全管理规章制度、安全操作规范，以及操作人员的资格证；e. 检验时，使用单位压力容器管理人员和相关人员到场配合，协助检验工作，及时提供检验人员需要的其他资料。

压力容器安全管理情况检查的主要内容如下：a. 压力容器的安全管理规章制度和安全操作规程，运行记录是否齐全、真实，查阅压力容器台账（或者账册）与实际是否相符；b. 压力容器图样、使用登记证、产品质量证明书、使用说明书、监督检验证书、历年检验报告及维修、改造资料等建档资料是否齐全并且符合要求；c. 压力容器作业人员是否持证上岗；d. 上次检验及检验报告中所提出的问题是否解决；e. 进行压力容器本体及运行状况检查时，除非检查人员认为必要，一般可以不拆保温层。

2）压力容器本体及运行状况的检查主要包括以下内容：a. 压力容器的铭

牌、漆色、标志及喷涂的使用证号码是否符合有关规定；b. 压力容器的本体、接口（阀门、管路）部位、焊接接头等是否有裂纹、过热、变形、泄漏、损伤等；c. 外表面有无腐蚀，有无异常结霜、结露等；d. 保温层有无破损、脱落、潮湿、跑冷；e. 检漏孔、信号孔有无漏液、漏气，检漏孔是否畅通；f. 压力容器与相邻管道或者构件有无异常振动、响声或者相互摩擦；g. 支撑或者支座有无损坏，基础有无下沉、倾斜、开裂，紧固螺栓是否齐全、完好；h. 排放（疏水、排污）装置是否完好；i. 运行期间是否有超压、超温、超量等现象；j. 罐体有接地装置的，检查接地装置是否符合要求；k. 安全状况等级为 4 级的压力容器的监控措施执行情况和有无异常情况；l. 快开门式压力容器安全联锁装置是否符合要求。

年度检验工作完成后，检验人员应根据实际检验情况出具检验报告，并做出下述结论：a. 允许运行，指未发现或者只有轻度不影响安全的缺陷；b. 监督运行，指发现一般缺陷，经过使用单位采取措施后能保证安全运行，结论中应当注明监督运行需要解决的问题及完成期限；c. 暂停运行，仅指安全附件的问题逾期仍未解决的情况，问题解决并且经过确认后，允许恢复运行；d. 停止运行，指发现严重缺陷不能保证压力容器安全运行的情况，应当停止运行或者由检验机构持证的压力容器检验人员做进一步检验。

年度检验一般不对压力容器安全状况等级进行评定，但如果发现严重问题，应当由检验机构持证的压力容器检验人员按规定进行评定，适当降低压力容器安全状况等级。压力容器年度检验报告和检验结论报告见表 5-19 和表 5-20。

表 5-19　压力容器年度检验报告

报告编号：

压力容器年度检验报告

使用单位：

容器名称：

单位内编号：

使用证号：

设备代码：

检验日期：

表5-20　压力容器年度检验结论报告

报告编号：

使用单位				
单位地址			单位代码	
管理人员	联系电话		邮政编码	
容器名称				
设备代码			容器品种	
使用证号	单位内编号		安全状况等级	级
容器内径　mm	容器高（长）　mm		公称壁厚	mm
工作压力　MPa	工作温度　℃		工作介质	

主要检验依据：《压力容器定期检验规则》

检验发现的缺陷位置、程度、性质及处理意见（必要时附图或附页）：

检验结论	□允许运行 □监督运行 □暂停运行 □停止运行	允许/ 监督 运行 参数	压力：　MPa 温度：　℃ 介质： 其他：	

监督运行需要解决的问题及完成期限（暂停/停止运行说明）：

下次年度检验日期：　　年　月　日	（检验单位检验专用章） 年　月　日
检验：　　日期：	
审批：　　日期：	

第　页　　　　　　　　　　　　　共　页

6. 压力容器事故管理

（1）压力容器事故分析　当压力容器事故发生后，首先要认真保护事故现场，然后对事故现场尽快进行周密的观察和检查；同时根据现场迹象和残留物进行必要的技术检验或技术鉴定。

1）对压力容器安全附件中泄压装置进行检验，如压力表、安全阀、泄压装置（爆破片）。

2）对焊缝裂纹进行检验。

3）对本体破裂处进行检验。应了解断裂面断口的形状、颜色、表面粗糙度及其一些特征，并进行认真的观察和记录，这对于分析容器事故原因很重要。

了解容器变形情况，估算容器的材料伸长率及壁厚变化率。根据容器破裂或变形估算发生事故一瞬间的爆炸能量，同时通过碎片的质量、飞出的距离进行估算验证。通过检查压力容器内外表面材料的金属光泽、颜色、光洁程度、局部腐蚀、磨损及其他伤痕等情况，判断介质的腐蚀情况及其产生后果；并通过燃烧痕迹、残留物的检查，了解或判断非正常状态下生成新的反应物；也可根据可燃性气体不完全燃烧而残留的游离碳，判断和估算发生事故时的温度、着火位置等。

4）现场破坏情况勘查。由于压力容器爆炸时往往造成周围设施或建筑物损坏及现场人员的伤亡，根据被损坏的设施或建筑物，了解其距离、方位等；同时了解被破坏砖墙结构、建筑年代、厚度及玻璃门窗材料、结构等。对人员伤亡情况进行调查了解，通过对伤亡原因分析，如当时人员距离、方位等，有利于对事故发生的原因分析和判断。

5）发生事故的详细过程调查：a. 事故发生前压力容器运行情况。如工艺条件是否有变化；运行仪器仪表数据变化；是否有泄漏现象、异常声响等。b. 事故发生瞬间情况。如出现异常情况迹象；是否有采取了措施；安全附件是否动作；有关操作人员位置；相邻岗位操作人员反映的情况；事故当时发生闪光、冒浓烟、着火、异常响声（声强、次数）等现象。c. 查阅设备操作运行记录；了解压力容器制造厂和设计图样、材质使用等情况：历年运行时间；近年的维修记录和检验检测有关资料；近年安全附件及安全装置更换或定期维护记录，特别是最后一次的检验日期和有关资料；调查发生事故当时压力容器压力、温度变化情况及其他异常情况等。

6）在事故调查中，同时根据现场情况、残留物等开展技术检验和分析，通过采取专用仪器和分析手段，确认事故的性质和原因，或委托专门机构采取特殊手段进行专题分析，这对事故的性质、发生的原因确定可提供有力的依据。

（2）压力容器事故预防

1）压力容器爆炸事故的危害。压力容器爆炸危害主要有两个方面：一是冲击波破坏作用；二是爆破碎片的破坏作用。

① 冲击波超压大于 0.10MPa 时，在其直接冲击下大部分人员会死亡；0.05～0.10MPa 的超压可严重损伤人的内脏或引起死亡；0.03～0.05MPa 的超压会损伤人的听觉器官或产生骨折；超压为 0.02～0.03MPa 也可使人体受到轻微伤害。②爆破碎片的破坏作用。锅炉压力容器破裂爆炸时，具有较高速度或较大质量的碎片，在飞出过程中具有较大的动能，可以造成较大的危害。碎片对人的伤害程度取决于其动能，碎片的动能正比于其质量及速度的平方。碎片在脱离时常具有 80～120m/s 的初速度，即使飞离爆炸中心较远时也常有 20～30m/s 的速度；在此速度下，质量为 1kg 的碎片动能即可达 200～450J，足可致

人重伤或死亡。

2）压力容器爆炸事故的预防措施。为防止压力容器发生爆炸，应采取下列措施：

① 在设计上，应采用合理的结构（如采用全焊透结构，能自由膨胀等），避免应力集中及几何突变；针对设备使用工况，选用塑性、韧性较好的材料；强度计算及安全阀排量计算符合标准。

② 制造、修理、安装、改造时，加强焊接管理，提高焊接质量并按规范要求进行热处理和无损检测；加强材料管理，避免采用有缺陷的材料或用错钢材和焊接材料。

③ 在压力容器使用中，加强使用管理，避免操作失误，杜绝超温、超压、超负荷运行，防止失检、失修、安全装置失灵等现象。

④ 加强检验工作，及时发现缺陷并采取有效措施。

三、气瓶管理

随着我国高校规模迅速发展，在实验室等使用的气瓶数量尽管不多，但是种类还是不少。由于管理上的缺陷，导致事故时有发生，所以加强气瓶的管理是十分重要的。

1. 气瓶基础知识

根据我国 TSG R 0006—2014《气瓶安全技术监察规程》规定，气瓶为在正常环境温度（-40~60℃）下使用，公称容积为 0.4~3000L，公称工作压力为 0.2~35MPa（表压）且压力与容积的乘积大于或等于 1.0MPa·L，盛装压缩气体、高（低）压液化气体、低温液化气体等、标准沸点等于或低于 60℃ 的液体及混合气体的无缝气瓶、焊接气瓶、焊接绝热气瓶等。

（1）瓶装气体的分类规定　按其临界温度可划分为三类：

1）临界温度小于 -10℃ 的为永久气体。

2）临界温度大于等于 -10℃，且小于等于 70℃ 的为高压液化气体。

3）临界温度大于 70℃ 的为低压液化气体。

（2）气瓶的水压试验压力　一般应为公称工作压力的 1.5 倍；特殊情况者，按相应国家标准的具体规定。

1）气瓶的公称工作压力，对于盛装永久气体的气瓶，是指在基准温度时（一般为 20℃）所盛装气体的限定充装压力；对于盛装液化气体的气瓶，是指温度为 60℃ 时瓶内气体压力的上限值。

2）盛装高压液化气体的气瓶，其公称工作压力不得小于 8MPa。盛装有毒和剧毒危害的液化气体的气瓶，其公称工作压力的选用应当提高。

3）气瓶的公称容积系列，应在相应的标准中规定。一般情况下，12L（含 12L）以下为小容积，12~150L（含 150L）为中容积，150L 以上为大容积。

4）在盛装毒性程度为有毒或剧毒气体的气瓶上，禁止装配易熔合金塞、爆破片，以及其他泄压装置。

2. 气瓶的结构

盛装压缩空气和液化气体的钢质气瓶，设计压力大于或等于 10.0MPa（100kgf/cm²）的气瓶，称为高压气瓶，应采用无缝结构。气瓶的主体材料必须采用镇静钢，高压气瓶必须采用合金钢或优质碳素钢。制造焊接气瓶的材料必须具有良好的焊接性。

（1）无缝钢瓶的主要结构

使用钢瓶中无缝钢瓶占很大比例，其公称容积为 40L，外径为 219mm。此外液化石油气瓶装重有 10kg、15kg、20kg、50kg 四种。溶解乙炔气瓶有四种：公称容积 ≤25L，外径为 200mm；公称容积为 40L，外径为 250mm；公称容积为 50L，外径为 250mm；公称容积为 60L，外径为 300mm。还有公称容积为 400L、800L 盛装液氯 0.5t、1t 的焊接气瓶等，如图 5-30 和图 5-31 所示。实验室使用的大部分气瓶是 40L 的无缝钢瓶，它由瓶体、瓶阀、瓶帽、防振圈组成。

防振圈用橡胶或塑料制成，

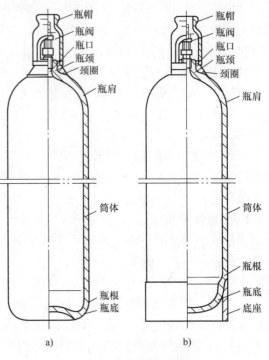

图 5-30 无缝气瓶结构示意图
a）凹形底气瓶 b）带底座凸形底气瓶

厚度一般为 25～30mm，富有弹性，一个瓶上套用两个。当气瓶受到撞击时，防

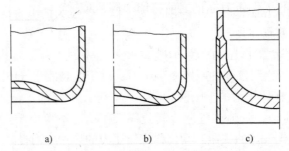

图 5-31 无缝气瓶瓶底收口形式示意图
a）凹形底气瓶 b）凹形底气瓶 c）带底座凸形底气瓶

振圈能吸收能量，减少振动，同时还有保护瓶体漆层标记的作用。

（2）焊接钢瓶的结构　焊接钢瓶是公称直径较大的气瓶，如图 5-32、图 5-33 所示。一般由两个封头和一个筒体，并配装其他附件组成。

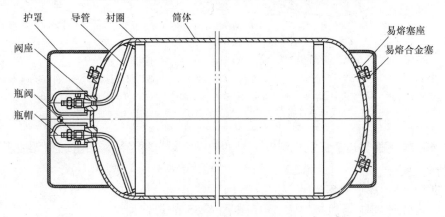

图 5-32　焊接气瓶结构示意图

焊接气瓶单面焊垫板的作用是提高焊缝强度；护罩的作用是保护钢瓶，同时使钢瓶能直立；螺塞和螺塞座焊在封头上，螺塞内孔有锥螺纹，并拧紧螺塞；螺塞内灌有易熔合金，当发生火灾等意外事故时，合金熔化可泄压，保护气瓶不致超压爆炸。

3. 气瓶管理

（1）气瓶的检验

1）按图 5-34 的要求检验气瓶肩部的钢印标记。钢印必须明显、清晰，字体高度为 7 ~ 10mm，深度为 0.3 ~ 0.5mm。降压或报废的气瓶，除在被检验单位的后面打印上降压或报废标志外，还应在气瓶制造厂打印的工作压力标记之前打印上降压或报废标志。

2）气瓶必须附有质量合格证。

（2）气瓶附件的安全要求

1）瓶阀材料必须根据气瓶所装气体的性质选用，特别要防止将可燃气体瓶与非可燃气体瓶的瓶阀相互错装。

2）瓶阀应有防护装置，如气瓶要配瓶帽，且瓶帽上必须有泄压孔。

3）气瓶上应配两个防振圈。

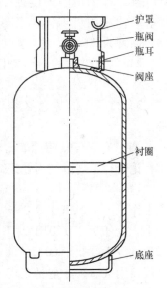

图 5-33　液化石油气钢瓶结构
示意图（焊接气瓶）

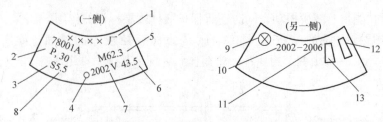

图 5-34 气瓶钢印标记的顺序和位置

1—气瓶制造厂名称　2—气瓶编号　3—气瓶的工作压力　4—制造厂检验标记　5—气瓶实际重量
6—气瓶实际容积　7—制造日期　8—不包括腐蚀裕度在内的筒体壁厚　9—检验单位代号　10—检验日期
11—下次检验日期　12—报废钢印的打法　13—降压钢印的打法

4）氧气瓶（包括强氧化剂气瓶）的瓶阀密封填料必须采用阻燃和无油脂的材料。

（3）瓶的漆色要求

1）各种气瓶必须按照表 5-21 和图 5-35 的规定漆色、标注气体名称或色环。气瓶无论盛装何种气体，一律在其肩部刻钢印的位置上涂上清漆，如图 5-35 所示。字样一律采用仿宋体，书写在气瓶肩部下 1/3 高度处，字体高度为 80mm，色环宽度一般为 40mm。

2）气瓶漆色后，不得任意涂改或增添其他图案或标记。

3）气瓶上的漆色必须保持完好，如有脱落应及时补漆。

（4）购置气瓶使用登记管理规定　为了加强气瓶使用登记管理，规范使用登记行为具体规定如下：

1）本规定适用于环境温度 −40 ~ 60℃ 下使用的、公称工作压力大于等于 0.2MPa（表压），并且压力与容积的乘积大于等于 1.0MPa·L 的盛装气体、液化气体和标准沸点等于或低于 60℃ 的液体的气瓶（不含灭火用气瓶、呼吸器用气瓶、非重复充装气瓶等）。

2）气瓶充装单位、车用气瓶产权单位或者个人（以下统称使用单位）应当按照规定办理气瓶使用登记，领取《气瓶使用登记证》。

3）气瓶使用登记证在气瓶定期检验合格期间内有效。

4）直辖市或者设区的市质量技术监督部门（以下统称登记机关），负责办

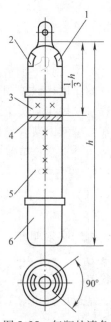

图 5-35　气瓶的漆色
标志示意图

1—检验钢印（涂清漆）
2—制造钢印（涂清漆）
3—气体名称　4—色环
5—所属单位名称
6—整体漆色（包括瓶帽）

理本行政区域内气瓶的使用登记工作。

5）气瓶按批量或逐只办理使用登记。批量办理使用登记的气瓶数量由登记机关确定。

6）办理使用登记的气瓶必须是取得充装许可证的充装单位的自有气瓶或者经省级质量技术监督部门批准的其他在用气瓶。

7）使用单位办理使用登记时，应当向登记机关提交以下文件：a. 气瓶使用登记表；b. 气瓶产品质量证明书或者合格证（复印件）；c. 气瓶产品安全质量监督检验证明书（复印件）；d. 气瓶产权证明和检验合格证明；e. 气瓶使用单位代码。

8）登记机关接到使用单位提交的文件后，应当按照以下规定及时审核、办理使用登记：a. 当场或者在5个工作日内向使用单位出具文件受理凭证；b. 对允许登记的气瓶，按照《气瓶使用登记代码和使用登记证编号规定》编写气瓶使用登记代码和使用登记证编号；c. 自文件受理之日起15个工作日内完成审查登记、办理使用登记证；一次登记数量较大的，登记机关可以到使用单位现场办理登记，在30个工作日内完成审查发证手续；d. 使用单位按照通知时间持文件受理，凭证领取使用登记证或不予受理决定书；登记机关发证时，应当返回使用单位提交的文件和一份由登记机关盖章的"气瓶使用登记表"；e. 使用单位应当建立气瓶安全技术档案，将使用登记证、登记文件妥善保存，并把有关资料输入计算机；f. 使用单位应当在每只气瓶的明显部位标注气瓶使用登记代码且是永久性标记。

表 5-21 常用气瓶漆色

气瓶名称	化学式	外表面颜色	字样	字样颜色	色环
氢	H_2	深绿	氢	红	$p = 150MPa$ 不加色环
氧	O_2	天蓝	氧	黑	$p = 150MPa$ 不加色环
氨	NH_3	黄	液氨	黑	
空气		黑	空气	白	
氯	Cl_2	草绿	液氯	白	
二氧化碳	CO_2	铝白	液化二氧化碳	黑	$p = 150MPa$ 不加色环
氩	Ar	灰	氩	绿	$p = 150MPa$ 不加色环
二氯二氟甲烷	CF_2Cl_2	铝白	液化氟氯烷 – 12	黑	
二氟氯甲烷	CHF_2Cl	铝白	液化氟氯烷 – 22	黑	
硫化氢	H_2S	白	液化硫化氢	红	
氮	N_2	黑	氮	黄	$p = 150MPa$ 不加色环
甲烷	CH_4	褐	甲烷	白	$p = 150MPa$ 不加色环
丙烯	C_3H_6	褐	液化丙烯	黄	

9）登记机关对有下列情况的气瓶不予登记：a. 无制造许可证单位制造的气瓶；b. 擅自变更使用条件或者进行过违规修理、改造的气瓶；c. 超过规定使用年限的气瓶；d. 无法确定产权关系的气瓶；e. 超过定期检验周期或者经检验不合格的气瓶；f. 其他不符合有关安全技术规范或国家标准规定的气瓶。

10）登记机关应当对气瓶使用登记实施年度监督检验，并且及时更新气瓶使用登记数据库。

11）气瓶需要过户时，气瓶原使用单位应当持使用登记证、"气瓶使用登记表"、有效期内的定期检验报告和接受单位同意接受的证明，到原登记机关办理使用登记注销手续。

12）对于定期检验不合格的气瓶，气瓶检验机构应当书面告知气瓶使用单位和登记机关。登记机关收到报告后，应当注销其气瓶使用登记。

13）气瓶报废时，使用单位应当持使用登记证和"气瓶使用登记表"到登记机关办理报废、使用登记注销手续。

（5）气瓶的钢印标记　气瓶的钢印标记和检验色标具体规定如下：

1）气瓶的钢印标记包括制造钢印标记和检验钢印标记。

2）气瓶的钢印标记应符合下列规定：a. 钢印标记打在瓶肩上时，其位置如图 5-36 所示；b. 钢印标记的项目和排列如图 5-37 所示。

3）钢印字体高度为 10 ~ 15mm，深度为 0. 3 ~ 0. 5mm。

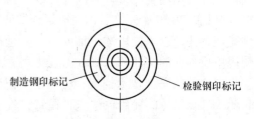

图 5-36　钢印标记打在瓶肩示意图

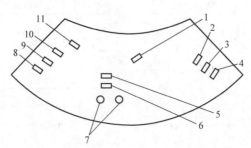

图 5-37　制造钢印标记项目和排列示意图

1—监督检验标记　2—气体化学分子式　3—气瓶编号　4—钢瓶水压试验压力（MPa）
5—筒体设计壁厚（mm）　6—钢瓶质量（kg）　7—制造厂检验标记　8—制造厂代号　9—制造年、月
10—钢瓶实际容积（L）　11—在基准温度 15℃时的限定压力（MPa）

4）气瓶的钢印标记是识别气瓶的依据。钢印标记必须准确、清晰、完整，以永久标记的形式打印在瓶肩或不可卸附件上。应尽量采用机械方法打印钢印

标记。钢印的位置和内容应符合气瓶的钢印标记规定。纤维缠绕气瓶、低温绝热气瓶和高强度钢气瓶的制造钢印标记按相应国家标准的规定。特殊原因不能在规定位置上打钢印的，必须按锅炉压力容器安全监察局核准的方法和内容进行标注。

5）气瓶制造企业的代号和气瓶注册商标必须在制造许可证批准机构备案。

6）气瓶外表面的颜色、字样和色环，必须符合气瓶颜色标志规定，并在瓶体上以明显字样注明产权单位和充装单位。盛装未列入国家标准规定的气体和混合气体的气瓶，其外表面的颜色、字样和色环均须符合锅炉压力容器安全监察局核准的方案。

7）气瓶的充装单位对自有气瓶和托管气瓶的安全使用及按期检验负责，并应建立气瓶档案。气瓶档案包括合格证、产品质量证明书、气瓶检验记录等。气瓶的档案应保存到气瓶报废为止。

① 气瓶充装单位应按规定向所在地地市级以上（含地市级）质量技术监督行政部门锅炉压力容器安全监察机构报告自有气瓶和托管气瓶的种类和数量。

② 气瓶必须专用，即只允许充装与钢印标记一致的介质，不得改装使用。

4. 气瓶使用

（1）气瓶的安全使用　为确保气瓶安全使用，在《气瓶安全监察规程》中对气瓶的使用等方面做了如下规定：

1）有掌握气瓶安全知识的专人负责气瓶安全工作。

2）根据有关规定，制定相应的安全管理制度。

3）制定事故应急处理措施，配备必要的防护用品。

（2）存放气瓶的要求

1）盛装易起聚合反应或分解的气体气瓶，必须根据气体的性质控制仓库内的最高温度及规定贮存期限，并应避开放射（线）源。

2）空瓶与实瓶应分开放置，并有明显标志。毒性气体气瓶和瓶内气体相互接触能引起燃烧、爆炸、产生毒物的气瓶，应分室存放，并在附近设置防毒用具或灭火器材。

3）气瓶放置应整齐，配好瓶帽。立放时，要妥善固定。

（3）使用气瓶的规定

1）使用有制造许可证的企业的合格产品，不使用超期未检的气瓶。

2）使用者必须到已办理充装注册的单位或经销注册的单位购气。

3）气瓶使用前应进行安全状况检查，并对盛装气体进行确认。不符合安全技术要求的气瓶严禁入库和使用，且使用时必须严格按照使用说明的要求使用气瓶。

4）气瓶的放置地点不得靠近热源和明火，还应保证气瓶瓶体干燥。盛装易起聚合反应或分解反应的气体的气瓶，应避开放射线源。

5）气瓶立放时，应采取防止倾倒的措施。

6）严禁在气瓶上进行电焊引弧。

7）严禁用温度超过40℃的热源对气瓶加热。

8）瓶内气体不得用尽，必须留有剩余压力或质量，永久气体气瓶的剩余压力应小于0.05MPa；液化气体气瓶留有不少于0.5%～1.0%规定充装量的剩余气体。

9）液化石油气瓶用户及经销者，严禁将气瓶内的气体向其他气瓶倒装，严禁自行处理气瓶内的残液。

10）气瓶投入使用后，不得对瓶体进行挖补、焊接修理。

11）严禁擅自更改气瓶的钢印和颜色标记。

12）禁止敲击、碰撞。

13）气瓶发生事故时，发生事故单位必须按照特种设备事故处理规定及时报告和处理。

5. 气瓶的附件

（1）气瓶的瓶阀技术条件

1）气瓶的瓶阀是气瓶的主要附件，它是控制气瓶内气体进出的装置，因此要求瓶阀体积小，强度高，气密性好，经久耐用和安全可靠。

2）气瓶装配何种材质的瓶阀与瓶内气体必须有关，一般瓶阀的材料是用黄铜或碳素钢制造。氧气瓶多用黄铜制造瓶阀，主要是因为黄铜耐氧化，导热性好，燃烧时不发生火花。液氯容易与铜产生化学反应，因此液氯瓶的瓶阀，要选用钢制瓶阀。在乙炔瓶上因铜可能会与乙炔形成爆炸性的乙炔铜，所以要选用钢制瓶阀。

3）瓶阀主要由阀体、阀杆、阀瓣、密封件、压紧螺母、手轮及易熔合金塞等组成。阀体的一个侧面有带外螺纹或内螺纹的出气口，用以连接充装设备或减压器；阀体的另一侧装有易熔塞。

4）当瓶内温度、压力上升超过规定，易熔塞熔化而泄压，以保护气瓶安全。

5）瓶阀的种类较多，目前低压液氯、液氨、乙炔钢瓶等采用密封填料式瓶阀；氧、氮、氩等高压气体钢瓶采用活瓣式瓶阀。

6）由于氧气瓶使用广泛，除一般工矿企业使用以外，医疗机构、高校及研究机构、运动场所、高原铁路都需要使用。而氧气瓶阀是氧气瓶特别重要的安全附件，掌握氧气瓶阀通用技术就显得更加重要。

（2）气瓶的瓶帽与防振圈　瓶帽和防振圈是气瓶重要的安全附件。

1）瓶帽：保护瓶阀用的帽罩式安全附件统称。按其结构型式可分为固定式瓶帽和拆卸式瓶帽,如图5-38所示。

气瓶的瓶帽主要用于保护瓶阀免受损伤。瓶帽一般用钢管、可锻铸铁制造。当瓶阀漏气时,为防止瓶帽承受压力,瓶帽上开有排气孔;排气孔位置对称,避免气体由一侧排出时的反作用力使气瓶倾倒。

2)防振圈:防振圈是用橡胶或塑料制成,厚度一般不小于25~30mm,且富有弹性。一个气瓶上套上两个,当气瓶受到撞击时,能吸收能量减少振动,同时还有保护瓶体漆层标记的作用。图5-39为气瓶防振圈示意图。

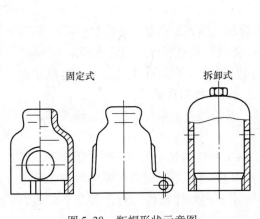

固定式　　拆卸式

图5-38　瓶帽形状示意图

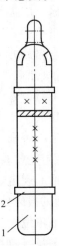

图5-39　气瓶防振圈
1—整体漆色(包括瓶帽)　2—防振圈

6. 气瓶定期检验与爆炸事故原因分析

开展气瓶定期检验工作和做好气瓶爆炸事故原因分析是确保气瓶安全可靠运行的重要措施之一。

(1)气瓶定期检验

1)承担气瓶定期检验的单位应符合GB/T 12135—2016《气瓶检验机构技术条件》的规定,经省级以上(含省级)质量技术监督行政部门锅炉压力容器安全监察机构核准,并取得资格证书。气瓶定期检验资格证书有效期为5年,气瓶定期检验单位有效期满当年2月底前向原发证机构提出换证申请。逾期不申请者,视为自动放弃;有效期满后不得从事气瓶定期检验工作。从事气瓶定期检验工作的人员,应按《锅炉压力容器压力管道及特种设备检验人员资格考核规则》进行资格考核,并取得气瓶定期检验资格证书。

2)气瓶检验单位的主要职责是:a. 对气瓶进行定期检验,出具检验报告,并对其正确性负责。b. 对气瓶附件进行更换。c. 进行气瓶表面的涂敷。d. 对报废气瓶进行破坏性处理。

3）各类气瓶的检验周期，不得超过下列规定：a. 盛装腐蚀性气体的气瓶、潜水气瓶及常与海水接触的气瓶每两年检验一次。b. 盛装一般性气体的气瓶，每3年检验一次。c. 盛装惰性气体的气瓶，每5年检验一次。d. 液化石油气钢瓶，每4年检验一次。e. 低温绝热气瓶，每3年检验一次。f. 车用液化石油气钢瓶每5年检验一次，车用压缩天然气钢瓶每3年检验一次。汽车报废时，车用气瓶同时报废。g. 气瓶在使用过程中，发现有严重腐蚀、损伤或对其安全可靠性有怀疑时，应提前进行检验。h. 库存和停用时间超过一个检验周期的气瓶，启用前应进行检验。i. 发生交通事故后，应对车用气瓶、瓶阀及其他附件进行检验，检验合格后方可重新使用。

4）检验气瓶前，应对气瓶进行处理。达到下列要求方可检验：a. 确认气瓶内压力降为零后，方可卸下瓶阀。b. 毒性、易燃气体气瓶内的残余气体应回收，不得向大气排放。c. 易燃气体气瓶须经置换，液化石油气瓶须经蒸汽吹扫，达到规定的要求。否则，严禁用压缩空气进行气密性试验。

5）气瓶定期检验必须逐个进行，各类气瓶定期检验的项目和要求，应符合相应国家标准的规定。

6）气瓶的报废处理应包括：a. 由气瓶检验员填写"气瓶判废通知书"，并通知气瓶充装单位。b. 报废气瓶的破坏性处理为压扁或将瓶体解剖。经地、市级质量技术监督行政部门锅炉压力容器安全监察机构同意，指定单位负责集中进行破坏性处理。

(2) 气瓶爆炸原因分析

1）简易方法来计算气瓶内气体的贮存量。气瓶内气体的贮存量一般采用简易公式来计算：

$$V = 10V'p$$

式中，V为气体的贮存量（L）；V'为气瓶的容积，一般取40L；p为气瓶内压力（MPa）。

如气瓶的容积为40L，氧气压力是15MPa，则气瓶内氧气的贮存量是10×40L×15 =6000L 或等于6m³，如用过后压力降至5MPa，则瓶内氧气的贮存量是10×40L×5 =2000L 或等于2m³。

其他压缩气体气瓶内的气体贮存量也可以按上述办法进行计算。

2）气瓶的爆炸原因。对已充气的气瓶由于管理不善等因素，可能引起漏气或爆炸。其爆炸原因如下：a. 由于使用或保管中受到阳光、明火或其他热辐射作用，瓶中气体受热，压力急剧增加直至超过气瓶钢材强度，而使气瓶产生永久变形，甚至爆炸。b. 气瓶搬运中未"戴"瓶帽或碰击等原因使瓶颈上或阀体上的螺纹损坏，瓶阀可能被瓶内压力冲脱瓶颈，在这种情况下气瓶将高速地向排放气体相反方向飞行，造成严重事故。c. 气瓶在搬运、使用过程中发生坠落而造成事故。d. 氧气瓶与易燃易爆气瓶充装时未辨别或辨别后未严格清洗，以致可能产生燃烧的混合气体导致气瓶爆炸。e. 未按规定进行技术检验，由于锈蚀使气瓶壁变薄及气瓶的裂纹等原因导致事故。f. 过量充装和充装速度过快，引起过度发热而造成事故；放气速度太快，阀门处容易产生静电火花，引起氧气或易燃气体燃烧爆炸。g. 充气气源压力超过气瓶最高允许压力，在没有减压装置或液压装置失灵的情况下，使气瓶超压爆炸。

$$p = p_0 + p_0 \cdot \frac{T - T_0}{273}$$

式中，p 为受热后气瓶内最终压力；p_0 为瓶内流体最初压力；T_0 为瓶内流体最初温度；T 为瓶内流体受热的最终温度。

气瓶的爆炸，有的是由于承受不了介质的压力而发生的物理性爆炸；有的是由于瓶内介质产生化学反应而发生的化学性爆炸。气瓶爆炸往往伴随着燃烧，有的甚至散发有毒气体。如一个 40L、压力为 15MPa 的气瓶发生爆炸，爆炸功达 154000kg·m，如爆炸时间为 0.1s，则相当于 20530hp（1hp = 735W）。

（3）气瓶爆炸事故分析报告　做好气瓶安全事故分析是十分重要的，通过各案例事故分析报告内容剖析，从中吸取事故教训尽快整改，确保气瓶安全可靠使用。

[案例 5-15]　氧气瓶爆炸事故分析报告

（1）事故概况　在湖北一个由某厂制造的氧气瓶，材质为 40Mn2，公称壁厚 6mm，公称容积 41.2L，内径 210mm。按 13.5MPa 压力进行充装，充装完毕后半小时内发生了爆炸，氧气瓶炸裂成三块。

（2）检验

1）通过调查，了解该氧气瓶已使用 10 年。氧气瓶炸裂成三块，爆炸导致局部瓶壁内外反卷，瓶壁内表面严重锈蚀导致瓶壁厚薄不均。断面已生锈，但仍可分辨出爆炸过程中裂纹发展的几个区域：纤维区、放射区、剪切唇。

2）用精度为 0.1mm 的 DM4 测厚仪从外表面对气瓶碎片进行抽查测厚，共抽查 18 点，测得厚度值范围为 3.0～5.9mm，具体见表 5-22。

表 5-22　测厚结果　　　　　　　（单位：mm）

编号	1	2	3	4	5	6	7	8	9
厚度	3.0	3.1	3.0	5.7	4.5	5.3	3.6	3.2	3.0
编号	10	11	12	13	14	15	16	17	18
厚度	4.6	5.4	5.9	5.7	4.9	5.0	4.3	5.6	5.9

3）断口分析：断口经稀盐酸清洗去锈，进行电镜显微分析。电镜分析表明：纤维区呈塑性断裂韧窝状，放射区呈"断裂"花纹，剪切唇呈抛物线状的韧窝，显微特征与宏观分析相符。

4）金相分析：取试样打磨后用3%的硝酸乙醇溶液清洗表面。测得钢中硫化物A1.5级，氧化物B1.5级。从金相磨面上测得断口最薄处厚度为1.28mm。金相组织观察结果为：气瓶壁薄处、壁厚处组织均无明显变形，组织均为珠光体＋铁素体，但外壁表面含碳量偏低。

5）碎片的含氧量测定：用电气探针和能谱仪对氧气瓶碎片中的氧含量进行了测定，氧的质量分数为0.0023%，说明该气瓶选用材料的韧性较好。

6）从三块碎片中各取一个试样，进行了化学成分分析，结果见表5-23。

表 5-23　化学成分分析

元素	Si	Mn	P	Nb	V	N	C	S
质量分数（%）	0.50	1.72	0.022	<0.005	<0.005	0.0057	0.419	0.010

从化学成分分析结果看，该氧气瓶的材质为40Mn2。

（3）原因分析及建议

1）从以上检验分析结果看，氧气瓶发生爆炸的主要原因为：气瓶内壁受腐蚀严重，导致壁厚减薄不均，最大腐蚀坑深2.9mm，最大蚀坑直径4.0mm，使得气瓶局部有效承载面积大大变小，从而使气瓶承载能力下降，不能满足气瓶的充装压力而引起的爆炸。

2）由于氧气瓶只有一个瓶口，单凭肉眼是不可能观查到瓶内情况的，为搞清楚瓶内状况，建议增加视屏内窥镜检验项目，借助视屏内窥镜，可以观察到瓶内腐蚀状况。

3）应对使用年限较长的气瓶，增加测厚点，尽可能测出最小剩余厚度。

7. 乙炔气瓶安全作用

乙炔气瓶在工矿企业使用十分广泛，根据 GB 11638《溶解乙炔气瓶》的规定标准名称为溶解乙炔气瓶。

（1）溶解乙炔气瓶的结构　溶解乙炔气瓶是属于焊接气瓶，在我国使用的溶解乙炔气瓶均为公称容积40L的三件组装形式，如图5-40所示。

乙炔气瓶是贮存和运输乙炔用的容器，其外形与氧气瓶相似，但构造要比氧气瓶复杂，这是因为乙炔不能以高压压入普通气瓶必须利用乙炔的特性，采取必要的措施，才能将乙炔压入气瓶内。乙炔气瓶的瓶体是圆柱形，其外表面漆成白色，并用红漆写明"乙炔"字样。乙炔气瓶的主体部分是由优质碳素钢或低合金钢轧制成的圆柱形无缝瓶体，下面装有瓶座。乙炔气瓶的工作压力为1.47MPa（15kgf/cm²），水压试验的压力为2.94MPa（30kgf/cm²），水压试验合

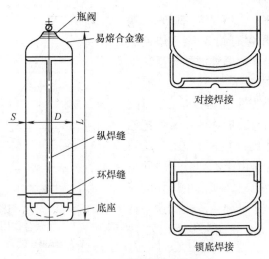

图 5-40　溶解乙炔气瓶

格后才能出厂使用。

（2）乙炔的爆炸分类　乙炔是一种不稳定气体，它本身是吸热化合物，分解时要放出它生成时所吸收的全部热量。乙炔的爆炸特性可分为三类，如图 5-41 所示。

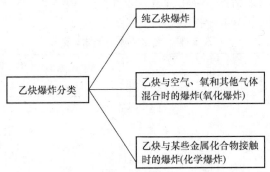

图 5-41　乙炔爆炸分类示意图

1）纯乙炔爆炸，也称乙炔分解爆炸。当气体温度为 580℃、压力为 0.15MPa 时，乙炔会发生分解爆炸。一般来说，当温度超过 200～300℃时就开始发生聚合作用，此时乙炔分子与其他化合物，如苯和苯乙烯聚合；聚合作用是放热的，气体温度越高聚合作用的速度越快，放出的热量会进一步促成聚合。这种过程继续增强和加快，就可能引起乙炔爆炸。图 5-42 所示为划分乙炔聚合作用与分解爆炸区域的曲线。如果在聚合过程中将热量急速排除，就不会形成分解爆炸。

2）乙炔与空气、氧和其他气体混合时的爆炸称为氧化爆炸，见表 5-24。

这些混合气体的爆炸，基本取决于其中乙炔的含量。加大压力实际上提高了混合气体爆炸性；含有 7%～13% 乙炔的空气混合气体和含有约 30% 乙炔的氧气混合气体最易爆炸；爆炸波的传播速度可达 100m/s，爆炸波压力可达 3～4MPa。乙炔中混入与其不发生化学反应的气体，如氮气等能降低乙炔的爆炸性；又如把乙炔溶解在某种液体内（丙酮），也对乙炔产生同样影响。这是由于乙炔分子之间被其他流体的微粒所隔离，使发生爆炸的连锁反应条件破坏，于是利用乙炔的这一特性，可安全地制造、贮存及使用乙炔气瓶。

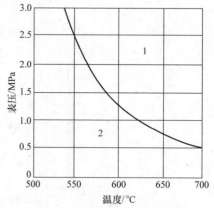

图 5-42　乙炔聚合作用与分解爆炸的范围
1—分解爆炸区　2—聚合作用区

3）乙炔与某些金属化合物接触时产生的爆炸——化学爆炸。

① 乙炔与铜、银金属等长期接触会生成乙炔铜、乙炔银等易爆炸物质。因此，凡提供有关乙炔使用的器材，都不能用银和含铜量为 70%（质量分数）以上的合金。

② 乙炔与氯、次氯酸盐等化合就会发生燃烧和爆炸，故发生与乙炔有关的火灾时，绝对禁止使用四氯化碳灭火机。

表 5-24　氧化爆炸的气体含量

可燃气体	在混合气体中含有量（体积分数,%）	
	空气中	氧气中
乙炔	2.5～82.0	2.8～93.0
一氧化碳	11.4～77.5	15.5～93.9
煤气	3.8～24.0	10.0～73.6
天然气	4.8～14.0	—
石油气	3.5～16.3	—

（3）乙炔气瓶使用的规定

1）使用前，应对钢印标记、颜色标记及状况进行检验，凡是不符合规定的乙炔气瓶不准使用。

2）乙炔气瓶的放置地点，不得靠近热源和电器设备，与明火的距离不得小于 10m（高空作业时，此距离为在地面的垂直投影距离）。

3）乙炔气瓶严禁放置在通风不良或有放射性射线源的场所使用。

4）应采取措施防止乙炔气瓶受曝晒或受烘烤，严禁用 40℃ 以上的热水或其他热源对乙炔气瓶进行加热。

5）溶解乙炔气瓶和氧气应尽量避免放在一起，但溶解乙炔气瓶（以下简称乙炔瓶）用途广泛，多数场合是与氧气瓶同时使用的。乙炔是易燃易爆气体，氧气是助燃气体，这两种气瓶如放在一起，一旦同时发生泄漏，致使氧与乙炔混合就很容易发生爆炸燃烧事故。如使用地点固定，使用的氧气瓶和乙炔瓶应放在分建两处的贮存间内；如果是野外现场临时使用或使用地点不固定，氧气瓶、乙炔瓶应分别放在专用小车上，且两辆专用小车停放要保持10m距离，以确保安全。

6）瓶阀出口处必须配置专用的减压器和回火防止器。在正常使用时，减压器指示的放气压力不得超过0.15MPa，放气流量不得超过0.05m³/(h·L)。如需要较大流量时，应采取多只乙炔瓶汇流供气。

7）乙炔瓶使用过程中，发现泄漏要及时处理，严禁在泄漏的情况下使用。

8）使用乙炔瓶的单位和个人不得自行对瓶阀、易熔合金塞等附件进行修理或更换，严禁对在用乙炔瓶瓶体和底座等进行焊接修理。

9）乙炔瓶瓶阀安全要求：a.瓶阀材料应选用碳素结构钢或低合金钢，如选用铜合金，其铜的质量分数必须小于70%。b.钢瓶的肩部至少应设置一个易熔塞，易熔合金的熔点为100℃±5℃。c.同一规格、型号、商标的瓶阀和瓶帽成品质量应相等，瓶阀质量允差为5%，瓶帽质量允差为5%。

10）乙炔瓶不得遭受剧烈的振动或撞击，以免瓶内的多孔性填料下沉而形成空穴，影响乙炔的安全贮存。

11）乙炔瓶工作时应直立放置，卧放易造成丙酮流出，甚至会通过减压器流入乙炔胶管和焊、割炬内，这是非常危险的。

12）乙炔瓶瓶体的表面温度不应超过40℃，因为乙炔瓶温度过高会降低丙酮对乙炔的溶解度，从而使瓶内的乙炔压力急剧增高。同时，乙炔瓶不得靠近热源和电气设备，与明火距离一般不小于10m，夏季还要防止曝晒。

13）乙炔瓶必须装设专用的乙炔减压器和乙炔回火防止器，使用压力不得超过0.15MPa（1.5kgf/cm²），输出流速不应超过1.5~2.0m/h。乙炔减压器与乙炔瓶瓶阀的连接必须可靠，严禁在漏气状态下使用，否则会形成乙炔-空气混合气体，有发生爆炸的危险。

14）瓶内气体严禁用尽，必须留有不低于表5-25规定的剩余压力。

表5-25　乙炔瓶内剩余压力与环境温度的关系

环境温度/℃	<0	0~15	15~25	25~40
剩余压力/MPa（kgf/cm²）	0.049（0.5）	0.098（1）	0.19（2）	0.29（3）

四、起重设备管理

起重设备是工业、交通、建筑行业中实现生产过程机械化、自动化，减轻繁重体力劳动，提高劳动生产率的重要工具和设备，在我国已拥有大量的各式各样的起重设备。但在高校实验实训教学中使用起重设备数量不多，且起重吨位不大。由于起重设备使用频率不高，对其维护保养及安全运行显得更为重要。

起重设备是一种以间歇作业方式对物料进行起升、下降 水平移动的搬运机械，起重设备的作业通常带有重复循环的性质。随着科学技术和生产的发展，起重设备在不断地完善和发展之中，先进的电气、光学、计算机技术在起重设备上得到应用，其趋向是增进自动化程度，提高工作效率和使用性能，使操作更简化、省力和更安全可靠。

1. 起重设备基本知识

（1）分类　起重设备可分为三个基本类型，如图 5-43 所示。

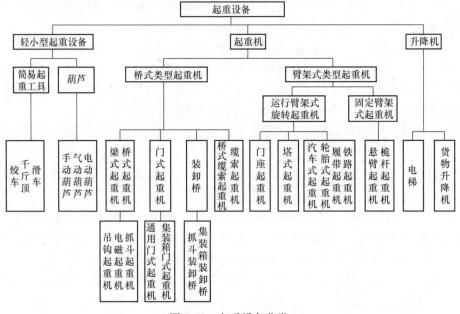

图 5-43　起重设备分类

1）轻小型起重设备，包括千斤顶、滑车、绞车、手动葫芦和电动葫芦，其特点是构造比较简单，一般只有一个升降机构，使重物做单一升降运动。

2）起重机：

① 桥式类型起重机，包括桥式起重机、特种起重机、门式起重机、装卸桥等。它有起升机构、大小车运行机构等，重物除升降运动外，还能做前后和左右的水平运动；三种运动的配合，可使重物在一定的立方形空间内起升与搬运。

② 臂架式类型起重机，包括汽车起重机、轮胎式起重机、履带起重机、塔式起重机、门座起重机、浮式起重机和铁路起重机。它有起升机构、变幅机构、

旋转机构和行走机构，依靠这些机构的配合动作可使重物在一定的圆柱形或椭圆柱形空间内起升和搬运。

3）升降机是重物或取物装置沿着导轨升降的起重机械，它包括载人或载货电梯。升降机虽然只有一个升降动作，但机构很复杂，特别是载人的升降机——电梯，要求有完善的安全装置和电控装置等。

（2）起重设备基本参数　起重设备的基本参数是说明其性能和规格的数据，也是选择使用起重设备的主要依据。

1）额定起重量（Q）。起重机在正常工作时允许起吊物品的最大重量称为额定起重量。如使用其他辅助取物装置和吊具（电磁吸盘、夹钳等），这些装置的自重也包括在起重量内，见表5-26。

2）起升高度（H）。起升高度是指起重机工作场地面或起重机运行轨道顶面到取物装置上极限位置的高度。取物装置可放到地面以下，其下放距离为下放深度。起升高度和下放深度之和称为总起升高度。电动桥式起重机起升高度系列见表5-27。

表 5-26　起重量系列标准　（单位：t）

0.05	0.1	0.25	0.5	0.8	1.0	1.25	1.5	2	2.5
3	4	5	6	8	10	12.5	16	20	25
32	40	50	63	80	100	125	140	160	180
200	225	250	280	320	360	400	450	500	

表 5-27　电动桥式起重机起升高度系列（GB/T 14405—2011）

起重量（主钩）/t		3～50		80～125		160		200		250	
起升高度/m	主钩	12	16	20	30	24	30	19	30	16	30
	副钩	14	18	22	32	26	32	21	32	18	32

3）跨度和轨距（L）。跨度是指起重机大车两端车轮中心线之间的距离（表5-28）。轨距是指起重机的小车轨道中心线之间的距离或加臂式起重机的运行轨道中心线（或起重机行走轮或履带中心线）之间的水平距离。

表 5-28　电动桥式起重机跨度系列（GB/T 14405—2011）（单位：m）

	厂房跨度	9	12	15	18	21	24	27	30	33	36
起重机跨度	3～50t	7.5	10.5	13.5	16.5	19.5	22.5	25.5	28.5	31.5	—
		7	10	13	16	19	22	25	28	31	
	80～250t	—	—	16	19	22	25	28	31	34	

4）起重机的载荷状态。起重机在实际使用中，它所起重的物品重量一般小于额定起重量。由于使用场所和服务对象不同，有的经常轻载，有的频繁满载，

这种受载的轻重程度称为起重机载荷状态（表5-29）。

表5-29 起重机载荷状态

载荷状态	名义载荷谱系数 K_P	说　明
Q_1—轻	0.125	很少起升额定载荷，一般起升轻微载荷
Q_2—中	0.25	有时起升额定载荷，一般起升中等载荷
Q_3—重	0.5	经常起升额定载荷，一般起升较重载荷
Q_4—特重	1.0	频繁地起升额定载荷

2. 起重设备主要结构

起重设备一般由金属结构、运行机构、提升机构、动力装置和电控装置等组成。由于起重设备功能不同，各部分组成情况也有很大区别。

（1）起重设备的运行机构　起重设备的运行机构一般由电动机、制动器、减速箱、联轴器、传动轴、轴承箱、车轮等组成。起重设备运行机构形式很多，以达到各自不同的用途。

（2）起重设备的卷扬提升机构　起重设备的卷扬提升机构一般由电动机、制动器、减速器、卷筒、钢丝绳、滑轮和取物装置等组成。

1）取物装置是起重机上的主要部件，为确保作业安全，取物装置必须工作可靠，操作简便。取物装置用于提升成件货物时，主要有吊钩、夹钳等；用于散装物料时有料斗、抓斗、起重电磁铁等。

2）滑轮是起重机中的承装零件，按用途可分为定滑轮和动滑轮。

3）卷筒用来绕钢丝绳，并把原动机的驱动力传递给钢丝绳，并实现钢丝绳的直线运动。

4）制动器主要用来阻止悬吊重物下落、实现停车及某些特殊情况下，按工作需要实现降低或调节机构运动速度。

5）减速器是起重机的重要部件，通过选用一定速比的减速器，可使电动机的额定转速和转矩转变为作业需要的机构的工作速度和力矩。

6）钢丝绳是起重设备中应用最广泛的挠性构件，也是起重机安全生产的三个重要构件（制动器、钢丝绳和吊钩）之一。钢丝绳的绳芯分麻芯、棉芯、石棉芯、钢丝芯等四种。

（3）起重设备的电气装置

1）电气操纵装置，包括：a. 凸轮控制器。它是起重机的电气操纵装置，主要用途是控制各电动机的起动、停止、正转、反转及安全保护等。b. 主令控制器与控制柜（屏）。主令控制器与控制柜相配合，用来操纵控制电动机频繁起动、调速、换向和制动。主令控制器能实现多位控制，这对于工作机构多，操作频繁的起重机是至关重要的。控制柜分为交流起重机的控制柜和直流起重机控制柜两类。c. 保护配电柜。为了保护起重机上的电气装置，应设置保护配电柜，用于起重机短路保护、零压保护、隔离保护和总过流保护。

2）电动机，起重机上的电动机要求具有较高的机械强度和过载能力，要能承受经常的机械冲击和振动，转动惯量要小，适应于频繁快速起动、制动和逆转等。一般起重机主要采用交流传动，选用电动机为 YZR、YZ 等系列。

3）制动电磁铁与制动器联合使用，目的是使电动机带动的运行机构和提升机构能准确停车。

4）总受电箱，采用主令控制器操纵的大型起重机和冶金起重机上广泛使用总受电箱对起重机进行保护和控制。

5）移动供电装置。

① 起重设备使用的电线、电缆宜选用橡胶绝缘导线、电缆和塑料绝缘导线，小截面的导线可用塑料绝缘导线，港口起重机宜选用船用电缆。考虑到起重机使用的特点，为保证其机械强度一般只采用铜芯多股电线电缆，且必须采用截面积 $\geq 1.5\text{mm}^2$ 的多股单芯导线及截面积 $\geq 1\text{mm}^2$ 的多股多芯导线。

② 对通用桥式和门式起重机的小车运行机构宜用悬挂式软电缆供电，其导线的截面积 $\leqslant 16\text{mm}^2$ 时推荐用扁电缆；其大车运行机构宜用钢质滑线供电。近年来推广使用安全滑线接输电装置，它具有安全、可靠、节能、电压损失小等特点。电动葫芦的电源引入器有软电缆式和滑块式。

6）起重设备的自动控制。在起重设备电气控制中，已逐步采用程控、数控、遥控、群控、自动称量及计算机管理等新技术，以提高起重设备的操作性能和管理水平。

（4）桥式起重机组成　高校实验室及机械工程训练中心等使用起重设备，主要通过用桥式起重机完成物件运送工作。

1）桥架。桥式起重机的桥架是金属结构，一方面承受着满载的起重小车的轮压作用，另一方面又通过支承桥架的运行车轮，将满载的起重机全部重量传给了厂房内固定跨间支柱上的轨道和建筑结构。桥架的结构型式不仅要求自重轻，还要求有足够的强度、刚度和稳定性，如图 5-44 所示。

桥式起重机的桥架是由两根主梁、两根端梁、走台和防护栏杆等构件组成。起重小车的轨道固定在主梁的盖板上，走台设在主梁的外侧。桥架的结构型式很多，有箱形结构、箱形单主梁结构、四桁架式结构和单腹板开式结构等。

2）桥架主梁。组成桥架的主梁应制成均匀向上拱起的形状，向上拱起的数值，叫上拱度。桥式起重机在使用过程中，主梁向上拱度会逐渐减小直至消失，所以应该定期进行检验测量。如果其下拱度超过规定的界限，应停止使用，并及时予以修复。

3）司机室。桥式起重机的司机室分为敞开式、封闭式和保温式三种。敞开式司机室适用于室内，工作环境温度为 $10 \sim 30℃$；封闭式司机室适用于室内外，工作环境温度为 $5 \sim 35℃$；保温式司机室适用于高温或低温以及有有害气体和尘埃等场所，工作环境温度为 $-25 \sim 40℃$。司机室必须具有良好的视野，水平视

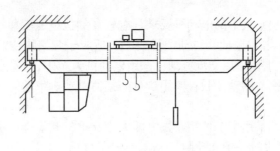

a)

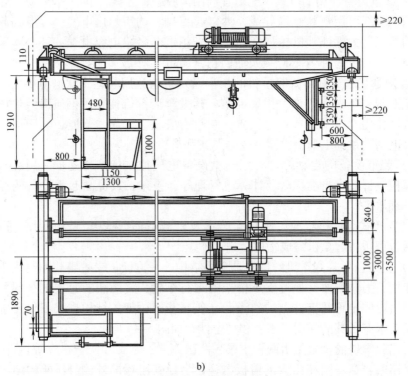

b)

图 5-44　起重机示意图

a）单梁起重机　b）通用桥式起重机

野≥230°，一般司机室底部面积≥2m²，净高度≥2m。

4）大车运行机构。其作用是驱动桥架上的车轮转动，使起重机沿着轨道做纵向水平运动。

5）起重小车。它是桥式起重机的一个重要组成部分，包括小车架、起升机构和运行机构三个部分。其构造特点是所有机构都是由一些独立组装的部件组成，如电动机、减速器、制动器、卷筒、定滑轮组件及小车车轮组等。

6）车轮又称走轮。它是用来支承起重机自重和载荷并将其传递到轨道上，同时使起重机在轨道上行驶。车轮按轮缘形式可以分为双轮缘的、单轮缘的和无轮缘的三种。

7）轨道。它是用作承受起重机车轮的轮压并引导车轮的运行。所有起重机的轨道都是标准的或特殊的型钢或钢轨。它们既应符合车轮的要求，同时也应考虑到固定的方法。桥式起重机常用的轨道有起重机专用轨、铁路轨和方钢三种。

3. 起重设备风险因素与故障分析

由于起重设备种类繁多、作业环境复杂、设备管理状况参差不齐等原因，起重设备在使用、维修改造、检验中面临着诸多风险因素，所以加强安全监督管理、做好起重设备故障分析及事故预防是十分重要的。

（1）风险因素分析

1）起重设备固有的风险。由于使用起重设备起升或运移的物件一般是较重的物件，一般起重设备都有较大的自重，在安装、维修、作业及检验时，稍有疏忽和不慎，就很容易发生倾翻、坍塌或重物坠落的事故。如对某单位新安装的50t吊钩桥式起重机验收检验过程中，进行额定载荷试验时钢丝绳突然断裂，使吊钩及50t重的砝码坠落，险些造成人身伤害事故。

大多数起重设备的操作都属于高空作业，高空作业本身就属于危险作业。

2）设计、制造、安装而产生的风险。有些起重设备因设计时没有考虑到操作的安全性、方便性，不便于操作和维修，如制动器制动力矩不足、电动机容量不够等；有些起重机械未按照国家标准制造，偷工减料以次充好，如用普通螺栓代替高强度螺栓等。

3）作业环境而产生的风险。起重设备作业环境复杂，有的作业场所存在尘、毒、噪、辐射等危害。

4）操作人员水平参差不齐而产生的风险。起重设备操作人员水平参差不齐，如有些操作人员未经培训就上岗，对起重设备常识性知识一知半解，对各种安全限位装置的作用也不清楚，这都是很危险的。有的操作人员操作特别莽撞，如吊钩上升时，一下就挂到高速档位，很容易造成吊钩冲顶、钢丝绳断裂和重物坠落；还有的操作人员操作不熟练、缺乏操作经验、与地面指挥人员配合不协调等，都可能成为事故发生的原因。

5）设备管理状况不同而产生的风险。设备管理状况差的起重设备上乱放东西，容易坠落伤人；走台上乱放杂物，既绊脚不安全，又影响通行；冬季司机室里乱接乱设取暖设施，容易导致火灾事故；有的减速机漏油严重；各种安全限位开关不好使，电气设施不按规范架设使用，有的未采用安全电压，有的爬梯、栏杆、走台腐蚀很严重，有的电气设备未接地、防护罩缺失。

6）劳动防护用品不全而产生的危险。作业人员到现场时必须遵守使用单位的相关要求，穿戴好个人防护用品，避免工作时出现意外。如进到工地要戴好安全帽，扎好领口、袖口和上衣的下摆；还有的场所必须戴耳塞、防尘口罩、防毒面具，穿防静电服、防砸鞋、绝缘鞋等，冬天还应穿防寒服、棉鞋等。另外，工作服的式样应能方便作业。

（2）做好风险控制　如果针对以上危险因素采取相应的防范措施和解决办法，就可以大大降低工作的危险，减少事故发生的概率，使作业人员的安全得到进一步保障。

1）本身固有风险的控制。对起重设备本身固有危险因素的风险，需要对其有充分的认识，对各种起重设备的结构、电气、零部件及运行特点等方面都要有所了解和掌握，能够识别出作业时的危险因素。严格按照作业指导书的要求运行，遵守高空作业的相关规定，调整好自己的体力和情绪。

2）设计、制造、安装风险的控制。

3）复杂环境风险的控制。要对设备周围的环境进行确认，有尘、毒、噪、辐射等职业危害时要穿戴好劳动防护用品，如防尘口罩、防毒面具、耳塞、防辐射服等，长时间工作时中间应适当安排时间休息；身体如有不适的感觉，应停止登高作业；夏季高温天气中检验时要防止中暑；在潮湿环境下检验时，还要注意防止触电等。

4）操作人员水平参差不齐风险的控制。管理人员必须了解操作人员的技术水平、熟练程度，必要时应提醒其操作的注意事项。

5）设备管理状况风险的控制。在作业前对设备状况进行确认，在保证人员的人身安全的前提下，再进行起重设备的运行。

6）劳动防护用品不全风险的控制。应为操作人员配齐劳动防护用品，如安全帽、绝缘鞋、防尘口罩、手套等。绝缘鞋除按期更换外，还应做到每次使用前对其绝缘性能的检验和每半年做一次绝缘性能复检；耐电压和泄漏电流值应符合标准要求，否则不能使用。每次预防性检验结果有效期限不超过6个月。还应注意使用在有效期内的安全帽等。只有认真分析风险因素产生的原因，才能有针对性地采取防范措施，并做好自身的安全防护工作。

（3）起重设备的故障分析　起重设备使用一定时间后，由于零件的磨损和疲劳等原因，而导致机构发生故障，甚至引起重大事故。因此必须重视对起重设备故障分析、诊断与排除。

操作人员必须学会正确判断起重设备的常见故障，根据运行中的异常现象，判断故障所在，查清原因，并及时修理，以确保起重设备安全运行。

1）机械故障分析与排除。起重设备的机械故障主要来自于电动机制动器、减速器、卷筒、滑轮组、吊钩、联轴器、车轮等主要零部件。在使用过程中，它们之间由于相对运动产生磨损和疲劳，待损伤到一定程度就会发生故障。

2）电气故障分析与排除。根据起重设备的工作特点，电动机在运转中不应有噪声，发现异常应及时停车检查。电动机故障主要有不能起动、温升过高或功率达不到额定值等。

3）金属结构故障分析与排除。起重设备金属结构质量直接影响其安全。为此，起重设备金属结构必须同时满足强度、刚度、稳定性的要求。

起重设备主梁是金属结构中的主要受力部件，为了保证使用，主梁在空载时有一定上拱度。但是起重设备在使用过程中，常因超载、热辐射的影响及修理不合格等因素造成主梁上拱度的消失。这会引起大车、小车运行机构的故障，造成车轮歪斜、跨度尺寸误差增大、小车轨距发生变化从而影响小车安全平稳运行，严重时会发生大车及小车"啃道"现象。主梁严重下挠就会产生水平"旁弯"，腹板呈波浪状变形增加，使起重设备在负载情况下失去稳定；甚至在主梁受力恶化情况下，腹板下部和下盖板之间焊缝会产生较大的裂纹，引起起重设备不能正常运行。

4. 起重设备安全运行

［案例5-16］　某高校大型机械实验室安全运行保证措施

某高校大型机械实验室有大型各种机械加工设备11台，为了确保这些设备正常运行，在实验室安装了一台20t起重机。该实验室制定了起重机危险危害警示、安全操作规程、完好标准等，对实验室设备和安全管理工作取得了很好的效果。

（1）岗位危害辨识和危害警示　在操作场地制定了岗位危害辨识标志图表，见表5-30。

表5-30　岗位危害辨识一览表

	危害因素	风　险	控制措施
危害辨识	能见度不足	发生碰撞人或设备事故	1）安装足够的照明灯 2）停止作业
	制动不灵	发生碰、撞、砸人或设备事故	经常检查，保持制动装置灵活有效
	限位失灵	发生碰、撞、砸伤人或设备及过卷冲顶事故	经常检查，保持限位装置灵活有效
	钢丝绳有缺陷	吊物坠落伤人或设备损坏	经常检查，发现有断丝（股）、扭折、锈蚀严重的，应立即更换
	吊物捆绑不牢或方法错误	吊物侧翻、坠落伤人或设备损坏	由持证的司索人员指挥起吊作业，起吊时先进行试吊，以确保无误
	吊物上（下）有人	人员伤害	吊物不能从人上方通过
	指挥（操作）错误	发生碰、撞、砸伤人或设备事故	按规范进行指挥和操作

（续）

	危害因素	风 险	控制措施
危害辨识	超载荷（或起吊载荷不明物品）	吊物侧翻、坠落伤人或设备损坏	按额定载荷起吊
	歪拉斜吊	设备损坏	按安全操作规程操作

（2）岗位安全操作规程

1）准备工作：a. 劳动保护用品必须可靠、安全。b. 检查钢丝绳、铁链、吊钩有无超过标准规定的损伤。

2）开机前检查。起重设备起动前，应先检查各电器开关是否完好，电铃信号是否正常，制动装置是否正常、可靠，起重设备上各转动部件应无损坏，各加油点加足油，作业通道上没有障碍物。

3）正常操作：a. 起重机开车前，必须鸣铃警示，操作中起重设备将接近人时，也应持续鸣铃警示。b. 起重设备正常操作时，禁止使用限位开关动作来停车，控制器应逐档开动加速或逐档减速关闭，禁止用倒车做制动用。c. 起重司机要防止起重设备与同一轨道上工作的另一台起重设备相撞。d. 起重司机必须熟悉本职工作，必须与脱挂钩人员配合好，堆放整齐，不能隔开或倾斜。e. 钢丝绳出现打结、回圈或卷入其他装备上时，应立即停车处理。f. 吊钩装置下降的最大限度是在卷筒上保持至少两圈的钢丝绳，在起吊中，如发现起重设备出现故障，应立即进行抢修，不允许设备带病工作。g. 起重吊物时，物件底部应高出地面障碍物时，方能起动。h. 起吊物件后，必须鸣铃警示，严禁任何人从起重物下面走过或停留。i. 起重设备工作时不得进行检修，不得在有载荷的情况下调整起升变速机构的制动器。j. 起重机司机工作时要绝对集中精力，保证安全吊物，严禁起吊超重或重量不明货物。k. 按润滑图表要求给各转动部件润滑点加油。

4）停机操作：a. 如因停机或因事需要离开驾驶室，要把电源全部断开，并关闭好驾驶室窗门。b. 起重作业人员进行维护保养时，要切断电源并挂上标志牌或加锁，如有未消除的故障应通知接班人员。c. 车辆停在定点位置，并做好安全防护措施。

（3）操作程序及标准，见表5-31。

表5-31 操作程序及标准一览表

操作程序	操作内容	操作标准
开机前检查	检查	1）检查起重设备大、小车轨道是否有障碍物 2）检查起重设备安全装置是否灵活可靠 3）检查起重设备各制动系统是否灵活可靠 4）检查起重设备钢丝绳、吊钢是否有超过规定的损伤情况

（续）

操作程序	操作内容	操作标准
正常操作	开机操作	1）把所有的控制器打到 0 位 2）合上电源总开关，再合上起动（应急）开关，按起动按钮 3）起吊重物时，先打铃示警，重物高出车厢或地面障碍物后，才能开动大、小车。对有可能超重物件必须试吊 4）拉出钢丝绳时，必须把大钩长到起重设备大梁处，才能开动大车，并打铃示警 5）吊重物时不准从人头顶和车辆驾驶室顶上经过，并打铃示警
操作结束	停机	1）把起重设备停在指定位置 2）把所有的控制器打到 0 位，拉下起动（应急）开关，再拉电源开关 3）关闭所有门窗

（4）起重设备事故预防　起重设备的事故预防，具体如图 5-45 所示。

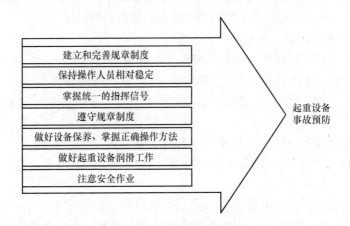

图 5-45　起重设备事故预防

1）事故原因分析。起重设备发生事故的原因主要有：a. 规章制度不健全安全意识差，缺乏安全教育制度；安全操作与检修规程不健全，缺乏上岗培训与考核制度。b. 设备管理与维修存在隐患，即缺乏对起重设备重要零部件的检理、更换；起重设备上缺乏必要的防护装置与安全措施；由于维护不及时，造成各限位装置失灵。c. 违反操作规程，即起吊物体的重量已经大大超过额定起重量；采用斜吊，使钢丝绳受力大大超过允许的数值；在吊运物体时不走规定的线路，使重物从人或装备上方经过；在起吊物体上载人等。

2）事故预防。

① 建立起重设备使用维护制度。操作者、维修工必须经过培训、考试，取得操作证方可上机。使用中要严格遵守操作规程和安全注意事项。认真做好运行记录，及时排除故障。定期进行保养与检查，发现隐患及时处理，按计划进行检修。对违反操作规程的要批评教育及进行相应处罚。对不负责任又造成大重大事故的还应严肃处理，必要时依法惩处。

② 保持操作人员相对稳定，操作人员必须熟悉所操纵的起重设备的结构与性能，掌握保养与检查的基本要求，熟练操作技能，并要有较强的责任心。

③ 掌握统一的指挥信号。起重设备操作人员和专职或兼职起重工（挂钩工）都应认真学习和执行 GB 5082《起重吊运指挥信号》，并按统一的手势信号、旗语信号和音响信号进行指挥与作业。

④ 遵守规章制度。起重设备操作人员必须遵守有关规章制度和操作要求，集中精力保障安全运行。必须做到"十不吊"：超过额定负荷不吊；指挥信号不明、重量不明、光线昏暗不吊；吊索和附件捆缚不牢，或不符合安全要求不吊；吊挂重物直接进行加工时不吊；歪拉斜挂不吊；工件上站人或工件上浮放有活动物的不吊；对具有爆炸性物品不吊；带棱角的物体未垫好（可能造成钢丝绳磨损或割断）不吊；埋在地下的物体不拔吊；违章指挥时不吊。

3）做好设备保养，掌握正确操作方法。

① 认真进行定期保养。起重机应在规定日期内进行维护、保养和修理，防止起重机过度磨损或意外损坏引起事故。对起重设备的保养包括检查、调整、润滑、紧固、清洗等工作。起重机定期保养分为日常保养、一级保养和二级保养。

② 做好交接班工作（高校实验室起重设备两班制或三班制）。交接班制度是非常重要的，操作者必须认真填写当班工作记录，包括设备运行情况与检查情况。

③ 对操作人员的基本要求：a. 稳，在操纵起重设备过程中必须做到起动、制动平稳，吊钩与负载物体不摇晃。b. 准，在稳的基础上，吊钩与重物应正确地停放在所指定的位置上。c. 快，在稳、准的基础上，协调各机构动作，缩短工作循环时间。d. 安全，对设备进行预检预修，确保起重设备安全运行，在发生意外故障时，能机动灵活采取措施制止事故发生或使损失减少到最低程度。

4）做好起重设备的润滑工作。起重设备的润滑工作应按起重机说明书规定周期和润滑油牌号进行，并经常检查润滑情况是否良好。

起重设备各机构的润滑方式有集中润滑和分散润滑两种。集中润滑用于大型起重设备，采用手动泵供油和电动泵供油集中润滑两种方式；分散润滑用于中小型的起重设备，润滑时使用油枪或油杯对各润滑点分别注油。

润滑工作的注意事项：润滑材料必须保持清洁，不同牌号的润滑脂不可混合使用；经常检查润滑系统的密封情况；选用适宜的润滑材料和按规定时间进行润滑工作；对没有注油点的转动部位，应定期用油壶点注在各转动缝隙中，以减少机件中的磨损和防止锈蚀。采用油池润滑的应定期检查润滑油的质量，加油到油尺规定的刻度；如没有油尺，加到最低齿轮的齿能浸入油处；润滑工作应在起重设备完全断电时进行。

5）注意安全作业。为了确保操作人员的安全，应经常对电气设备进行清扫，避免污物或粉尘在线路上沉积而引起的"污闪"。操作人员要定期地检查起重设备电气装置的绝缘状况，如发现问题应及时修理。

起重机的供电滑线应当有鲜明的颜色和信号灯。为了防止触电，应设置防护挡板。起重设备的上下平台不要设在大车的供电滑线同侧。为了防止钢丝绳摆动时碰着供电滑线，起重设备应在靠近滑线的一边设置防护架。起重设备的金属构架、驾驶室、轨道、电气设备的金属外壳或其他不带电的金属部分，必须根据技术条件进行保护接地或接零。

桥式起重机、门式起重机在司机室或走台进出桥架的门上要有自动的联锁装置，以保证有人进入桥架时自动断电。在驾驶室或操纵开关处必须装有紧急开关。

起重设备的电气主回路与操纵回路的对地绝缘电阻值应≥0.4MΩ（用500V绝缘电阻表在冷态下测量），如在潮湿的环境中，其绝缘电阻值可降低到0.2MΩ。起重设备应对接地进行严格检查，使起重设备轨道和起重设备上任何一点的对地电阻≤4Ω。

6）执行起重设备的完好标准。贯彻执行完好标准，对确保起重设备安全、可靠运行，十分重要。桥式起重机的完好标准见表5-32。单梁起重机的完好标准见表5-33。总分达到85分及以上，并且主要项目均合格，即为完好设备。

表5-32 桥式起重机完好标准

项目	分类	检查内容	定分
设备（90分）	起重能力（6分）	起重能力应在设计范围内或企业主管部门批准起重负荷内使用，在起重机明显部位应标识出起重量、设备编号等	3
		根据使用情况，每两年做一次负荷试验并有档案资料	3
	主梁（5分）	主梁下挠不超过规定值，并有记录可查（空载情况下主梁下挠≤L/1500或额定起重量作用下主梁下挠≤L/700，L为跨度）	5
	操作系统（6分）	各运行部位操作符合技术要求，灵敏可靠，各档变速齐全	4
		按要求调整大、小车的滑行距离，使之达到工艺要求，符合安全操作规程	2
	行走系统及轨道（14分）	轨道平直，接缝处两轨道位差不超过2mm，接头平整，压接牢固	4
		减速器、传动轴、联轴器零部件完好、齐全，运转平稳，无异常窜动、冲击、振动、噪声、松动现象	2

（续）

项目	分类	检查内容	定分
设备 （90分）	行走系统 及轨道 （14分）	制动装置安全可靠，性能良好，不应有异常响声与松动现象（除工艺特殊要求外）	2
		闸瓦摩擦衬垫厚度磨损≤2mm，且铆钉头不得外露，制动轮磨损≤2mm，小轴及心轴磨损不超过原直径的5%，制动轮与摩擦衬垫之间隙要均匀，闸瓦开度应≤1mm	2
		车轮无严重啃道现象，与路轨有良好接触	4
	起吊装置 （21分）	传动时无异常窜动、冲击、振动、噪声、松动现象	5
		*起吊制动器在额定载荷时，应制动灵敏可靠，闸瓦摩擦衬垫厚度磨损≤2mm，且铆钉头不得外露，小轴及心轴磨损不超过原直径的5%，制动轮与摩擦衬垫之间要均匀，闸瓦开度≤1mm	4
		*钢丝绳符合使用技术要求	5
		*吊钩、吊环符合使用技术要求	5
		滑轮、卷筒符合使用技术要求	2
	润滑（10分）	润滑装置齐全，效果良好，基本无漏油现象	10
	电器与 安全装置 （28分）	电器装置齐全、可靠（各部分元件、部件运行达到要求）	5
		供电滑线应平直，有鲜明的颜色和信号灯，起重机上、下平台不设在大车的供电滑线同侧，靠近滑线的一边应设置防护架，有警铃等信号装置	2
		电气主回路与操纵回路的对地绝缘电阻值≥0.5MΩ，轨道和起重机任何一点的对地电阻≤4Ω，有保护接地或接零措施，每年旱季进行一次测试，并有记录	6
		*安全装置、限位齐全可靠	10
		驾驶室或操纵开关处应装切断电源的紧急开关，电扇、照明、音响装置等电源回路不允许直接接地，检修用手提灯电源电压应≤36V，操纵控制系统要有零位保护	5
使用与管理（10分）		设备内外整洁，油漆良好，无锈蚀	5
		技术档案齐全（档案应包括产品合格证，使用说明书，检修和大修记录等）	5

注：*项为主要项目，如该项不合格，则为不完好设备。

表5-33 单梁起重机完好标准

项目	分类	检查内容	定分
设备 （90分）	起重能力 （6分）	起重能力应在设计范围内或企业主管部门验收合格批准起重负荷内使用，在起重机明显部位应标志起重量、设备编号等	3
		根据使用情况，每两年做一次负荷试验并有档案资料	3
	大梁 （10分）	*大梁下挠不超过规定值，并有记录可查（额定起重量作用下，电动单梁起重机大梁从水平线下挠≤$L/500$，手动单梁起重机大梁从水平线下挠≤$L/400$，L为跨度）	10
	行走系统 及轨道 （17分）	轨道平直，接缝处两轨道位差≤2mm，接头平整，压接牢固	4
		车轮无严重啃道现象，与路轨有良好接触	5
		行走系统各零部件完好齐全，运转平稳，无异常窜动、冲击、振动、噪声和松动现象，车架无扭动现象，制动装置安全可靠	5
		传动装置润滑良好，无漏油	3
	起吊装置 （22分）	*起吊制动器在额定载荷内制动灵敏、可靠	3
		*钢丝绳符合使用技术要求	5
		*吊钩、吊环符合使用技术要求	5
		滑轮、卷筒符合使用技术要求	2
		吊钩升降时，传动装置无异常窜动、冲击、噪声和松动现象	5
		起吊装置润滑良好，无漏油	2
	电气与 安全装置 （35分）	电气装置安全可靠，各部分元、部件运行达到规定要求	5
		*动力线（电缆线）敷设整齐，固定可靠、安全	5
		电气回路对地绝缘电阻值≥0.5MΩ，轨道和起重机上任何一点的对地电阻应≤4Ω，有保护接地或接零措施，每2年进行一次测试，并有记录	5
		*安全装置、限位齐全可靠，起重机的起升、大车行走与相邻起重机靠近时应有行程限位开关，小车两端应有缓冲装置，轨道末端应有挡架	10
		*地面操纵悬挂按钮（一般应有总停），动作可靠并有明显标志	10
	使用与管理 （10分）	设备内外整洁，油漆良好，无锈蚀	5
		技术档案齐全（档案应包括产品合格证，使用说明书、大修记录等）	5

注："*"项为主要项目，如该项不合格，则为不完好设备。

7) 定人定机，严格执行安全操作规程，对有驾驶室的起重机，必须设有专人驾驶（凭证操作）。严禁非驾驶人员操作。

8）有安全操作规程，交接班制度（指二班或三班工作制）。

5. 起重设备安全附件与装置

加强对起重设备安全附件与安全装置管理，在起重设备安全运行中起到十分重要的作用，也是特种设备管理的基础工作。

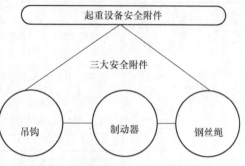

图 5-46　起重设备三大安全附件

（1）起重设备安全附件

1）吊钩是起重设备安全作业的三个重要附件之一，如图 5-46 所示。

吊钩常用在各类起重设备上，用其钩挂设备或重物。起重设备通过吊钩才能发挥其功能，因而吊钩是重要的起重部件。吊钩有单钩和双钩两种，一般用锻造方法制成；50t 及 50t 以上起重机采用多片钢板经铆接成整体的叠板式吊钩，如图 5-47 所示。

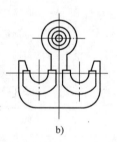

图 5-47　吊钩
a）单钩　b）双钩

一般单钩用于起重量小于 50t 的中小型起重设备中。吊钩的危险断面有 3 个，如图 5-48 所示。

吊钩每半年检验一次（一般用 20 倍放大镜检查），以免由于疲劳而出现裂纹，吊钩和吊环禁止补焊，有下列情况之一的即应更换：表面有裂纹、破口；危险断面及钩颈有永久变形；挂绳处断面磨损超过原高度 10%；新投入使用的吊钩应做负荷试验，以额定载荷的 1.25 倍作为试验载荷（可与起重设备动静负荷试验同时进行），试验时间不应少于 10min。当负荷卸去后，吊钩上不得有裂纹、断裂和永久变形，如有则应报废。

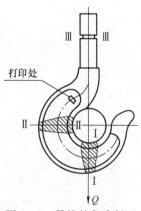

图 5-48　吊钩的危险断面

2）制动器。

① 制动器的分类：a. 短行程电磁铁制动器。该制动器松闸、抱闸动作迅速；制动器重量轻，外形尺寸小；由于制动瓦块与制动臂之间是铰边连接，所以瓦块与制动轮的接触均匀、磨损均匀，也便于调整。但由于电磁铁吸力的限制，一般应用在制动力矩较小及制动轮直径≤300mm 的机构上，短行程电磁铁块式制动器可分交流电磁铁和直流电磁铁块式制动器。b. 长行程电磁块式制动器。对制动力矩大的机构多采用长行程电磁块式制动器，它是依靠主弹簧抱闸，电磁铁松闸。电磁块式制动器的特点是结构简单，能与电动机的操纵电路联锁。所以当电动机工作停止或事故断电后，电磁铁能自动断电，制动器便自动抱闸，工作安全可靠。但是由于磁铁冲击力很大，对机构产生猛烈的制动作用，引起传动机构的机械振动。同时由于机构的频繁起动、制动，电磁铁会产生碰撞，故电磁铁使用期限较短，要经常修理更换。

② 制动器的技术检验。制动器要经常检查运转是否正常、有无卡塞现象、闸块是否贴在制动轮上、制动轮表面是否良好、调整螺母是否紧固，每周应润滑一次。每次起吊时要先将重物吊起离地面 150～200mm，检验制动器是否可靠，确认灵活、可靠后方可起吊。制动器的检查要求：a. 制动衬垫磨损达原厚度 20% 时，则应更换。b. 制动轮表面硬度为 45～55HRC，淬火深度为 2～3mm；小轴及心轴要表面淬火，其硬度应≥40HRC。磨损量超过原直径 2% 时和圆度误差超过 1mm 应更换。c. 制动轮与磨损衬垫之间隙要均匀，闸瓦开度应≤1mm，制动闸带开度应≤1.5mm。

③ 起重设备制动器安全使用要求是：a. 动作灵活、可靠，调整应松紧适度，无裂纹。b. 制动轮松开时，制动闸瓦与制动轮各处间隙应基本相等，制动闸带最大开度（单侧）应不大于 1mm，升降机应不大于 0.7mm。c. 制动轮的制动摩擦面不得有妨碍制动性能的缺陷。d. 轮面凹凸平面度误差应小于 1.5mm，起升、变幅机构制动轮缘厚度磨损量应小于原厚度的 40%。e. 吊运炽热金属、易燃易爆危险品或发生"溜钩"后有可能导致重大危险或损失的起重设备，其升降机构建议装设两套制动器。

3）钢丝绳。在桥式起重机、门式起重机上用的钢丝绳多数是麻芯或石棉芯、钢芯的，它具有较好的挠性和弹性，特点是麻芯能贮存一定的润滑油。当钢丝绳受力时，润滑油被挤到钢丝间从而起到润滑作用。

① 钢丝绳的安全系数。钢丝绳能承受的最大拉力与钢丝总截面积和钢丝的公称抗拉强度有密切的联系。当负荷超过其所能承受的最大拉力时钢丝就会被拉断。在实际起重作业中钢丝绳的受力情况很复杂的，除了承受吊物重量和本身自重在内的静载荷外，而且还受到因为弯曲、摩擦、工作速度变化而产生的较大的动载荷。因此在选择钢丝绳时，必须考虑到钢丝受力不均匀、负荷不准

确等因素，而给予钢丝绳一定的储备能力，这个储备能力就是安全系数。

安全系数的选择与机构工作级别、使用场合、作业环境及滑轮与卷筒的直径对钢丝绳直径的比值等因素有关。当钢丝绳拉伸、弯曲的次数超过一定数值后，会产生"金属疲劳"现象，造成钢丝绳的损坏。同时当钢丝绳受力伸长时钢丝之间产生摩擦，会出现磨损、断丝现象。

② 钢丝绳的维护保养与使用：钢丝绳的维护保养。钢丝绳的安全使用在很大程度上取决于良好的维护、定期的检验。钢丝绳在使用时，每月要润滑一次。润滑的方法是：先用钢丝刷子刷去绳上的污物，并用煤油清洗；然后将加热到80℃的润滑油（钢丝绳麻芯脂）浸钢丝绳，并使润滑油浸到绳芯中去。对起重设备上的钢丝绳每天都要检查，包括对端部的连接部位，特别是定滑轮附近的钢丝绳。b. 钢丝绳的使用。钢丝绳在卷筒上应能按顺序整齐排列或设排绳装置；多根绳支承时，应有各根绳受力的均衡装置或措施；吊运熔化或灼热金属的钢丝绳，应设有防止钢丝绳被高温损害的措施。当吊钩处于最低工作位置时，钢丝绳在筒上的缠绕圈数，除用来起升所需长度的钢丝绳的圈数外，还应留有≥2圈的减载圈。

③ 钢丝绳的报废。根据 GB 60671.1—2010 的规定，钢丝绳有下列情况之一者应当报废：a. 钢丝绳被烧坏或者断了一股；b. 钢丝绳的表面钢丝被腐蚀、磨损达到钢丝直径的40%以上；c. 受过死角拧扭，部分受压变形；d. 吊运灼热金属或危险品的钢丝绳的报废断丝数，取一般起重设备用钢丝绳报废断丝数的1/2；e. 局部外层钢丝绳伸长呈"笼"形。

④ 钢丝绳安全使用要求是：a. 钢丝绳在使用时，每月至少要润滑2次。润滑前先用钢丝刷子刷去钢丝绳上的污物并用煤油清洗，然后将加热到80℃以上的润滑油浸入钢丝绳，并使润滑油浸到绳芯。b. 钢丝绳应无扭结、死角、硬弯、塑性变形、麻芯脱出等严重变形，润滑状况良好。c. 钢丝绳长度必须保证吊钩降到最低位置（含地坑）时，余留在卷筒上的钢丝绳不少于3圈。

（2）起重设备的安全装置　为了保护起重设备和防止发生人身事故，起重设备必须安装安全装置，主要有各类限位器、起重量限制器、起重力矩限制器、防冲撞装置、缓冲器和夹轨器等。

1）位置限位器。

① 起升高度限位器。用来限止重物起升高度。当取物装置起升到上极限位置时，限位器发生作用使重物停止上升，防止机构损坏。起升高度限位器主要有重锤式、蜗杆式和螺杆式。

② 行程限位器。它由顶杆和限位开关组成。用于限制运行、回转和变幅等终端极限位置，当顶杆触动限位开关转柄时，即可以切断电源，使机构停止工作。

③ 缓冲器。为了防止因行程限位器失灵和当操作人员疏忽，致使起重设备的运行机构或臂架式起重机的变幅机构与设在终端的挡板相撞，应装有缓冲器吸收碰撞能量，以保证起重机运行机构能平稳地停住。

2）起重量限制器主要用来防止起重量超过起重机的负载能为，以免钢丝绳断裂和起重设备损坏。电动机过电流保护装置并不能保护起重机过载，因此，GB 60671.1—2010《起重机械安全规程 第1部分》规定：大于20t的桥式起重机和大于10t的门式起重机应装超载限制器，其他吨位的桥式起重机及电动葫芦视情安装超载限制器。

起重量限制器的类型较多，常用的有杠杆式起重量限制器、弹簧式起重量限制器和电子超载限制器。电子超载限制器，一般由电阻应变式传感器和电气控装置两部分组成。主要用于起重设备的超载保护，它可事先把报警起重量调节为90%额定起重量，而把自动切断电源的起重量调节为110%额定起重量。

五、压力管道管理

为加强压力管道管理，由国家质量监督检验检疫总局颁发了TSG D5001—2009《压力管道使用登记管理管理规则》，并在2009年12月1日起施行；颁布了TSG D0001—2009《压力管道安全技术监察规程——工业管道》，并在2009年8月1日起施行。

1. 压力管道基本知识

压力管道是指利用一定的压力，用于输送气体或液体的管状设备。其范围规定为最高工作压力大于或者等于0.1MPa（表压）的气体、液化气体、蒸汽介质或者可燃、易爆、有毒、有腐蚀性、最高工作温度高于或者等于标准沸点的液体介质，且公称直径大于25mm的管道。

（1）压力管道使用登记　压力管道使用单位、产权单位等应当按照规定办理使用登记。使用单位根据压力管道的类别，按照以下原则，填写《压力管道使用登记表》，见表5-34。

登记单元确定原则如下：

1）设计管线表编号从始端至终端的所有管段。

2）物流输送的形式，以物流从流出设备至流入设备之间的每条管道。

3）装置、系统形式，以装置和系统内、外进行划分，见表5-35。

使用登记程序包括申请、受理、审查和发证。新建、扩建、改建压力管道在投入使用前或者使用后30个工作日内，使用单位应填写《压力管道使用登记表》（一式两份、附电子文档）。

登记机关在收到使用单位的申请后，对压力管道登记单元数量较少能当场审核的，应当场审核，符合规定的当场办理使用登记。

表 5-34 压力管道使用登记表

编号：
使用单位：　　　　　　　（公章）　　　使用单位地址：　　　　　　　省市区（县）　　　主管部门：
行业：　　　　　联系电话：　　　　安全管理部门：　　　　　　　安全管理人员：　　　　　　　经办人：
压力管道类别：　　　　工程（装置）名称：　　　　　　　　　　　　　　　　　　　　　　　　共　页　第　页

序号	管道名称（登记单元）	管道编号	设计单位	安装单位	安装年月	投用年月	管道规格 公称直径/mm	管道规格 公称壁厚/mm	管道长度/km	设计/工作条件 压力/MPa	设计/工作条件 温度/℃	设计/工作条件 介质	管道级别	检验结论	检验机构	压力管道代码	下次检验日期	固定资产值/万元	备注
									—	—	—							
									—	—	—							
									—	—	—							

登记意见：　　　　　　　　　　　　　　　　　　　　登记机关：

审核日期：　　年　　月　　日　　　登记日期：　　年　　月　　日　　　登记人员：　　　　　　　（盖章）

表 5-35 管道数据表

管线号	公称直径	管道等级	介质 名称	介质 状态	起止点 起点	起止点 终点	设计参数 温度/℃	设计参数 压力/MPa	工作参数 温度/℃ 正常	工作参数 温度/℃ 最高	工作参数 压力/MPa 正常	工作参数 压力/MPa 最大	内外防护 代号	内外防护 隔热材料	内外防护 隔热厚度/mm	内外防护 内外防护	试压介质	清洗介质	流程图尾号	管道类别

《使用登记证》注明有效期，到期需要换证的，应在《使用登记证》有效期内，完成定期检验工作后，由使用单位填写《使用登记表》（一式两份、附电子文档），携同以下资料向登记机关申请换证：

1）原《使用登记证》。

2）压力管道运行和事故记录。

3）压力管道定期检验报告或者基于风险的检验评价报告。

（2）管道级别划分

1）GC1级。符合下列条件之一的管道，为 GC1 级：a. 输送毒性程度为极度危害介质，高度危害气体介质和工作温度高于其标准沸点的高度危害的液体介质的管道；b. 输送火灾危险性为甲、乙类可燃气体或者甲类可燃液体（包括液化烃）的管道，并且设计压力大于或等于 4.0MPa 的管道；c. 输送除前两项介质的流体介质且设计压力大于或者等于 10.0MPa，或者设计压力大于或等于 4.0MPa 且设计温度高于或等于 400℃ 的管道。

2）GC2级。除了规定 GC3 级管道外，介质毒性程度、火灾危险性（可燃性）、设计压力和设计温度低于规定的 GC1 级的管道。

3）GC3级。输送无毒、非可燃流体介质，设计压力小于或者等于 1.0MPa，并且设计温度高于 -20℃，但是不高于 185℃ 的管道。

2. 管道技术管理

（1）管道图管理要求 为加强各种管道的管理及确保安全运行，应按要求整顿各类管道和绘制压力管道图，并责成有关部门指定专人管理。

各种管道图应统一以建筑物平面布置图为底图进行绘制。平面图的绘制应符合 GB/T 50001—2017《房屋建筑制图统一标准》的规定并采用建筑坐标进行标注，各管线应对建筑物标注距离尺寸或用建筑坐标标注其方位。

管道图中各管道口径（公称直径）一般用 DN 表示，以 mm 为单位，其余尺寸一律以 m 为单位，并精确到小数点后两位进行标注，原有的建筑物和各种管线可放宽到小数点后一位进行标注。各类管道图可分类、分片进行绘制，也可合画在一张平面图上。

（2）管道图绘制规定

1）各类压力管道中的管件符号应按 GB/T 6567.1～6567.5—2008 的规定绘制。

2）输送液体与气体管路符号的规定：输送各种液体与气体的管路一律用实线表示。为了区别各种不同的管路，在线的中间须注上汉语拼音字母的规定符号。符号共划分若干大类，每大类采用同一个字母或两个字母，其右下方则注以数字，表示不同性质的液体、气体的管路。

3）给水管的规定符号为"S"：具体规定：S 为给水管（不分类型）；S_1 为

生产水管；S_2 为生活水管；S_3 为生产、生活消防水管；S_4 为生产、消防水管；S_5 为生活、消防水管；S_6 为消防水管；S_7 为高压供水管等。

4）循环水管的规定符号为"XH"。

5）化工管的规定符号为"H"。

6）热水管的规定符号为"R"：具体规定：R 为热水管（不分类型）；R_1 为生产热水管（循环自流）；R_2 为生产热水管（循环压力）；R_3 为生活热水管；R_4 为热水回水管；R_5 为采暖温水送水管；R_6 为采暖温水回水管。

7）凝结水管的规定符号为"N"：具体规定：N_1 为凝结水管；N_2 为凝结回水管（自流）；N_3 为凝结回水管（压力）。

8）冷冻水管的规定符号为"L"：具体规定：L_1 为冷冻水管；L_2 为冷冻回水管。

9）蒸汽管的规定符号为"Z"。

10）压缩空气管的规定符号为"YS_1"。

11）氧气管的规定符号为"YQ"。

12）氮气管的规定符号为"DQ"。

13）氢气管的规定符号为"QQ"。

14）乙炔管的规定符号为"YJ"。

15）油管规定符号为"Y"：具体规定：Y_1 为原油管；Y_3 为车用汽油管；Y_5 为燃料油管；Y_7 为柴油管；Y_9 为重油管；Y_{11} 为润滑油管。

16）图上管路的直径尺寸、流体参数和代号可按图 5-49 所示方法标注。

管道的规定符号一般用汉语拼音字母表示。阿拉伯数字表示流体参数。例如：

S_1 DN100，表示水管，其公称直径为 100mm。

13ZDN200，表示 13 个绝对大气压的公称直径为 200mm 蒸汽管道。

90RDN100，表示 90℃ 的公称直径为 100mm 热水管路。

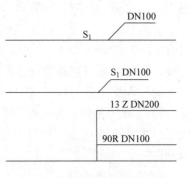

图 5-49 管道标注方法示意图

（3）管道技术参数

1）管道的直径通常指管子的公称直径，以 mm 为单位，用 DN 表示。公称直径既不等于管子内径，也不等于管子外径，一般接近于管子内径。常用无缝钢管按生产工艺不同分为热轧管和冷拔管，规格用外径乘以壁厚表示。如公称直径为 150mm，壁厚为 4.5mm，外径为 159mm 的无缝钢管，其公称直径表示法为 DN150，管子表示法为 ϕ159mm×4.5mm。

GB/T 1047—2019 规定了管道标准公称直径系列，见表5-36。

表5-36　管道标准公称直径 DN　　　　　　（单位：mm）

1	2	3	4	5	6	8	10	15	20	25	32	40	50	65	80	100	125	175
200	225	250	300	350	400	450	500	600	700	800	900	1000	1100	1200	1300	1400	1500	1600
1800	2000	2200	2400	2600	2800	3000	3200	3400	3600	3800	4000							

2）管道的公称压力。管道的压力等级是以公称压力划分的，公称压力用 PN 表示，单位为 MPa。按公称压力大小可将管子分为低压（$0 < PN \leq 1.6MPa$）、中压（$1.6MPa < PN \leq 10MPa$）、高压（$PN > 10MPa$）三类。

GB/T 1048—2019 规定了管道的公称压力与试验压力标准系列，见表5-37。

表5-37　管道的公称压力与试验压力标准系列　　　　（单位：MPa）

公称压力	0.05	0.1	0.25	0.4	0.6	1.0	1.6	2.5	4	6.4	8	10	13	16	20
试验压力	—	0.2	0.4	0.6	0.9	1.5	2.4	3.2	6	9.6	12	15	19.5	24	30
公称压力	25	32	40	50	64	80	100	125	160	200	250	—	—	—	—
试验压力	38	48	56	70	96	110	130	160	20	250	320	—	—	—	—

3）管道材质分类。管道按其材质可分为钢管、有色金属管、铸铁管及非金属管。

4）管道的涂色。压力管道油漆色标应按表5-38规定涂色。

表5-38　管道面色和色环颜色

管道名称	基本色	色环	管道名称	基本色	色环	制冷系统管道		管道名称	基本色	色环
过热蒸汽管	红	黄	雨水管	绿	—	制冷系统管道	氨管道	吸入管	蓝	—
饱和蒸汽管	红	—	油管	黄色	—		氨管道	液体管	黄	—
压缩空气管	浅蓝	—	乙炔管	白色	—		氨管道	压出管	红	—
凝结水管	绿	红	氧气管	深蓝	—		氨管道	油管	淡黄	—
热水供水管	绿	黄	天然气管	黄	黑		氨管道	空气管	白	—
热水回水管	绿	褐	高热值煤气管	黄	—		盐水管道	压出管	绿	—
工业用水管	黑	—	低热值煤气管	黄	褐		盐水管道	回流管	褐	—
工业用水管（和消防用水合用管道）	黑	橙黄	氢气管	白	红		水管道	压出管	浅蓝	—
生活饮用水管	蓝	—	液化石油气管	黄	绿		水管道	回流管	紫	—
消防用水管	橙黄	—								

注：1. 在管道交叉处、阀门操作管道弯头处等，应在管道上标示介质流动方向箭头

　　2. 设备涂色一般可采用：暖气片、暖风机等用银白色；压缩空气储气罐用灰色；离子交换器用绿色或灰色；加热器、热交换器等用红色；水箱用绿色。

3. 压力管道运行

（1）压力管道管理范围

1）适用于同时具备下列条件的工艺装置、辅助装置及界区内公用工程所属的管道（以下简称管道）：a. 最高工作压力大于或者等于0.1MPa（表压，下同）的；b. 公称直径大于25mm的；c. 输送介质为气体、蒸汽、液化气体、最高工作温度高于或者等于其标准沸点的液体或者可燃、易爆、有毒、有腐蚀性的液体的。

2）管道管理范围如下：a. 管道元件，包括管道组成件和管道支承件；b. 管道元件间的连接接头、管道与设备或者装置连接的第一道连接接头（焊缝、法兰、密封件及紧固件等）、管道与非受压元件的连接接头；c. 管道所用的安全阀、爆破片装置、阻火器、紧急切断装置等安全保护装置。d. 考虑在可能发生火灾和灭火条件下的材料适用性及由此带来的材料性能变化和次生灾害；e. 材料适合相应制造、制作加工（包括锻造、铸造、焊接、冷热成形加工、热处理等）的要求，用于焊接的碳素钢、低合金钢的碳的质量分数应当小于或者等于0.30%；f. 铸铁（灰铸铁、可锻铸铁、球墨铸铁）不得应用于GC1级管道，灰铸铁和可锻铸铁不得应用于频繁循环工况。

3）灰铸铁和可锻铸铁管道组成件可以在下列条件下使用，但是必须采取防止过热、急冷急热、振动及误操作等安全防护措施：a. 灰铸铁的使用温度高于或者等于-10℃，并且低于或等于230℃，设计压力小于或等于2.0MPa；b. 可锻铸铁的使用温度高于-20℃，并且低于或等于300℃，设计压力小于或等于2.0MPa；c. 灰铸铁和可锻铸铁用于可燃介质时，使用温度高于或等于150℃，设计压力小于或者等于1.0MPa。

4）碳素结构钢管道组成件（受压元件）的使用应当符合以下规定：a. 碳素结构钢不得用于GC1级管道；b. 沸腾钢和半镇静钢不得用于有毒、可燃介质管道，设计压力小于或者等于1.6MPa，使用温度低于或等于200℃，并且不低于0℃；c. Q215A、Q235A等A级镇静钢不得用于有毒、可燃介质管道，设计压力小于或等于1.6MPa，使用温度低于或等于350℃，最低使用温度按照GB/T 20801.1—2006《压力管道规范 工业管道 第1部分：总则》的规定；d. Q215B、Q235B等B级镇静钢不得用于极度、高度危害有毒介质管道，设计压力小于或等于3.0MPa，使用温度低于或等于350℃。

（2）压力管道使用

1）管道的使用单位负责本单位管道的安全工作，保证管道的安全使用，对管道的安全性能负责。

使用单位应当按照TSG D0001—2009的规定，配备必要的资源和具备相应资格的人员从事压力管道安全管理、安全检查、操作、维护保养和一般改造、维修工作。

2）压力管道使用单位应当使用符合 TSG D 0001—2009 要求的压力管道。新压力管道投入使用前，使用单位应当核对是否具有规定要求的安装质量证明文件。

3）使用单位的管理层应当配备一名人员负责压力管道安全管理工作。管道数量较多的使用单位，应当设置安全管理机构或者配备专职的安全管理人员，管道的安全管理人员应当具备管道的专业知识，熟悉国家相关法规标准，经过管道安全教育和培训，取得《特种设备作业人员证》后，方可从事管道的安全管理工作。

4）管道使用单位应当建立管道安全技术档案并且妥善保管。

5）使用单位应当按照管道有关法规、安全技术规范及其相应标准，建立管道安全管理制度且有效实施。

6）管道使用单位应当在工艺操作规程和岗位操作规程中，明确提出管道的安全操作要求。管道的安全操作要求至少包括以下内容：a. 管道操作工艺指标，包括最高工作压力、最高工作温度或者最低工作温度；b. 管道操作方法，包括开、停车的操作方法和注意事项；c. 管道运行中重点检查的项目和部位，运行中可能出现的异常现象和防止措施，以及紧急情况的处置和报告程序。

7）使用单位应当对管道操作人员进行管道安全教育和培训，保证其具备必要的管道安全作业知识。

管道操作人员应当在取得《特种设备作业人员证》后，方可从事管道的操作工作。管道操作人员在作业中应当严格执行压力管道的操作规程和有关的安全规章制度。操作人员在作业过程中发现事故隐患或者其他不安全因素，应当及时向现场安全管理人员和单位有关负责人报告。

8）管道发生事故有可能造成严重后果或者产生重大社会影响的使用单位，应当制定应急救援预案，建立相应的应急救援组织机构，配置与之适应的救援装备，并且适时演练。

9）管道使用单位，应当按照《压力管道使用登记管理规则》的要求，办理管道使用登记，登记标志置于或者附着于管道的显著位置。

10）使用单位应当建立定期自行检查制度，检查后应当做出书面记录，书面记录至少保存 3 年。发现异常情况时，应当及时报告使用单位有关部门处理。

11）在用管道发生故障、异常情况，使用单位应当查明原因。对故障、异常情况及检查、定期检验中发现的事故隐患或者缺陷，应当及时采取措施，消除隐患后，方可重新投入使用。

12）不能达到合乎使用要求的管道，使用单位应当及时予以报废，并且及时办理管道使用登记注销手续。

13）使用单位应当对停用或者报废的管道采取必要的安全措施。

14）管道发生事故时，使用单位应当按照《特种设备事故报告和调查处理规定》及时向质检部门等有关部门报告。

4. 压力管道的检验

（1）压力管道定期检验

1）管道定期检验分为在线检验和全面检验。在线检验是在运行条件下对在用管道进行的检验，在线检验每年至少1次（也可称为年度检验）；全面检验是按一定的检验周期在管道停车期间进行的较为全面的检验。GC1、GC2级压力管道的全面检验周期按照以下原则之一确定：a. 检验周期一般不超过6年；b. 按照基于风险检验（RBI）的结果确定的检验周期，一般不超过9年。GC3级管道的全面检验周期一般不超过9年。

2）属于下列情况之一的管道，应当适当缩短检验周期：a. 新投用的GC1、GC2级的（首次检验周期一般不超过3年）；b. 发现应力腐蚀或者严重局部腐蚀的；c. 承受交变载荷，可能导致疲劳失效的；d. 材质产生劣化的；e. 在线检验中发现存在严重问题的；f. 检验人员和使用单位认为需要缩短检验周期的。

3）使用单位应当及时安排管道的定期检验工作，并且将管道全面检验的年度检验计划上报使用登记机关与承担相应检验工作任务的检验机构。全面检验到期时，由使用单位向检验机构申报全面检验。另外，在线检验的时间，由使用单位根据情况安排。

4）在线检验工作由使用单位进行，使用单位从事在线检验的人员应当取得《特种设备作业人员证》；使用单位也可将在线检验工作委托给具有压力管道检验资格的机构。全面检验工作由国家质量监督检验检疫总局（简称国家质检总局）核准的具有压力管道检验资格的检验机构进行。

5）在线检验主要查看管道在运行条件下是否有影响安全的异常情况，一般以外观和安全保护装置检查为主，必要时进行壁厚测定和电阻值测量。在线检验后应当填写在线检验报告，并做出检验结论。

6）全面检验一般进行外观检查、壁厚测定、耐压试验和泄漏试验，并且根据管道的具体情况采取无损检测、理化检验、应力分析、强度校验、电阻值测量等方法。全面检验时，检验机构还应当对使用单位的管道安全管理情况进行检查和评价。检验工作完成后，检验机构应当及时向使用单位出具全面检验报告。

7）全面检验所发现的管道严重缺陷，使用单位应当制订修复方案。修复后，检验机构应当对修复部位进行检验确认；对不易修复的严重缺陷，也可以采用安全评定的方法，确认缺陷是否影响管道安全运行到下一个全面检验周期。

8）管道的缺陷安全评定由国家质检总局批准的技术机构进行，负责进行安全评定的机构，应当根据与使用单位签订的在用管道缺陷安全评定合同和检验机构的检验报告进行评定。

9）在用管道的定期检验，按照工业管道定期检验的要求进行。使用单位应当将检验报告、评定报告存入压力管道档案，并长期保存直至管道报废。

（2）耐压试验

1）管道的耐压试验应当在热处理、无损检测合格后进行。耐压试验一般采用液压试验，或者按照设计文件的规定进行气压试验。如果不能进行液压试验，经过设计单位同意可采用气压试验或者液压－气压试验代替。脆性材料严禁使用气体进行耐压试验。

对于 GC3 级管道，经过使用单位或者设计单位同意，可以在采取有效的安全保障条件下，结合试车，按照 GB/T 20801.1—2006 的规定，用管道输送的流体进行初始运行试验代替耐压试验。

2）液压试验应当符合以下要求：a. 一般使用洁净水，当对奥氏体不锈钢管道与连有奥氏体不锈钢管道或设备的管道进行液压试验时，水中氯离子的质量分数不得超过 0.005%，如果水对管道或者工艺有不良影响，可以使用其他合适的无毒液体。当采用可燃液体介质进行试验时，其闪点不得低于 50℃。b. 试验时的液体温度不得低于 5℃，并且高于相应金属材料的脆性转变温度。

六、电梯管理

电梯是通过动力驱动，利用沿刚性导轨运行的箱体或者沿固定线路履带的梯级（踏步板）进行升降或者平行运送人、货物的机电设备，包括载人（货）电梯、自动扶梯、自动人行道等。

1. 电梯基本知识

（1）按用途分类

1）乘客电梯（TK）为运送乘客而设计的电梯，具有完善舒适的设施和安全可靠的防护装置，用于运送人员和带有手提物件，必要时也可运送所允许的载重量和尺寸范围内的物件。

乘客电梯额定载重量为 630kg、800kg、1000kg、1250kg、1600kg，可乘人数为 8 人、10 人、13 人、16 人、21 人。

2）住宅电梯（TZ）为运送居民而设计的电梯。住宅楼使用的电梯、额定载重量为 320kg、400kg、630kg、1000kg，可乘人数为 4 人、5 人、8 人、13 人。额定载重量为 630kg 的电梯、轿厢允许运送童车和残疾人员乘坐的轮椅。额定载重量为 1000kg 的电梯，轿厢还能运送家具和手把可拆卸的担架。

3）载货电梯（TH）为运送通常有人伴随的货物而设计的电梯，具有结构牢固、载重量较大，有必备的安全防护装置。额定载重量为 630kg、1000kg、1600kg、2000kg、3000kg、5000kg，载重量为 5000kg 的轿厢最大尺寸为

2500mm×3600mm。

4）客货（两用）电梯（TL）主要为运送乘客，同时亦可运送货物而设计的电梯；具有完善的设施和安全可靠的防护装置，轿厢内部装饰结构不同于乘客电梯。客货（两用）电梯的额定载重量为630～1600kg，可乘人数8～21人与乘客电梯相同（乘客人数和货物总和不能超过额定载重量）。

5）病床电梯（TB）为运送病床（包括病人）及医疗设备而设计的电梯：病床电梯额定载重量为1600kg、2000kg、2500kg，可乘人数为21人、26人、33人。额定载重量为2600kg和2000kg的电梯，轿厢应能满足大部分疗养院和医院的需要。额定载重量为2500kg的电梯，轿厢应能将躺在病床上的人连同医疗救护设备一齐运送。

6）杂物电梯（TW）服务于规定楼层站（固定式）而设计的提升装置（电梯），具有一个轿厢，由于结构方式和尺寸的关系，轿厢内不能载人。轿厢运行在两列刚性导轨之间，导轨是垂直的或垂直倾斜角小于15°。

7）观光电梯（TG）为乘客观光而设计的电梯，观光电梯的井道和轿厢壁至少有同一侧透明，供乘客可观看轿厢外景物。乘客在轿厢内有视野开阔和动态的感受。

8）船用电梯（TC）为船舶上使用而设计的电梯，安装在大型船舶上用于运送船员等，能在船舶摇晃中正常工作。

9）建筑施工电梯 为建筑施工与维修用而设计的电梯，运送建筑施工人员及材料用，可随施工中的建筑物层数而加高。

还有一些特殊用途设计的电梯，如运机梯、矿井梯、消防梯、冷库梯、防爆、耐热、防腐等的专用电梯。

（2）电梯按速度分类

1）低速电梯，电梯的速度不大于1m/s。

2）快速电梯，电梯的速度为1～1.75m/s。

3）高速电梯，电梯的速度大于2m/s（含2m/s）。

4）超高速电梯，电梯的速度超过5m/s通常安装在楼层高度超过100m的建筑物内。由于这类建筑物称之为"超高层"建筑，所以此种电梯也称为"超高速"电梯。

5）特高速电梯，电梯的速度随着系列的扩展和提高，目前已经达到10m/s和12.5m/s，速度最快的电梯已达到16.7m/s。速度为16.7m/s的电梯是中国台北101层金融大厦建筑物用的电梯，该电梯由东芝公司承建。

（3）电梯按拖动方式分类 电梯按拖动方式分类有：交流电梯；直流电梯、液压电梯、齿轮齿条式电梯等方式。

1）交流电梯曳引电动机是交流电动机。当电动机是单速时，称交流单速电梯，速度一般不高于0.5m/s；当电动机是双速时称交流双速电梯，速度一般不高于1m/s；当电动机具有调压、调速装置时，称交流调速电梯，速度一般不高于1.75m/s；当电动机具有调压、调频、调速装置时，称交流调频调压电梯，简称VVVF控制电梯，速度可达6m/s。

2）直流电梯曳引电动机是直流电动机。当曳引机带有减速箱时，称直流有齿电梯，速度一般不高于1.75m/s；当曳引机无减速箱，由电动机直接带动曳引轮时，称直流无齿电梯，速度一般高于2m/s。

3）液压电梯靠液压传动的电梯，分为柱塞直顶式和柱塞侧置式两种。a. 柱塞直顶式——液压缸柱塞直接支撑轿厢底部，使轿厢升降的液压电梯；b. 柱塞侧置式——液压缸柱塞设置在井道侧面，借助曳引绳通过滑轮组与轿厢连接，使轿厢升降的液压电梯。

（4）电梯按控制方式分类 电梯的控制方式很多，一般有如下几种：

1）手柄操纵控制电梯。电梯的工作状态，由司机操纵轿厢内的手柄开关，实行轿厢运行控制的电梯，目前在我国已很少有这种形式。

2）按钮控制电梯。这是一种简单的自动控制方式的电梯，具有自动平层功能。

3）信号控制电梯。把各层站呼梯信号集合起来，将与电梯运行方向一致的呼梯信号按先后顺序排列，电梯依次应答接送乘客。

4）集选控制电梯。这是一种在信号控制基础上发展起来的，高度自动控制的电梯，与信号控制的主要区别在于能实现无司机操纵。除具有信号控制方面的功能外，还具有自动掌握停站时间、自动应召服务、自动换向应答反向厅外召唤等功能。乘客在进入轿厢后，只需按下层楼按钮，电梯在到达站层并达到预定停站时间时，自动关门起动运行；在运行中逐一登记各层楼召唤信号，对符合运行方向的召唤信号，逐一自动停靠应答；在完成全部顺向指令后，自动换向应答反向召唤信号。当无召唤信号时，电梯自动关门停机，或自动驶回基站关门待命。当某一层有召唤信号时，再自动起动前往应答。由于是无司机操纵，轿厢须安装超载装置。

5）并联控制电梯。这是共用一套呼梯信号系统，把2~5台规格相同的电梯并联起来控制，共用厅门外召唤信号的电梯。无乘客使用电梯时，经常有一台电梯停靠在基站待命称为基梯；另一台电梯则停靠在行程中间预先选定的层站称为自由梯。当基站有乘客使用电梯并起动后，自由梯即刻起动前往基站充当基梯待命。当有除基站外其他层站呼梯时，自由梯就近先行应答，并在运行过程中应答与其运行方向相同的所有呼梯信号。如果自由梯运行时出现与其运行方向相反的呼梯信号，则在基站待命的电梯就起动前往应答。先完成应答任务的电梯就近返回基站或中间选下的层站待命。

6）梯群控制电梯。多台电梯共用厅外召唤按钮，适用于乘客流量大的高层建筑物中，把电梯分为若干组，每组 4～6 台电梯，将几台电梯控制连在一起，分区域进行有程序综合统一控制，对乘客需要电梯情况进行自动分析后，选派最适宜的电梯及时应答呼梯信号。

7）微机处理集选控制电梯。电梯的工作运行是根据乘客流量的情况，由微机处理、自动选择最佳运行的控制方式。

2. 电梯主要结构

（1）电梯的参数　电梯的参数、尺寸主要有额定载重量（kg）、可乘人数（人）、轿厢（mm）、井道（mm）、机房等及电梯平面图、电梯井道平面图等。

为适应我国电梯产品技术迅速发展的需要，国家对电梯的制造、安装、试验、验收及电梯术语等都制定了标准并采取了贯彻执行措施。

2009 年 9 月 30 日由国家质检总局、国家标准化管理委员会发布 GB/T 10058—2009《电梯技术条件》，并在 2010 年 3 月 1 日实施。国家质检总局在 2009 年 12 月 4 日发布特种设备安全技术规范 TSG T 7001—2009《电梯监督检验和定期检验规则——曳引与强制驱动电梯》，在 2010 年 4 月 1 日起实施。

（2）电梯的基本结构　电梯的结构按规定可分为机械部分和电气部分。

1）机械部分由曳引系统、导向系统、轿厢、厅门系统、重量平衡系统、机械安全保护系统等组成。

2）电气部分主要由电气控制系统、操纵箱等部件及分别装在各有关电梯部件上的电器元件等。

3）对交流乘客（住宅）电梯的机、电系统的主要部件在机房、井道、厅

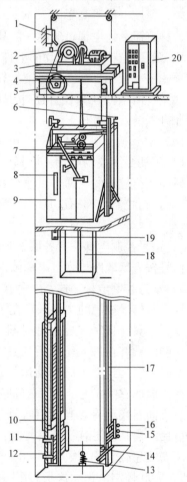

图 5-50　交流乘客（住宅）电梯示意图

1—极限开关　2—曳引机　3—承重梁　4—限速器
5—导向轮　6—换速平层传感器　7—开门机
8—操纵箱　9—轿厢　10—对重装置　11—防护栅栏
12—对重导轨　13—缓冲器　14—限速器涨紧装置
15—基站厅外开关门控制开关　16—限位开关
17—轿厢导轨　18—厅门　19—召唤按钮箱
20—控制柜

门、底坑中，如图 5-50 所示。

4）电梯的主要参数、尺寸是电梯制造厂设计和制造电梯的依据。用户选用电梯时，必须根据电梯的安装使用地点、载运对象等，按标准规定正确选择电梯的类别和有关参数、尺寸，并根据这些参数、尺寸设计和建造安装电梯的建筑物。

3. 电梯制造许可规则

为了规范机电类特种设备制造许可工作，确保机电类特种设备的制造质量和安全技术性能，根据《特种设备安全监察条例》的要求，对生产电梯厂家必须取得制造许可的特种设备方可正式销售。

取得《特种设备制造许可证》的单位，必须在产品包装、质量证明书或产品合格证上标明制造许可证编号及有效日期。制造许可证自批准之日起，有效期为 4 年。

4. 电梯监督管理

电梯监督管理内容如下：

1）电梯的安装、改造、重大维修过程，必须经国务院特种设备安全监督管理部门核准的检验检测机构按照安全技术规范的要求进行监督检验；未经监督检验合格的不得出厂或者交付使用。

2）电梯的安装、改造、维修，必须由电梯制造单位或者其通过合同委托、同意的依照规定取得许可的单位进行。电梯制造单位对电梯质量及安全运行涉及的质量问题负责。

3）电梯安装、改造、维修的施工单位应当在施工前将拟进行的电梯安装、改造、维修情况书面告知直辖市或者设区的市的特种设备安全监督管理部门，告知后即可施工。

4）电梯井道的土建工程必须符合建筑工程质量要求。电梯安装施工过程中，电梯安装单位应当遵守施工现场的安全生产要求，落实现场安全防护措施。电梯安装施工过程中，施工现场的安全生产监督，由有关部门依照有关法律、行政法规的规定执行。

5）电梯的制造、安装、改造和维修活动，必须严格遵守安全技术规范的要求。电梯制造单位委托或者同意其他单位进行电梯安装、改造、维修活动的，应当对其安装、改造、维修活动进行安全指导和监控。电梯的安装、改造、维修活动结束后，电梯制造单位应当按照安全技术规范的要求对电梯进行校验和调试，并对校验和调试的结果负责。

6）电梯的改造、维修竣工后，安装、改造、维修的施工单位应当在验收后 30 日内将有关技术资料移交使用单位，高耗能特种设备还应当按照安全技术规范的要求提交能效测试报告。使用单位应当将其存入该特种设备的安全技术档案。

7）电梯的日常维护保养必须由取得许可的安装、改造、维修单位或者电梯制造单位进行。

8）电梯的日常维护保养单位应当在维护保养中严格执行国家安全技术规范的要求，保证其维护保养的电梯的安全技术性能；并负责落实现场安全防护措施及保证施工安全。电梯的日常维护保养单位，应当对其维护保养的电梯的安全性能负责。接到故障通知后，应当立即赶赴现场，并采取必要的应急救援措施。

9）电梯的使用单位应当将电梯的安全注意事项和警示标志置于易于被乘客注意的显著位置。

10）使用电梯的乘客应当遵守使用安全注意事项的要求，服从工作人员的指挥。

11）电梯投入使用后，电梯制造单位应当对其制造的电梯的安全运行情况进行跟踪调查和了解，对电梯的日常维护保养单位或者电梯的使用单位在安全运行方面存在的问题提出改进建议，并提供必要的技术帮助。发现电梯存在的严重事故隐患的，应当及时向特种设备安全监督管理部门报告。

12）当发生电梯轿厢滞留人员 2h 以上的，应作为特种设备一般事故进行处理。

13）未经许可，擅自从事电梯的维修或者日常维护保养的，由特种设备安全监督管理部门予以取缔，并处 1 万元以上 5 万元以下罚款；有违法所得的，没收违法所得。

14）未经许可，擅自从事电梯的安全附件、安全保护装置的制造、安装、改造活动的，由特种设备安全监督管理部门予以取缔，没收非法制造的产品，已经实施安装、改造的，责令恢复原状或者责令限期由取得许可的单位重新安装、改造，并处 10 万元以上 50 万元以下罚款。

15）电梯制造单位有下列情形之一的，由特种设备安全监督管理部门责令限期改正；逾期未改正的，予以通报批评：

① 未依照规定对电梯进行校验、调试的。

② 对电梯的安全运行情况进行跟踪调查和了解时，发现存在严重事故隐患，未及时向特种设备安全监督管理部门报告的。

5. 电梯运行管理

我国在用电梯 359 万台，平均 400 人拥有一部电梯。我国持有电梯许可证制造企业几百余家，配件配套厂 800 余家，持有电梯安装、改造、维修证企业达 5000 余家，连续四年我国电梯产量增长 15%，其中住宅电梯达 25% 以上，特别是快速电梯从 2004—2010 年连续 6 年销量有较大增长，国家要求快速电梯产品定位为环保型，要求采用节能模式、自动运行模式、变频运行模式等功能，当前其住宅及办公大楼等电梯的维护保养和服务还要进一步加强。

（1）电梯安全管理措施　电梯是属于特种设备之一。因此，加强其质量与安全管理，要从全过程、全方位入手，即从设计、制造、安装、使用、检验、维修保养和改造等，每个环节都要严格遵循国家法规和标准的要求。如设计单位应将设计总图、安全装置和主要受力构件的安全可靠性计算资料，报送所在地区省级政府质量技术监督部门审查。制造单位应申请制造生产许可证和安全认定；安装和维修单位必须向所在地区省级政府管理部门申请资格认证，并领取认可资格证书。

（2）电梯保护装置　电梯应具有的保护装置有：

1）防超越行程的保护。防止越程的保护装置一般是由设在井道内上下端站附近的强迫换速开关、限位开关和极限开关组成。这些开关或碰轮都安装在固定于导轨的支架上，由安装在轿厢上的打板（撞杆）触动而动作。

2）防电梯超速和断绳的保护。防止超速和断绳的保护装置是安全钳——限速器系统。安全钳是一种使轿厢（或对重）停止向下运动的机械装置，凡是由钢丝绳或链条悬挂的电梯轿厢均应设置安全钳。限速器是限制电梯运行速度的装置，一般安装在机房。当轿厢上行或下行超速时，通过电气触点使电梯停止运行。当断绳造成轿厢（或对重）坠落时，也由限速器机械动作拉动安全钳，使轿厢制停在导轨上。

3）防人员坠落的保护。防止人员坠落的保护主要由门、门锁和门的电气安全触点联合承担，标准要求：a. 当轿门和层门中任一门未关好和门锁未啮合7mm以上时，电梯不能起动。b. 当电梯运行时轿门和层门中任一门被打开，电梯应立即停止运行。c. 当轿厢不在层站时，在站层门外不能将层门打开。

4）电梯由于控制失灵、曳引力不足或制动失灵等发生轿厢或对重蹲底时，缓冲器将吸收轿厢或对重的动能，提供最后的保护，以保证人员和电梯结构的安全。

5）报警和救援装置。电梯必须安装应急照明和报警装置，并由应急电源供电。电梯应有从外部进行救援的装置。

6）停止开关和检修运行装置。a. 停止开关一般称急停开关，按要求在轿顶、底坑和滑轮间必须装设停止开关。停止开关应符合电气安全触点的要求，应是双稳态非自动复位的、误动作不能使其释放。停止开关要求是红色的，并标有"停止"和"运行"的位置；若是刀闸式或拨杆式开关，应以把手或拨杆朝下为停止位置。b. 检修运行装置包括一个运行状态转换开关、操纵运行的方向按钮和停止开关。

7）消防功能。在火灾发生时，电梯停止应答召唤信号，直接返回撤离层站，即具有火灾自动返基站功能。

8）电气安全保护。电梯应采取以下电气安全保护措施：a. 直接触电的防护。绝缘是防止发生直接触电和电气短路的基本措施。b. 间接触电的防护。在电源中性点直接接地的供电系统中，将故障时可能带电的电气设备外露可导电部分与供电变压器的中性点进行电气连接。c. 电气故障防护。直接与电源相连的电动机和照明电路应有短路保护，短路保护一般用自动空气断路器或熔断器。与电源直接相连的电动机还应有过载保护。

（3）电梯的安全使用　电梯是高层建筑物中不可缺少的垂直运输工具，其本身属于机电一体化的大型设备。电梯自发明以来，其安全性、舒适性已有了极大提高。近年来，随着我国经济建设的迅速发展，高层建筑的日益增多，电梯的数量也在快速增加；电梯事故也开始时常出现。

电梯故障发生的原因主要有电梯质量不合格，留下安全隐患；电梯管理使用、保养维护的规章制度不健全或不落实；有的电梯年久失修或"带病"运行；另外，由于一些乘坐者安全意识淡薄，不按乘梯须知去做，甚至人为破坏电梯设施，导致电梯损害严重。

1）乘坐电梯的注意事项：a. 要先看电梯外是否有"停梯检修"的标志，不要乘坐正在维修中的电梯。b. 进了电梯，要查看电梯内是否张贴有质量监督部门发放的安全检验合格证书。c. 如果电梯门没有关上就运行，说明电梯有故障，此时不要乘坐，应向维修人员报告。d. 发现电梯运行速度过快、过慢或者发现电梯内有焦煳味时，应按下红色急停按钮，使电梯停下，并通报维修人员名。e. 电梯停稳后，应观察电梯轿厢地板和楼层是否在同一水平线上，如果不在同一水平线上，说明电梯存在故障，应及时通知维修人员进行检修。

2）日常乘坐电梯的安全须知：a. 等候电梯时，有人总是反复按动上行或下行按钮，还有人喜欢倚靠在电梯门上休息，也有的人因为着急而拍打电梯门。这些做法都十分危险，如反复按电梯按钮，会造成电梯误停，既耽误时间还可能造成按钮失灵；倚靠、手推、撞击、脚踢电梯门会影响电梯正常运行，甚至导致电梯坠入井道。b. 进出电梯，电梯门正在关闭时，有时外面的乘客为了进入电梯，强行用手、脚、棍棒等阻止电梯门关闭。遇到这种情况时，建议最好等待下次乘坐或请电梯内的乘客帮忙按动开门按钮使电梯门重新开启。c. 下雨天乘坐电梯时，请记住不要将滴着水的雨具带入电梯，不仅会弄湿地板，而且水会可能顺着缝隙进入电控系统，还可能造成电梯短路。d. 在电梯内，人们在乘坐电梯时，有时会不小心将硬币、果皮等杂物掉进电梯门和井道的缝隙中。遇到这种情况，应立即告知电梯管理人员，以免影响电梯运行安全。

第六章

标准主要内容解读——工程化实验实训场地环境

近年来，我国高校学生数量不断增加，随着高校实验实训教学场地面积的不断扩大，设备数量与种类的相应增加，为了更好地开展实验实训教学活动及进一步增强学生的工程实践能力，强化工程化实验实训场地环境管理具有重大意义！

本标准的第七部分，主要包括场地布局展示、实验实训项目展示、5S 管理、户外实验实训场地管理等内容。

第一节　场地布局展示

一、标准内容

场地布局展示标准内容如下：应在实验实训场地内醒目位置设置平面布置图或布局模型。布置图或布局模型上应注明各类实验实训项目名称、医疗救治区（点）、安全通道、应急出口等位置，标明逃生路线。

二、解读

1）"场地布局展示"提出的要求：

① 在实验实训教学场地的醒目位置设置平面布置图或布局模型。

② 在布置图或布局模型上应注明各类实验实训项目名称、医疗救治区（点）、安全通道、应急出口等位置，同时标明逃生路线图等。

2）通过制作或绘制实验实训教学基地布置图或布局模型，确定设备设施位置和面积。设备设施布局是否合理直接影响到教学效果，通过注明实验实训项目名称，学生在进入实验教学基地后，可以很快进入指定的位置开展实验实训项目，这样大大提高了实验实训项目实施效率。通过注明医疗救治区（点）、安全通道、应急出口等位置及逃生路线等，一方面确保实验实训项目安全可靠进行，一旦发生事故，能保证师生及时得到救援和逃生，防止造成人身伤害事故；另一方面学生在实验实训项目的开展中，通过合理、科学、规范场地布局，让学生增强和培养安全意识。

3）通过场地布局制度建设，使实验实训项目安全可靠运行得到了有效控制。

三、案例

[案例6-1]　某高校实验实训教学基地场地布局展示，如图6-1和图6-2所示。

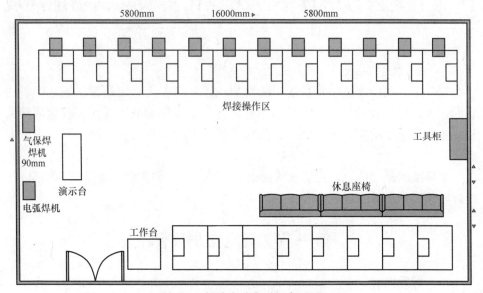

图 6-1　焊接实验室平面布置图

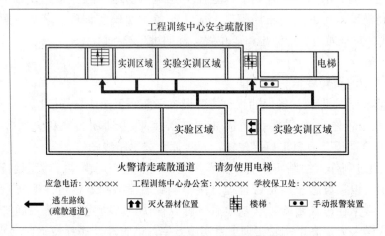

图 6-2　工程训练中心安全疏散图

[案例6-2]　某高校工程训练中心实训场地管理条例（摘录）

第一条　中心实训场地是重要的实践教学基地，除本实训场地工作人员和参加实习学生外，其他人未经许可不得擅自入内。

第二条 进入中心实训场地的人员未经设备负责人许可，不许擅自动用仪器设备。

第三条 在中心实训场地进行实训、科研、加工等项工作，必须经中心领导批准并由实习区负责人统一安排方可进行。

第四条 进入实训场地人员，须按规定着装，要严格遵守相关安全管理规章制度和中心制度。

第五条 使用仪器设备时必须严格遵守操作规程，发现故障或损坏，应及时上报。

第六条 实训场地不得存放与本区工作无关物品。

第七条 实训场地严禁吸烟，禁止打逗。

第八条 实训场地安全、消防、卫生等工作责任到人，定期进行检查，消除安全隐患。

第九条 本条例由各实训部负责督促实施，中心定期检查。

1. 工程训练中心计算机房管理规定

第一条 进入教学区或教室的人员要遵守本中心的有关规定，服从中心管理人员指导。

第二条 保持室内安静，禁止大声喧哗。

第三条 保持机房内环境卫生，进入机房必须穿戴鞋套，禁止在机房内吃东西、喝饮料、吸烟、乱扔杂物，禁止随地吐痰。

第四条 禁止携带、使用私人移动硬盘、U盘、软盘等存储设备。

第五条 禁止任何人员利用机房内设备进行与本中心教学、科研无关的活动。进行正常的教学、科研的教师、实训人员必须认真填写记录表。

第六条 本机房须经中心管理人员允许后方可使用，使用中要小心爱护设备，如果发生计算机及网络损坏、故障等，应及时通知中心有关负责人，并填写有关记录。

第七条 禁止在未经管理人员的许可下擅自更改软、硬件设置，不得擅自添加、删除软件。

第八条 中心管理人员负责本机房内设备安全、正常的运行，定期进行计算机的维护与清理，工作日记。

第九条 中心管理人员应随时对网络系统实施监控，保护系统的安全。遇到特殊事件须及时向中心负责人汇报。

2. 工程训练中心多媒体教室管理规定

第一条 进入教学区或教室的人员要遵守本中心的有关规定，服从中心管理人员指导。

第二条 保持教室内安静，禁止大声喧哗。

第三条　保持教室内环境卫生，禁止在教室内吃东西、吸烟、乱扔杂物，禁止随地吐痰。

第四条　禁止任何人员利用教室设备进行与中心教学、科研无关的活动。

第五条　本教室须经中心管理人员允许后方可使用。室内多媒体设备，使用中要小心爱护，如果发生设备损坏、故障等，应及时通知中心有关负责人，并填写记录。

第六条　教师在使用教室后，应负责关灯、锁门，并填写设备使用后的情况。

第七条　中心有关管理人员应定期对教室内的设备进行维护。

3. 工程训练中心档案室管理制度

第一条　认真贯彻"以防为主、防治结合"的原则，切实加强档案室的各项安全措施。

第二条　定期打扫保持清洁，坚持做到防盗、防火、防尘等各项工作。档案室不准存放无关的物品。

第三条　对档案室做到经常检查、掌管保管情况，发现问题及时报告，并采取措施予以处理。

第四条　档案室设专人负责管理，不经领导同意任何人不得进入档案室，不得擅自将文件带出档案室，违者追究责任。

第五条　建立档案登记统计制度，对档案资料的收进、送出、保管利用等情况进行登记和统计。

第六条　定期对档案室的案卷及保管条件进行检查。

4. 工程训练中心教学设施管理制度

第一条　工程训练中心是重要的实践教学基地，除进行工程训练的实训区工作人员和参加实训学生外，他人未经许可不得擅自入内。

第二条　中心下属各部门所有设备、仪器均属学校财产，应纳入中心统一管理、统一调配。

第三条　各实训区的仪器设备应按照学校设备管理要求建账、卡，由专人负责，并按规定对管辖的仪器、设备进行日常维护保养，建立仪器设备使用记录。

第四条　为完善对设备、仪器的管理，中心各种仪器、设备的《说明书》、有关图样及文件资料由中心资料室统一保管，以便查阅。

第五条　进入中心实训区的人员未经设备负责人许可，不许擅自动用仪器设备。

第六条　在中心实训区进行实训、科研、加工等工作，必须经中心领导批准并由实训区负责人统一安排方可进行。

第七条　必须严格遵守仪器设备的操作规程，发现故障或损坏，要认真填写事故报告，并及时上报，仪器设备维修后要有维修记录。《事故报告》及《维修记录》一并存入该设备档案。

第八条　实训区不得存放与工作无关物品。

第九条　各实训区安全、消防、卫生等工作要责任到人。

第十条　本条例由各实训部主任负责督促实施，中心定期检查。

5. 工程训练中心卫生制度

第一条　中心各办公室、教室、实训区要保持清洁卫生。

第二条　教室、实训区由指导教师及指导人员负责安排学生打扫，保持每日的清洁。

第三条　实训的仪器设备应无积尘，桌椅、地面、墙壁应洁净，物品放置整齐。

第四条　实训教室、实训区内严禁吸烟、吃零食、不得乱扔烟头、果皮、纸屑等杂物。

第五条　实训中心定期对卫生情况进行检查，对不符合要求的部门限期清扫。

第二节　实验实训项目展示

一、标准内容

实验实训项目展示标准内容如下：实验实训教学基地应张贴或摆放典型实验实训项目介绍、原理图或构造简图、实验实训设备使用说明等内容的图片或展板，同时悬挂安全操作展板，以便于学生了解和学习。

二、解读

1）"实验实训项目展示"提出的要求。

① 实验实训教学基地应张贴或摆放典型实验实训项目介绍、原理图或构造简图。

② 张贴或摆放实验实训设备使用说明等内容的图片或展板。

③ 张贴或悬挂安全操作制度或规程展板等。

2）通过实验实训项目展示，让学生进入实验实训教学场地后，了解和学习实验实训项目内容、要求及应遵守的规章制度，这样大大提升实验实训教学的效果。

3）学生通过实验实训项目展示，进一步提高学生管理和环境建设的意识和理念，从而提高学生工程实践能力。

三、案例

[案例6-3]　某高校实验实训教学基地实验实训项目展示，如图6-3 ~ 图6-6所示。

图6-3　实验实训教学基地张贴典型实验实训项目介绍

图6-4　实验实训教学基地实验实训项目展示介绍

图 6-5　一次装卡可完成五面体加工实验实训项目展示

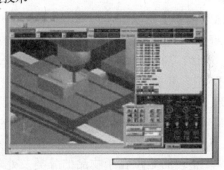

图 6-6　用仿真软件进行的虚拟加工实验实训项目展示

第三节　5S 管理

一、标准内容

5S 管理标准内容如下:

实验实训应贯彻 5S（整理、整顿、清扫、清洁、素养）管理，满足 GB/T 28001 的要求。

7.3.1　整理

实验实训工作场所可设置成品展示区、废品回收区、清洁用品区等，实验实训设备及工具、物件物料分类放置于所属区域。明确相关区域责任人，没有使用价值的物品应及时清除。

7.3.2　整顿

实验实训设备、物料、工具实施定置管理，摆放整齐并加以标识，实现合理布局，方便使用，通道畅通无阻。

7.3.3　清扫

每次工作结束后应将工作场所、设备、器具等清扫干净并保持无灰尘、无废弃物、无油污等。

7.3.4　清洁

建立工作场所清洁制度，明确实验实训指导教师、学生各自职责，并有专人负责监督执行，创建安全、环保、健康的工作环境。

7.3.5　素养

应将遵章守纪、实验实训质量、安全和操作技能等方面的素养作为学生实验实训的考核内容，养成学生在实验实训中自觉提高，自我约束，自觉遵守的良好习惯。

二、解读

1. "5S" 的含义

"5S" 是日本现代设备管理——全员生产维修体制（TPM）中的术语，指整理、整顿、清洁、清扫和素养。这五个词的日本语音罗马拼音首个字母是 "S"，所以称为 "5S"。开展 "5S" 活动是人员自主管理的一种具体体现。

5S 管理 20 世纪 90 年代传入中国，其含义为：

（1）整理（SEIRI）　整理即把要与不要的事、物分开，再将不需要的事、物处理掉。让生产现场或工作场所透明化，增大作业空间，减少碰撞事故，提高工作效率。整理的难点在于物品的分类及处理物品的决策。没有果断、有效的处理，就会使下一步的整顿难以进行。

（2）整顿（SEITON）　整顿即把留下来的有用物品加以定置、定位，按照使用频率和可视化准则，合理布置、摆放、做到规范化、色彩标记化和定置化，便于快速找到和取用物品。整顿的要点在于事先的设计，即先有设计方案，再付诸行动，以达到事半功倍的效果，并避免整顿之中的返工。

（3）清扫（SEISO）　清扫即清除工作场所的灰尘、铁屑、垃圾、油污，创造整洁、明快的工作环境。把清扫和设备的点检、保养结合起来。我们主张由操作员工自己清扫。清扫工作也有一个工作流程的管理问题，如划分清扫区域，明确设备、清扫责任人，确定清扫周期、清扫方法和清扫标准，并设计清扫的考核评估体系。但清扫不能变成一次大扫除，而应成为一项持久的工作。

（4）清洁（SEIKETSU）　前三个"S"需要坚持、深化和制度化，而清洁是更高层次的清扫，即清除废水、粉尘和空气污染，创造一个安全、环保、健康的工作场所。

（5）素养（SHITSUKE）　素养即精神上的"清洁"。一开始要以制度为推动力，最后达到"习惯"的目标，也即形式化→制度化→习惯化→性格化的过程。

随着经济和教育的发展，结合高校实验实训教学基地环境建设要求，提出"5S"管理标准内容，并通过开展"5S"管理，创建一个安全、环保、健康的工作环境。

2. "5S"管理的意义

整理、整顿、清扫、清洁、素养五个方面是有机联系、相互促进、持续改进的。通过"5S"管理可提高实验实训教学基地的执行力，从而培养学生管理意识和团队意识，提升学生工程实践能力。所以开展"5S"管理能有效地提升实验实训教学基地管理绩效，从而带来实验实训教学效果提高的回报。

3. "5S"管理的目的

通过开展"5S"管理，达到和满足 GB/T 28001《职业健康安全管理体系要求》的规定。

GB/T 28001《职业健康安全管理体系要求》是一个管理体系标准，目的是通过管理减少及防止意外而导致生命、财产损失及对环境的破坏。高校实验实训教学基地通过开展"5S"管理，目的是创建一个安全、环保、健康的工作环境，它们之间是相互衔接的、联系的和促进的。

三、案例

[案例6-4]　某高校工程训练中心 5S 管理制度（摘录）

第一条　总则

为了达到提高教师和学生素质和修养的目的，特制定 5S 管理制度。

第二条　目的

"5S"活动特别强调"全员参与"和"贵在坚持"，这是"5S"成功的关键。通过制度确保全体老师和学生积极持久的努力，让每位老师和学生都积极参与进来，养成良好的工作习惯，减少出错的机会，提高素养。

第三条　"5S"管理组织机构

1. "5S"活动的领导机构为"'5S'管理委员会"。

2. "'5S'管理委员会"的组成人员为：各职能部门负责人。

第四条　"5S"管理内容

一、整理

1. 整理内容：将办公场所和车间现场中的物品，设备清楚地区分为需要品和不需要品，对需要品进行妥善保管，对不需要品进行处理或报废。

2. 整理的目的：腾出空间，使其发挥更大的价值；提高效率；创建清爽、整洁的环境。

3. 整理的推广方法：

(1) 对车间、实训室、车间等场所进行全盘点检。

(2) 对物品制定"需要"与"不需要"的标准。

(3) 对不需要物品进行处置。

(4) 对需要物品进行使用频度调查。

(5) 每日自我检查。

4. 因不整理而发生的浪费：

(1) 空间的浪费；

(2) 使用货架或橱柜的浪费；

(3) 零件或产品变旧而不能使用的浪费；

(4) 使放置处变得更小；

(5) 废品管理的浪费；

(6) 库存管理或盘点所花时间的浪费。

5. 整理的重点：

(1) 检查车间、实训室，或办公室有无放置不必要的材料、零部件；

(2) 设备，工装夹具是否进行了点检准备，作业是否规范，有无违章作业；

(3) 操作规程是否张贴在规定的位置，各种警示牌是否齐全。

二、整顿

1. 整顿的内容：将需要品按照规定的定位、定量等方式摆放整齐，并对其做标识，使寻找需要品的时间减少为零。

2. 整顿的目的：腾出空间发挥更大的作用；提高效率；创建清爽、整洁的环境。

3. 整顿的推广方法：

(1) 落实整理工作；

(2) 对需要的物品明确其放置场所；

(3) 贮存场所要实行地面画线定位；

(4) 对场所、物品进行标记、标识；

(5) 制定废弃物处理办法。

4. 整顿的重点：

(1) 现场必要的物品、元器件和工装夹具是否散乱存放；

(2) 存放的物品、元器件和存放地点有无标识；

（3）需要取用物品时，是否能迅速地拿到，并且不会拿错。半成品、存放柜、托盘、手推车等存放是否整齐、有序。

三、清扫

1. 清扫的内容：将车间、实训室、办公室的工作环境打扫干净，使其保持在无垃圾、无灰尘、无脏污、干净整洁的状态，并防止污染的发生。

2. 清扫的目的：就是使师生保持一个良好的工作状态，消除脏污，保持现场干净、明亮，提高设备的性能。

3. 清扫的推广方法：

（1）自己使用的物品如设备、工具等，要自己清扫而不要依赖他人，不增加专门的清扫工；

（2）对设备的清扫，着眼于对设备的维护保养，清扫设备要同设备的点检和保养结合起来；

（3）清扫的目的是为了改善，当清扫过程中发现有油水泄漏等异常状况发生时，必须查明原因，并采取措施加以改进，而不能听之任之。

4. 清扫活动的重点：就是清扫人员必须按照规定清扫对象及方法和步骤进行清扫并准备好清扫器具，方能真正起到作用。

四、清洁

1. 清洁的内容：将整理、整顿、清扫进行到底，且维持其成果，并对其做法予以标准化、制度化，从而创建一个安全、环保、健康的工作环境。

2. 清洁的目的：维持前面"3S"的成果。

3. 清洁的推广方法：

（1）落实前"3S"工作；

（2）设法养成整洁的习惯；

（3）制定目视管理的标准；

（4）制定"5S"实施方法；

（5）制定考核方法；

（6）制定奖惩制度，加强执行；

（7）配合每日清扫做设备清洁点检。

4. 清洁的重点：推广活动要制度化，定期检查。

五、素养

1. 素养的含义：以"人性"为出发点，通过整理、整顿、清扫等合理化的改善活动，培养上下一体的共同管理语言，使全体人员养成守标准、守规定的良好习惯，进而促进管理水平全面地提升。

2. 素养的目的：培养具有好习惯、遵守规定的员工，提高员工文明礼貌水准，营造良好的团队精神氛围。

3. 素养的推广方法：

（1）制定服装、仪容、识别证标准；

（2）制定共同遵守的有关规则、规定；

（3）制定礼仪守则；

（4）教育训练（新进人员强化"5S"教育、实践）；

（5）推动各种精神文明提升活动（晨会、礼貌运动等）。

4. 素养的重点：长期坚持，才能养成良好的习惯。

第五条 "5S"检查

1. 检查方式："5S"管理委员会定期对车间、实训室、办公室进行检查

2. 检查内容：依照《"5S"评定标准表》对现场进行检查，同时采用"红牌作战法"（用醒目的"红色标签"标识存在的问题）及"定点拍摄法"（站在同一地点，朝同一方向、同一高度，用相机将现场改善前、后情况拍摄下来，做成对比照片展示）对缺点项目提出修正意见，并及时监督与跟进，持续改进和优化各部门"5S"工作。

工程训练中心"5S"管理教师检查表

检查项目	检查标准	检查时间	违纪扣分	备注
个人形象	教师着装应严格按中心管理规定和5S要求执行，整洁大方，在车间内必须穿工服；没工服的必须穿与工服相近颜色服装	每天		
	鞋袜必须保持清洁，鞋面不得明显肮脏；不得穿前露脚趾、后露脚跟的鞋子	每天		
	男教师不得留长头、不得染发、发长不过耳、后不过领	每天		
	女教师头发要整洁，留长发的进入车间时需要将头发盘好带工作帽	每天		
	教师对待学生应亲切和善、谆谆教导	每天		
行为规范	坐姿要端正，双腿交叠时腿要保持平稳；站姿要挺直，不可无精打采	每天		
	办公室内不得在座椅或沙发上躺睡	每天		
	办公室内保持安静，不得在办公区和走道上大声喧哗，影响办公	每天		
	在办公室域内不可奔跑，有急事可以小碎步或加大步幅	每天		
	严禁在办公区内随地吐痰	每天		
	对同事要礼貌、团结友爱，同事之间和睦相处	每天		
	接听电话要礼貌。禁止用免提功能，在开会和特殊场合要及时将手机设为振动。当别人打错电话时要礼貌解释或转接	每天		

（续）

检查项目	检查标准	检查时间	违纪扣分	备注
工作环境	办公桌面和文件柜内外保持清洁，擦拭无明显灰尘。离开办公室时，必须将椅子归位放好	每天		
	文件夹、书籍和资料分类摆放，标识清楚，保持整洁。下班前整理好办公桌面	每天		
	桌面上禁止放置任何与办公无关的物品（水杯和集团放置的绿色植物除外）	每天		
	办公室地面不能有垃圾、纸屑等脏物。废纸篓应放在办公桌下，不得随意放置	每天		
	电话号码表应贴在墙壁上或屏风两侧；屏风上不得放置或张贴其他与工作无关的物品	每天		
	电话线、电源线应置于办公室墙边、角落或桌子底下、排列整齐、不可零乱	每天		
工作纪律	上课时不得做与工作无关的事	每天		
	上课时不得上与工作无关的网站，不得玩电脑游戏	每天		
	上课时不得嬉笑打闹、不得串岗闲聊或打瞌睡	每天		
	按时参加中心组织的各种会议、教研活动等	每天		
	工作积极主动	每天		
	不许在非吸烟区吸烟；吸烟时间一次不得超过10min	每天		
	不得迟到、早退，不得请人或代人打卡，更不可无故旷工	每天		
	遵守办公纪律	每天		
办公设备	必须按规定使用办公设备，不得私拆设备机箱	每天		
	未经设备管理人员同意，不得私自更改设备配置	每天		
	电脑桌面、屏幕保护程序不得有不健康的内容或画面	每天		
	电脑上不得安装或从网上下载游戏软件或非工作软件	每天		
	保护、保养好办公设备，对办公设备不得造成人为损坏	每天		
	下班前必须关闭电脑主机和显示器	每天		
	任何人未经电脑领用人同意，不得使用他人电脑	每天		
	电脑主机、显示器和键盘上禁止放置任何物品（屏保装置除外）	每天		

［案例6-5］ 某高校实验实训教学基地开展"5S"管理,如图6-7~图6-9所示。

图6-7 开展 5S 管理物品堆放整齐有序

图6-8 实验实训场地开展定置管理

图 6-9　清扫工具放置位置

第四节　户外实验实训场地管理

一、标准内容

户外实验场地管理标准内容如下：进行户外场地实验实训时，应在实验实训场地周围设立醒目的安全标志，并确认无其他人员进入实验实训场地。

二、解读

1）随着高校学生数量的持续增长，实验实训教学基地也不断扩展，为了更好地体验实训和培养学生工程实践能力，根据专业教学要求，设置了户外实验场地。如过程装备与控制工程专业、车辆工程专业等，这类专业实验实训项目使用设备大、流程长，并要求连续运行实验，其中许多设备设施只能户外进行安装及开展实验实训教学项目。

2）强化户外实验场地管理。户外实验场地是实验实训教学基地重要的一部分，由于实验实训项目在户外进行的特点，从安全、环保管理上来讲难度更大，需要更多关注。

户外实验场地管理，具体要求如下：

① 对户外实验场地，首先要明确管理区域范围，并有明确标志。

② 户外实验场地区域内必须设立醒目的安全标志，并采取措施，确保无关人员不得进入户外实验场地区域；可设立警示标志或设立栏杆等。

③ 根据专业实验实训项目要求，增设防风、防雨、防雷击有效设施，建立户外场地实验管理制度，并严格执行，杜绝发生人身伤亡和设备事故。

④ 在进行户外实验实训项目时，建立监护制度和措施，明确监护责任人，确保实验实训项目安全可靠运行。

⑤ 户外实验实训项目结束后，指导教师和学生一起参加清理工作，把实验实训项目器具等放置指定位置，户外实验场地杂物等要堆放在一起统一处理。同时必须明确由专人负责检查清理工作情况，并做好相应记录。

第七章

标准主要内容解读——实验实训装备体现现代工程技术

当前，高等工程教育改革的重点是培养学生工程实践能力、设计能力和创新能力，着力解决"工程性""先进性"和"创新性"不足的问题，加强创新意识、创新设计能力和创业方法的培养环节，特别关注对工程实践与设计能力训练的建设力度，鼓励更多的师生参与"以设计为核心"的工程训练。为此，应充分发挥高校实验实训教学基地在培养创新型工程科技人才方面的作用，要求实验实训装备体现现代工程技术具有十分重要的现实意义。

标准的第八部分是实验实训装备体现现代工程技术，主要有体现工程化、先进性、成果转化等内容。

第一节　体现工程化

一、标准内容

体现工程化标准内容如下：设备设施、仪器器材应选用体现现代工程技术和现代科学技术的工业产品、设施、器材等。

二、解读

1）机械制造是制造业最主要、最基本的组成部分。在信息化时代，与先进电子技术融合的机械制造业仍然是国民经济发展的基础性、战略性的支柱产业，且国民经济发展的各个行业都依赖机械制造业为其提供装备。所以，实现由制造大国向制造强国的历史性转变，机械制造必须先行，从模仿走向创新、从跟踪走向引领，科学前瞻、登高望远，以及规划长远发展。

2）培养机械制造科技人才主要是靠高校机械类专业，而在高校培养具有工程实践能力的学生，必须充分利用实验实训教学基地资源，因而加强对实验实训教学基地环境建设具有十分重要的意义。

3）实验实训教学基地资源主要是通过设备设施、仪器器材来体现现代工程技术和现代科学技术，所以要关注设备设施、仪器器材工程性、先进性，而选用采购是十分重要的环节。

4）本书在"第四章 标准主要内容解读——节能、职业健康与环境保护"中，节选由国家发展改革委员会公布《产业结构调整指导目录（2015年）》资料，目录中有鼓励类，鼓励类主要指对经济社会发展有重要促进作用，有利于节约资源、保护环境、产业结构优化升级，予以鼓励和支持的关键技术、设备设施（包括仪器器材）及产品。详细提供了机械类、城市轨道交通装备类、汽车类、建筑类、铁路类、公路及道路运输（含城市客运）类、综合交通运输类、信息产业类、科技服务类、环境保护与资源节约综合利用类、公共安全与应急产品类方面资料，以便机械类高校专业实验实训教学基地采购选用工业产品、设备、器材参考使用。

三、案例

[案例7-1] 某高校工程训练中心设备仪器选用规定（摘录）

为了提升中心实验实训装备的工程技术水平，制定本规定。

第一条 设备设施、仪器器材应选用体现现代工程技术和现代科学技术的工业产品、设施、器材等。

第二条 应采用体现现代先进技术的数控设备、光电控制设备、高端加工中心、增材制造设备等，使学生通过实验实训了解、熟悉、初步掌握先进的数字化工艺装备和制造技术。

第三条 应吸收科研的最新成果、大学生创新设计与训练优秀成果，转化为教学资源。将这些成果的实验装置和产品转化为实验教学项目和设备，并通过教学实践不断更新和完善。

[案例7-2] 某高校实验实训教学基地选用设备设施充分体现现代工程技术和现代科学技术（图7-1）

a)

图7-1 某工程训练中心设备设施

a) 加工中心

b)

c)

图 7-1　某工程训练中心设备设施（续）

b）电火花机床　c）万能铣床

第二节　体现先进性

一、标准内容

体现先进性标准内容如下：应采用体现现代先进技术的数控设备、光电控制设备、高端加工中心、增材制造设备等，使学生通过实验实训了解、熟悉、初步掌握先进的数字化工艺装备和制造技术。

二、解读

1）采用现代先进技术的数控设备、光电控制设备、高端加工中心等，要体现其先进性及体现现代工程技术三大发展趋势。具体为：

① 绿色，主要强调设备设计绿色化、材料绿色化、工艺绿色化，设备运行追求更少资源消耗、更低环境污染及更大的经济效益。

② 智能，主要强调设备运行具有能获取与识别环境信息和自身信息，并能进行分析判断和改进运行的能力；以计算机管理为基础，进行信息处理、智能预测处理，在运行中具有智能的故障自诊断、故障自排除、自行维护能力等。

③ 融合，主要强调冷热加工、车铣镗磨复合加工、激光电弧复合焊接等，不同工艺通过融合，出现更高性能的复合机床和自动柔性生产线。通过激光、数控、精密伺服驱动、新材料与制造技术相融合，形成先进的快速成型工艺的设备设施。将信息技术和智能技术深度融合的设备设施。将先进复合材料、电子信息材料、新能源材料、新型功能材料等融合到设备设施。

2）学生通过实验实训了解、熟悉、初步掌握先进的数字化工艺装备，从而体现到现代机械工程技术发展趋势，提高学生自身的工程实践能力。

三、案例

[**案例7-3**] **某高校实验实训教学基地设备体现现代技术的先进性**（图7-2和图7-3）

a)

图7-2 实验实训教学基地设备

a）慢走丝线切割机床

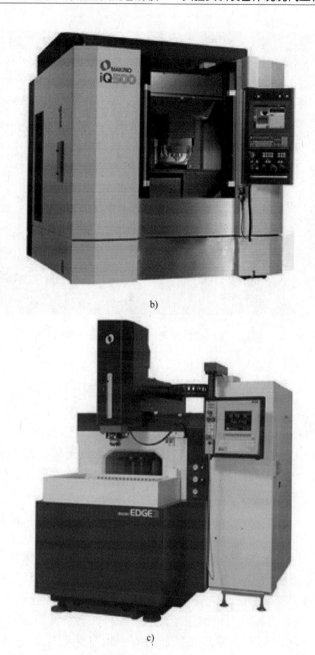

b)

c)

图 7-2　实验实训教学基地设备（续）

b）高速铣床　c）电火花机床

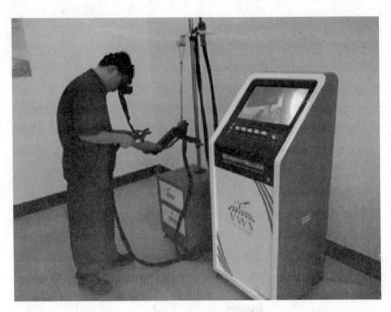

图 7-3　教学基地采用模拟焊接先进实验设备提高教学效果和安全

第三节　体现成果转化

一、标准内容

体现成果转化标准内容如下：应吸收科研的最新成果、大学生创新设计与训练优秀成果，转化为教学资源。将这些成果的实验装置和产品转化为实验教学项目和设备，并通过教学实践不断更新和完善。

二、解读

1）根据国家加强工程实践育人的精神，要求深入推进现代工程技术与高校实验实训教学的深度融合，不断加强高等教育实验实训教学优质资源建设和应用，着力提高高校实验实训教学质量和实践育人水平。吸收科研最新成果及大学生创新设计与训练优秀成果，转化为教学资源这是一个十分有效的措施。

2）紧紧围绕立德树人的根本任务，适应经济社会持续发展对科技人才培养的要求，根据现代工科大学生成长的新特点，信息化时代教育教学的新规律，以提高学生工程实践能力和创新精神为核心，以现代工程技术为依托，以完整的实验实训教学项目为基础，建立示范性科研与创新成果转化项目，进一步推进高校实验实训教学基地个性化、智能化发展。

3）通过坚持一切从学生的需求出发，注重对学生社会责任感、创新精神、实践工程能力的综合培养，调动学生参与实验实训教学的积极性和主动性，激发学生的学习兴趣和潜能，从而加速学生创新创造能力提升。

4）在开展将最新科研成果和大学生创新优秀成果转化为实验实训教学项目和设备，使之在教学实践中还要不断更新和完善，促进实验实训教学水平进一步提升。

三、案例

［案例7-4］　某高校实验实训教学基地吸收科研成果、大学生创新优秀成果转化为实验教学资源，并取得很好的效果（图7-4和图7-5）

图7-4　实验实训教学基地吸收科研成果转为实验教学资源

图7-5　教学基地吸收大学生创新优秀成果转化为实验教学资源

参 考 文 献

[1] 中国安全生产科学研究院，等. 危险化学品重大危险源辨识：GB 18218—2018［S］. 北京：中国标准出版社，2018.

[2] 公安部沈阳消防研究所. 建筑设计防火规范（2018 版）：GB 50016—2014［S］. 北京：中国计划出版社，2018.

[3] 中国环境科学研究院，等. 环境空气质量标准：GB 3095—2012［S］. 北京：中国环境科学出版社，2016.

[4] 中国特种设备检测研究院，等. 固定式压力容器安全技术监察规程：TSG 21—2016［S］. 北京：新华出版社，2016.

[5] 大连市锅炉压力容器检验研究院，等. 气瓶安全技术监察规程：TSG R0006—2014［S］. 北京：新华出版社，2014.

[6] 机械工业北京电工技术经济研究所，等. 用电安全导则：GB/T 13869—2017［S］. 北京：中国标准出版社，2018.

[7] 中国特种设备检测研究院，等. 承压设备无损检测：NB/T 47013.1～13—2015［S］. 北京：新华出版社，2015.

[8] 中国工程教育专业认证协会机械类专业认证分委会. 高校工程实验实训设备与安全管理［M］. 北京：机械工业出版社，2015.

[9] 杨申仲，等. 现代设备管理［M］. 北京：机械工业出版社，2012.

[10] 中国机械工程学会设备与维修工程分会. 设备管理与维修路线图［M］. 北京：中国科学技术出版社，2016.

[11] 杨申仲，等. 企业节能减排管理［M］. 2 版. 北京：机械工业出版社，2017.

后　记

机械类工程教育专业认证培训丛书之二——《〈高等院校机械类专业实验实训教学基地环境建设要求〉工作指南》，由中国工程教育专业认证协会机械类专业认证分委会组织邀请相关专家撰稿编写，终于与大家见面了。

随着经济全球化的深入发展，各国对高等工程教育质量及实验实训教学基地建设提出越来越高的要求，工程教育面临着越来越严峻的国际竞争压力。进一步完善高等工程教育专业实验实训教学基地环境建设要求，对于提高我国高等工程教育的国际竞争力及保障我国高等工程教育的质量具有十分重要的意义。

通过近年来的认证工作开展，我们看到随着高校学生数量的持续增长，各类实验室不断扩展，投入巨大，但在高校实验实训教学基地环境建设管理上还存在明显的差距，无法满足工程教育专业认证的要求，这已受到各方的关注。因此，通过完善规章制度，采取合理措施，加强对高校工程实验实训教学基地环境建设管理是十分必要的。编写本书就是为了指导高校实验实训教学基地环境建设，强化学生的实践能力和职业安全意识等非技术因素能力的培养，满足工程教育专业认证的国际化标准要求。

本书在编写过程中得到中国机械工程学会的大力支持和帮助，得到上海交通大学、华中科技大学、大连理工大学、天津理工大学、上海理工大学、湖南大学、北京工业大学、燕山大学等高校教师和机械行业专家的指导和帮助，在此表示衷心感谢。

由于时间仓促，编者水平有限，书中不足之处在所难免，敬请读者指正。

编者